Ökologische Schäden

Theorie in der Ökologie

Herausgegeben von Broder Breckling

Band 10

PETER LANG

Frankfurt am Main · Berlin · Bern · Bruxelles · New York · Oxford · Wien

Thomas Potthast
(Hrsg.)

Ökologische Schäden

Begriffliche, methodologische
und ethische Aspekte

PETER LANG
Europäischer Verlag der Wissenschaften

Bibliografische Information Der Deutschen Bibliothek
Die Deutsche Bibliothek verzeichnet diese Publikation in der Deutschen Nationalbibliografie; detaillierte bibliografische Daten sind im Internet über <http://dnb.ddb.de> abrufbar.

Umschlagabbildung:
Bearbeitung eines Luftbildes durch Broder Breckling.

ISSN 1615-374X
ISBN 3-631-52849-3

www.peterlang.de

Inhalt

Geleitwort
Konrad Ott VII

Vorwort und Überblick
Thomas Potthast IX

GutachterInnen dieses Bandes X

Sektion 1: Grundlagen **1**

Der ökologische Schadensbegriff – eine Einführung
Broder Breckling & Thomas Potthast 1

Ökologische Schäden – Definition und Begriffsverständnis
Matthias Richter 17

Was ist ein ökologischer Schaden?
Ein Ansatz für die Bestimmung virtueller Standards
Michael Hauhs & Holger Lange 25

Umweltschäden und ökologisches Wissen –
kleine Zwischenbetrachtung aus philosophischer Sicht
Heidrun Hesse 51

Sektion 2: Ökonomische Aspekte **57**

Ökologische Schäden durch Vernachlässigung des Vorsorgeprinzips im
nachhaltigen Landschaftsmanagement – eine umweltökonomische Perspektive
Jan Barkmann & Rainer Marggraf 57

Possibilities and limitations of economically valuating ecological damages
Stefan Bayer 77

Sektion 3: Ökologische Fallstudien 95

Probleme der Erhaltung biologischer Vielfalt in der Kulturlandschaft – Ökologische Schäden durch verfehlte Pflegekonzepte

Matthias Schlee 95

Nutzerorientierte Bewertung von ökologischen Schäden – Risikoabschätzung von Klimafolgen am Beispiel eines Küstenökosystems

Dietmar Kraft, Jürgen Meyerdirks & Stefan Wittig 121

Chemischer Pflanzenschutz – Gedanken zum ökologischen Schadensbegriff

Christoph Künast 139

Sektion 4: Gentechnik 143

Der „Schaden für die Umwelt" und seine Definitionen in verschiedenen nationalen Umweltgesetzen – Implikationen für das Gentechnikrecht

Verena Brand 143

Schadensbegriffe in Zusammenhang mit Europäischen Regelungen zu gentechnisch veränderten Pflanzen

Detlef Bartsch 157

Gentechnik und ökologische Schäden als Gegenstand von Risikoforschung und partizipativer Technikfolgenabschätzung – Stand und Perspektiven

Barbara Skorupinski 169

Synopse 189

Ökologische Schäden – eine Synopse begrifflicher, methodologischer und ethischer Aspekte

Thomas Potthast 189

Geleitwort

Alle Schäden sind Ereignisse, aber nicht alle Ereignisse sind Schäden. Schäden sind solche Ereignisse, die eine Veränderung zum Schlechteren sind. Nicht jeder menschliche Eingriff in die Natur ist per se ein Schaden und es kann Schäden an natürlichen Schutzgütern geben, die durch natürliche Ereignisse hervorgerufen werden. Es erscheint mir wie auch vielen Autoren des vorliegenden Bandes kontraintuitiv, einen Waldbrand nur dann als ökologischen Schaden einzustufen, wenn das Feuer durch menschliche Handlungen und nicht durch Blitzschlag verursacht wurde. Neobiota können auch dann Schäden verursachen, wenn sie einwandern und nicht eingeschleppt werden.

Gerade weil nicht alle anthropogen verursachten Veränderungen ökologische Schäden darstellen, ist es wichtig, positive von negativen Veränderungen von Natur, Umwelt und Landschaft begrifflich unterscheiden zu können. Nur dann lassen sich Veränderungen als Schäden einstufen. Daran schließen sich dann die Fragen nach dem jeweiligen Schadensausmaß an.

Auch der Begriff des Risikos setzt natürlich Vorstellungen davon voraus, was überhaupt als Schaden anzusehen ist. Versuche, ökologische Risiken zu bewerten, sind daher ohne Schadensbegriff unmöglich. All diese Fragen stellen sich heute vor allem in den Bereichen Neobiota, Klimawandel, Biodiversitätsschwund und in besonderer Aktualität bei der Diskussion um die Einführung der „grünen" Gentechnik.

Was also „sind" ökologische Schäden oder, präziser formuliert: Welche Ereignisse sollen von uns als ökologische Schäden klassifiziert werden? Es besteht hier im Vergleich zu anderen Klassen von Schadensereignissen offenbar ein Gefälle der Gewissheit. Bei Personenschäden und auch bei Sachschäden sind wir uns meist recht sicher, was das Vorliegen eines Schadens betrifft. Eine Delle an der Stoßstange, eine zerbrochene Fensterscheibe, ein Riss in einem Kleidungsstück usw. – in diesen Bereichen fällt es leicht, Schäden als solche zu identifizieren. Es ist auch noch nicht sonderlich schwierig, auf einer allgemeinen Ebene die zentralen Schutzgüter des Umwelt- und Naturschutzes zu identifizieren. Von Schutzgütern namens „Umwelt in ihrem Wirkungsgefüge", „Leistungsfähigkeit des Naturhaushaltes", „Biodiversität" bis zum Begriff des ökologischen Schadens ist es ein weiter Weg. Auf diesem Weg scheint sich das Gefälle der Gewissheit fortzusetzen. Dass beispielweise ein Öleintrag in Fließgewässer, die Versaurung der Waldböden oder Bodenerosion Schäden an den klassischen Umweltmedien Wasser und Böden darstellen, dürfte weitgehend unstreitig sein. Daher ist es sinnvoll, Umweltschäden von ökologischen Schäden zu unterscheiden. Was aber ist nun mit Schäden an bestimmten Aspekten biotischer Vielfalt oder mit Veränderungen des Landschaftsbildes? Genetische Variabilität, die natürlichen Schwankungen von Arten und Populationen, die Übergänge der Stadien einer Sukzession, die Veränderungen in der Artenausstattung, selbst das Aussterben und die Einwanderung von Spezies vollziehen sich sowohl auf natürliche Weise, d.h. autopoietisch-dynamisch, als auch vermittelt durch menschliche Eingriffe. Was die biotische Vielfalt anbetrifft, so scheinen es gerade die wesentlichen Eigenschaften belebter Organismen und biozönotischer Gefüge, d.h. die innere Dynamik natürlicher Schutzgüter selbst zu sein, die eine Definition ökologischer Schäden erschweren.

Dieser Problematik hat sich die bekannte Definition des Sachverständigenrates für Umweltfragen (SRU) immerhin gestellt: „Als Schäden im ökologischen Sinn werden solche Veränderungen angesehen, die über das natürliche Schwankungsmaß der betroffenen Populationen und Ökosysteme hinausgehen und sich oft nur über größere Zeiträume manifestieren, sowie Veränderungen, die entweder überhaupt nicht oder oft erst Jahrzehnte nach der toxischen Einwirkung und mit hohem Aufwand rückgängig gemacht werden können." (SRU Jahresgutachten 1987, 460 Rn 1691). Obwohl ich mich hinsichtlich der Schwierigkeiten keinen Illusionen hingebe, die eine auch in der Praxis etwa des Umweltmonitorings brauchbare Präzisierung dieser Definition mit sich bringt, stellt diese „Schwankungsbreiten"-Definition doch einen konzeptionellen Maßstab dar, unter dem sich die Stärken und Schwächen alternativer, also präsumptiv „besserer" Definitions- und Operationalisierungsstrategien beurteilen lassen können. Ich darf hinzufügen, dass sich der SRU in seinem Umweltgutachten 2004 im Kontext der „grünen" Gentechnik um eine Präzisierung dieser Definition bemüht hat, die von der ursprünglichen Definition dahingehend abweicht, dass im Rahmen eines schutzgutbezogenen Ansatzes eine Überschreitung natürlicher Schwankungsbreiten nur als Indikator für ökologische Schäden verstanden wird (SRU Jahresgutachten 2004, Kap. 10.2.3).

In dem vorliegenden Buch befassen sich Autoren aus den Disziplinen der Biologie, Chemie, Gentechnik, Jura, Landschaftsökologie, Ökonomie und Philosophie mit dem Begriff des ökologischen Schadens. Sie stellen dabei unterschiedliche Aspekte in den Mittelpunkt: Neben den verschiedenen Vorschlägen zu einer Definition des Begriffs werden auf der einen Seite auf der Metaebene die Voraussetzungen untersucht, unter denen ein Begriff des ökologischen Schadens überhaupt Sinn ergibt. Auf der anderen Seite wird auf der Anwendungsebene sowohl versucht von der bisherigen (umgangssprachlichen und prädefinitorischen) Verwendung des Begriffs zu einer Definition zu gelangen als auch, die jeweils vorgeschlagene Definition auf verschiedene Felder anzuwenden. In der Kernfrage, welche Art von Umweltveränderungen als ökologische Schäden angesehen werden sollten, vertreten die meisten Autoren eine anthropozentrische Position, so dass vor allem solche Umweltveränderungen als ökologische Schäden gesehen werden, die negative Auswirkungen auf den Menschen haben (inhaltlicher Anthropozentrismus) bzw. die von Menschen als negativ bewertet werden (epistemischer Anthropozentrismus).

Die Mehrheit der Beiträge in diesem Band kommt zu dem Ergebnis, dass eine abschließende und unanfechtbare Definition des Begriffs ökologischer Schaden nicht möglich ist. Dies aber sollte nicht zur Resignation führen. Es könnte durchaus der Fall sein, dass die „community of interpreters" auf dem Wege ist, den Kern des Begriffes des ökologischen Schadens zu fassen, wenngleich der Begriff in seinen Randbereichen unvermeidlicherweise unscharfe Ränder haben könnte. Gerade daher ist und bleibt es wichtig, die verschiedenen Aspekte dieses so schwierig zu fassenden Begriffs interdisziplinär zu beleuchten. Der vorliegende Band hat sich dieser Aufgabe angenommen und bietet die, soweit ich sehe, umfassendste Darstellung des Themas im deutschen Sprachraum.

Ich freue mich ganz besonders darüber, dass einige Personen an diesem Band mitgewirkt haben, denen ich seit den Tagen des Graduiertenkollegs am „Interfakultären Zentrum für Ethik in den Wissenschaften" der Universität Tübingen kollegial und freundschaftlich verbunden bin.

Konrad Ott
Ernst Moritz Arndt Universität Greifswald
Mitglied des Rates von Sachverständigen für Umweltfragen

Vorwort und Überblick

Geht es um mögliche negative Veränderungen des Umweltgefüges, so ist der Begriff des Schadens unumgänglich. Jede wissenschaftliche und politische Diskussion über (ökologische) Risiken muss auf einem Verständnis dessen aufbauen, was ein (ökologischer) Schaden ist, denn der Risikobeurteilung liegt notwendig ein Schadenskonzept zu Grunde. Trotz zahlreicher Publikationen aus den Bereichen Umwelt- und Risikoforschung ist der Begriff des ökologischen Schadens selbst innerhalb der Umweltwissenschaften nicht einheitlich geklärt. Auch im Recht, insbesondere im Haftungsrecht sowie in der Verwaltungspraxis des Gesetzesvollzugs bestehen ungeklärte Fragen und Probleme mit der inhaltlichen Bestimmung. Vor diesem Hintergrund werden im vorliegenden Sammelband *begriffliche, methodologische* und *ethische* Aspekte ökologischer Schäden diskutiert – und zwar von FachvertreterInnen sowie interdisziplinär Tätigen aus den Bereichen Biologie, Chemie, Jura, Gentechnik, Landschaftsökologie, Ökonomie und Philosophie erörtert. Dabei entsteht ein facettenreiches Panorama des Stands der Debatte mit kritischen Bemerkungen und neuen Vorschlägen zur Konzeption und zur Implementierung ökologischer Schäden in verschiedenen gesellschaftlichen Kontexten.

Der erste Teil des Buches behandelt die Grundlagen ökologischer Schadenskonzepte, beginnend mit einer thematischen Einführung und Thesen zur Eröffnung der Diskussionsfelder (Broder Breckling & Thomas Potthast) sowie einem Kurzbeitrag zur Begrifflichkeit aus der Perspektive alltäglicher Praxis (Matthias Richter). Im Anschluss daran wird ein Neuentwurf zur Konzeption ökologischer Schäden mittels implizitem Erfahrungswissen und Modellbildung in Analogie zu Flugsimulatoren vorgestellt (Michael Hauhs & Holger Lange), gefolgt von einem Diskussionsbeitrag zum ökologischen Schadensbegriff allgemein und speziell zum Ansatz von Hauhs & Lange aus philosophischer Perspektive (Heidrun Hesse).

Der zweite Teil ist ökonomischen Aspekten gewidmet. Vorgestellt wird eine umweltökonomische Herangehensweise an den ökologischen Schadensbegriff, die sowohl die ökonomie- als auch die ökosystemtheoretischen Prämissen thematisiert (Jan Barkmann & Rainer Marggraf). Danach folgt eine detaillierte, kritische Darstellung von Grundlagen und Grenzen der Monetarisierung von Umweltgütern (Stefan Bayer).

Der dritte Teil umfasst konkrete Fallstudien zur Ermittlung und Bewertung möglicher ökologischer Schäden im Naturschutz anthropogener Kulturlandschaften in Südwestdeutschland (Matthias Schlee) und im Küsten- und Hochwasserschutz im Bereich der Unterweser (Dietmar Kraft, Jürgen Meyerdirks & Stefan Wittig) sowie einen Kurzbeitrag zum chemischen Pflanzenschutz (Christoph Künast).

Der vierte Teil thematisiert den ökologischen Schadensbegriff im Bereich der Gentechnik. Hier finden sich zwei an der rechtlichen Perspektive orientierte Beiträge zum Vergleich unterschiedlicher Schadensbegriffe in verschiedenen Gesetzen des deutschen Umweltrechts und ihren Implikationen für das Gentechnikrecht (Verena Brand) sowie zum EU-Gentechnikrecht im Kontext der Umwelthaftung gentechnisch veränderter Pflanzen (Detlef Bartsch). Danach wird ausführlich auf die grundlegenden Bewertungsprobleme der Technikfolgenabschätzung und der ökologischen Risikoforschung sowie auf die Frage der gesellschaftlichen Partizipation bei ethischen und politischen Fragen der Gentechnik eingegangen (Barbara Skorupinski).

Abschließend werden die Unterschiede und Gemeinsamkeiten der verschiedenen begrifflichen, operationalen und normativ - ethischen Aspekte ökologischer Schadenskonzeptionen zusammengefasst und diskutiert, wobei auch die im Mai 2004 vorgelegte neue Arbeitsdefinition des SRU erörtert wird (Thomas Potthast).

Der vorliegende Sammelband geht auf ein gemeinsames Jahrestreffen der Arbeitskreise *Theorie in der Ökologie* sowie *Gentechnik und Ökologie* der „Gesellschaft für Ökologie" zurück, der vom 10.-12. März 2003 im Heinrich-Fabri-Institut Blaubeuren, einem Tagungshaus der Eberhard Karls Universität Tübingen, stattfand.

Danksagung: Für die inhaltlichen Vorbesprechungen danke ich meinen Arbeitskreiskollegen Broder Breckling, Kurt Jax, Achim Lotz und Hauke Reuter. Institutionelle Unterstützung bei der Organisation der Tagung verdanke ich dem Interfakultären Zentrum für Ethik in den Wissenschaften (IZEW) der Universität Tübingen, namentlich Elke Albrecht bei der Vorbereitung des Workshops. Die in diesem Band versammelten Autorinnen und Autoren haben dankenswerter Weise nicht nur ihre Beiträge zur Verfügung gestellt, sondern zum Teil aufwändig überarbeitet. Dank gebührt dabei auch den Kolleginnen und Kollegen, die eingereichte Beiträge begutachteten (siehe unten). Achim Lotz und Hauke Reuter gaben freundlicherweise ihre bei der Produktion früherer Tagungsbände gesammelten Erfahrungen weiter. Schließlich möchte ich besonders Stefan Gammel vom IZEW für die redaktionelle und technische Unterstützung bei der Erstellung dieses Buches danken.

Tübingen, im Juni 2004
Thomas Potthast

GutachterInnen dieses Bandes

Petra Apel (Berlin)
Christoph Baumgartner (Tübingen)
Ruth Brauner (Freiburg i. Br.)
Broder Breckling (Bremen)
Uta Eser (Nürtingen)
Ulrich Hampicke (Greifswald)
Heidrun Hesse (Tübingen)
Kurt Jax (Leipzig)
Werner Konold (Freiburg i. Br.)
Achim Lotz (Frankfurt am Main)
Petra Michel-Fabian (Münster)
Katja Moch (Freiburg i. Br.)
Albrecht Müller (Nürtingen)
Konrad Ott (Greifswald)
Thomas Potthast (Tübingen)
Fabian Scholtes (Tübingen)
Olaf Jörn Schumann (Tübingen)
Barbara Skorupinski (Freiburg i. Br.)
Wiebke Züghart (Berlin)

Der ökologische Schadensbegriff – eine Einführung

Broder Breckling* & Thomas Potthast**

*Universität Bremen, Zentrum für Umweltforschung und Umwelttechnologie, Leobener Str., D-28359 Bremen, broder@uni-bremen.de
**Universität Tübingen, Interfakultäres Zentrum für Ethik in den Wissenschaften, Wilhelmstr. 19, D-72074 Tübingen, potthast@uni-tuebingen.de

Abstract

This introductory paper shall provide a basis for discussing the concept of ecological damage and its implications. After giving a number of illustrative examples we explain the conceptual context dealing with the terms utility, protected good, risk, hazard and damage. Subsequently, we analyse a core-area of the concept of ecological damage, namely the notion of a good to be protected („Schutzgut"). In this context it is discussed what has to be considered as an ecological damage from an anthropocentric perspective. In a level-integrating extension, we illustrate that use and damage of ecological goods are connected across a variety of integration and organisation levels in a non-trivial way. As a consequence, we argue that there is a convergence of anthropocentric and ecocentric perspectives on ecological damage. This wide overlap especially exists with regard to the precautionary principle as the basis for dealing with uncertainties. It can be derived from both ecocentric and anthropocentric perspectives to secure ecological self-organisation processes. From this point of view, some remarks on the specificity of genetically modified organisms with regard to ecological damage are given.

Keywords: Risk, hazard, damage, ecological damage

Schlüsselwörter: Risiko, Gefahr, Schaden, Ökologischer Schaden

1 Problemaufriss

Immer dann, wenn es darum geht, negative Folgen von Umwelteingriffen zu diskutieren, wird der Begriff eines (möglichen) Schadens herangezogen. Die Häufigkeit, mit der sich der Schadensbegriff sowohl im wissenschaftlichen als auch im umweltpolitischen Zusammenhang findet, geht jedoch nicht mit einer Klarheit seines Bedeutungsgehaltes einher. Es existiert eine Vielzahl an Wortverwendungen und -kompositionen wie „ökologischer Schaden" (*ecological damage*), „Umweltschaden" (*environmental damage*), „Schaden (an) der Natur" und so fort. Zwar ist die Praxisrelevanz der Frage nach einer Bestimmung des Schadens in oder an Naturstücken offenkundig, zugleich aber bleibt die Begriffsverwendung meist diffus, nicht zuletzt weil *ad hoc* Definitionen vorherrschen und die theoretisch-konzeptionelle Durchdringung defizitär bleibt. Der bislang einzige einschlägige Sammelband, der den Schadensbegriff explizit thematisiert, bezieht sich auf Fragestellungen technikorientierter Risikowissenschaft (Berg et al. 1994). Deshalb ist es eine wichtige und lohnende Aufgabe ökologischer Theoriebildung, den Diskussionsstand über den Schadensbegriff für den ökologisch-umweltwissenschaftlichen Kontext zu aktualisieren.

Wir werden zunächst mittels einiger illustrativer Beispiele erläutern, welche Phänomenbereiche als ökologische Schäden aufgefasst werden. Anschließend gehen wir auf die Probleme eines allgemeinen Definitionsversuchs ein und untersuchen das weitere begriffliche Umfeld, um von dort aus eine zentrale Implikation des ökologischen Schadensbegriffs herauszuarbeiten: die Schutzgutbestimmung. Dabei skizzieren wir unterschiedliche Begründungsstrategien für das, was als ökologischer Schaden anzusehen ist, wobei wir Ebenen übergreifende Konsequenzen berücksichtigen. Als Resultat gelangen wir zur Hypothese einer Konvergenz von anthropozentrischen und ökozentrischen Perspektiven, indem wir einen bedeutenden Überschneidungsbereich feststellen, der sich aus der jeweiligen Perspektive unter Vermittlung des Vorsorgekonzepts für den ökologischen Schadensbegriff ergibt. Abschließend weisen wir auf Folgerungen für Bewertungsaufgaben und Folgenabschätzung der Freisetzung gentechnisch veränderter Organismen hin.

2 Beispiele für ökologische Schäden

Zur Annäherung an die Thematik betrachten wir zunächst eine Auswahl von Gegebenheiten, welche die Meisten wohl intuitiv als Schäden interpretieren würden, und die zum ökologischen Schadenskontext gehören.

2.1 Schäden durch Ausbreitung von Organismen – invasive neophytische Spezies

Beginnen wir im Kleingarten: Ein dekoratives Gewächs aus dem Kaukasus (Abb. 1) ist seit ca. 1890 im mitteleuropäischen Blumenbeet beliebt als Lieferant imposanter Zutaten für Trockensträuße sowie als Bienenweide – der Riesenbärenklau. Er macht sich allerdings bei näherem Umgang unangenehm bemerkbar. Berührungen der Pflanze können bei Kontakt mit dem Pflanzensaft durch die enthaltenen Furocumarine zu schweren Hautreizungen und -verätzungen führen. Um so störender erscheint dies, als sich die Art als enorm ausbreitungsfähig erweist und sich entlang von Gewässern, Straßen und anderen Saumstrukturen in hoher Dichte etablieren kann. Die Bekämpfung ist aufwändig, wenig effektiv und praktisch aussichtslos, und die Art ist als Neophyt inzwischen fest etablierter Bestandteil der Flora. Um (Gesundheits-) Schäden zu vermeiden, müssen Betroffene lernen, den Kontakt mit der Pflanze zu vermeiden. Schädliche Auswirkungen sind das Kriterium, diese Art zusammen mit bestimmten anderen Neophyten als „invasive Spezies“ negativ zu charakterisieren. In Mitteleuropa breitet sich auch das aus Südafrika stammende Schmalblättrige Greiskraut (*Senecio inaequidens*) aus, das auf Trockenstandorten bisher etablierte seltene Arten dieses Lebensraumes verdrängt.

Mögliche Fälle, in denen invasive Arten für Schäden sorgen, umfassen Einschränkungen oder Störungen der menschlichen Gesundheit, von Naturgütern wie der biologischen Vielfalt ebenso wie von Sachgütern oder dem zukünftigen Nutzungspotenzial ökologischer Systeme (vgl. Kowarik 2003). Selbstverständlich ist die Beurteilung von invasiven Neobiota nicht unabhängig vom moralischen und kulturellen Kontext zu sehen (Eser 1999; Schmoll 2003), was eine sachgerechte Einschätzung oft nicht einfach macht.

Abbildung 1: Der Riesen-Bärenklau (*Heracleum mantegazzianum*, Apiaceae) erreicht eine Höhe von mehreren Metern. Berührungen der Pflanze bzw. Kontakt mit dem Pflanzensaft können insbesondere zusammen mit Sonneneinwirkung zu schweren Hautverätzungen führen. (http://www.magwien.gv.at/ma42/icons/herkules.jpg).

Die „Invasive Species Specialist Group" (o.J.) hält Informationen bereit, die ökologische, wirtschaftliche und gesundheitliche Schäden illustrieren, welche durch die Einschleppung gebietsfremder Arten in allen Teilen der Welt zustande gekommen sind. Häufig sind Biozönosen von Inseln betroffen, auf denen endemische Arten von eingeschleppten Neophyten oder Neozoen verdrängt werden. Ein spektakuläres Beispiel kontinentalen Ausmaßes liefert die Wasserhyazinthe, die, aus Amazonien stammend, heute pantropisch verbreitet ist und nährstoffbelastete Binnengewässer vollständig überwachsen kann – mit schwer wiegenden Folgen nicht nur für den Schiffsverkehr, sondern auch für die gesamte aquatische Biozönose (Abb.2).

Abbildung 2: Wasserhyazinthen (*Eichhornia crassipes*, Pontederiaceae) auf dem Victoria-See (Ost-Afrika). Diese aus Amazonien stammende Art führt bei Massenvermehrung zu einem Zusammenbruch der lokalen aquatischen Biodiversität und entsprechender Nutzungen (Fischfang, Schiffsverkehr, endemische Arten). (http://www.iucn.org/pareport/species_invasives.htm; http://www.iucn.org/pareport/imagenes_web/water_p16.jpg).

2.2 Schäden durch abiotische Habitat-Transformationen – Zerstörung ökologischer Systeme

Ein weiterer Bereich, den der ökologische Schadensbegriff abzudecken hat, basiert auf abiotischen Transformationen, die zu Veränderungen der ökologischen Systeme und damit verbunden zu Einbußen bei entsprechenden menschlichen Nutzungen führen. Gegenwärtig wird anhand von über 1000 untersuchten Arten diskutiert, ob globale Klimaveränderungen eine Reduktion der Biodiversität weltweit um 15 % bis zu 37% nach sich ziehen können (Thomas et al. 2004). Praktisch auf allen ökologischen Skalenebenen können Veränderungen abiotischer Größen zu schädlichen Auswirkungen führen. Ein besonders dramatisches Beispiel ist der Aral-See: Ehemals das viertgrößte Binnengewässer der Welt, hat er innerhalb von knapp 50 Jahren 80 % seines Wasserkörpers und 60% der Oberfläche verloren (Abb. 3). Der Grund dafür liegt in den umfangreichen Wasserentnahmen entlang der Zuflüsse, um Baumwoll- und Reiskulturen zu bewässern (Ferguson 2003). Als Resultat ist aufgrund des rapide steigenden Salzgehalts des abflusslosen Sees die Fischerei zusammengebrochen, und der Staub, den der Wind vom trockengefallenen Seegrund verdriftet, versalzt die Kulturen über weite Strecken der Umgebung. Das regionale Klima ist kontinentaler geworden, es gibt heißere, trockenere Sommer und kältere Winter. Legendär sind die aufgegebenen Schiffswracks, die kilometerweit von der heutigen Küstenlinie entfernt auf dem ehemaligen Seegrund liegen (Abb. 4).

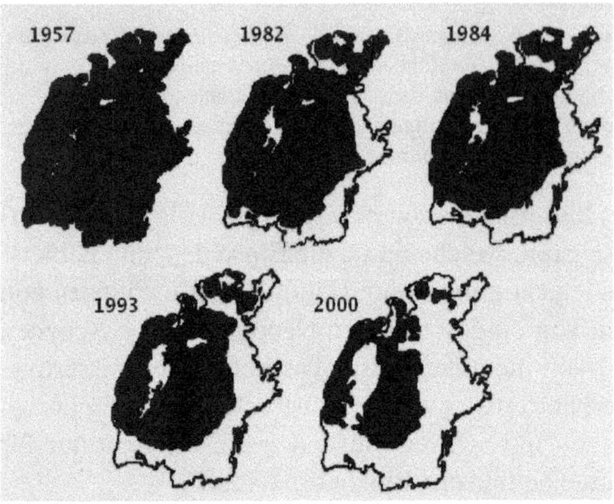

Abbildung 3: Oberflächenausdehnung des Aralsees nach dem Beginn der Entwicklung von Bewässerungsprojekten in den frühen sechziger Jahren. (http://oemagazine.com/fromTheMagazine/sep02 /images/dustfig2.gif).

Abbildung 4: Schiffswrack im Binnenland. Aufgrund der Wasserverluste des Aral-Sees liegen viele Wracks heute kilometerweit von der Küstenlinie entfernt. (http://www.angelfire.com/co/Uzagriculture/images/ aral.jpg).

2.3 Schäden durch Änderung der Landnutzungspraktiken – Ökologische Effekte des Anbaus transgener Nutzpflanzen

Im Rahmen einer groß angelegten Vergleichsstudie ist in England untersucht worden, ob der Anbau einer Reihe von gentechnisch veränderten Pflanzen ökologische Schäden mit sich bringt. In zahlreichen Parallelversuchen in unterschiedlichen Regionen des Landes wurde jeweils die eine Hälfte eines Feldes mit gentechnisch veränderten Sorten bestellt, die andere mit den entsprechenden konventionellen Vergleichssorten. In diesem „Farmscale Monitoring“, das auf die Überprüfung bestimmter Umwelteffekte beschränkt war, stellte sich heraus, dass in statistisch abgesichertem Umfang bei den meisten aller transgenen Arten durch die veränderte Form der Bewirtschaftung ein deutlicher Rückgang der Biodiversität im Agrarraum zu erwarten wäre (Champion et al. 2003). Sofern es also – bei aller sonstigen Strittigkeit um das Risiko der

Freisetzung transgener Organismen – als landwirtschaftspolitisches Ziel angesehen wird, die Biodiversität im Agrarraum zu erhöhen (was erklärtermaßen der Fall ist), kann der großflächige Anbau derjenigen transgenen Nutzpflanzensorten, für die der entsprechende Befund vorliegt, als schädlich bezeichnet werden.

Die Beispiele veranschaulichen, dass im ökologischen Schadensbegriff sowohl *Schäden an Naturstücken selbst* (Schäden an oder von „natürlichen" Gegenständen) als auch *Schäden durch Verlust an deren Nutzung oder dem Nutzungspotenzial durch Menschen* abgedeckt werden. In eng benachbartem Kontext anzusiedeln wären Schäden an gesellschaftlich definierten „kulturellen" Schutzgütern, die aufgrund veränderter ökologischer Interaktionen zustande kommen. Diese Verbindung von Schäden an Naturstücken und Schäden für die Nutzung scheint zunächst nicht zwingend; im weiteren Gang der Argumentation werden wir jedoch darauf eingehen, dass beides hinreichend eng zusammenhängt, um in einem gemeinsamen Begriff gefasst zu werden.

3 Eine Begriffsdefinition und ihre Probleme

Einen allgemeinen Definitionsvorschlag für ökologische Schäden hat 1987 der Sachverständigenrat für Umweltfragen der Bundesregierung vorgelegt. Er hat in der Folge eine weite Verbreitung gefunden und dient häufig – explizit oder seinem Sinn nach – als definitorische Referenz:

> Als Schäden im ökologischen Sinne werden solche Veränderungen angesehen, die über das natürliche Schwankungsmaß der betroffenen Populationen oder Ökosysteme hinausgehen und sich oft nur über größere Zeiträume manifestieren, sowie Veränderungen, die entweder überhaupt nicht oder oft erst Jahrzehnte nach der toxischen Einwirkung und mit hohem Aufwand rückgängig gemacht werden können (SRU 1987, 460 Rn 1691).

An der Definition fällt dreierlei auf. Erstens besteht ein enger Bezug zu einem spezifisch ökotoxikologischen Kontext, in dem die Definition steht; zweitens bilden natürliche Schwankungsbreiten den entscheidenden Maßstab bzw. das entscheidende Kriterium; drittens fokussiert die Definition (dadurch) auf die Ebene von Populationen oder Ökosystemen. Sie lässt in verschiedener Hinsicht Fragen offen, und wie der SRU (1987) selbst erwähnt, besteht zu dem Themenfeld starker Diskussionsbedarf. Es ist jedoch nicht dazu gekommen, die weithin akzeptierten kritischen Diskussionspunkte zu einer präziseren Fassung eines ökologischen Schadensbegriffs umzumünzen.

Zentral ist das Problem der Beurteilung natürlicher Schwankungsbreite(n): Wenn wir das weitere Gefüge verschiedener ökologischer Organisationsebenen – von Molekülen über Organismen bis zu Biomen oder der Biosphäre – betrachten, finden wir im wahrsten Sinne des Wortes natürlicherweise weite Schwankungsspektren. Zunächst stellt sich hier die Frage der angemessenen *empirischen Erfassbarkeit* solcher Spektren. Dies dürfte in einem quantifizierenden Sinne aufgrund der Vielzahl und der komplexen raumzeitlichen Dynamik schlichtweg nicht der Fall sein. Doch selbst in den Fällen, in denen Schwankungsbreiten von Populationen oder ökologischen Systemzuständen bestimmbar sind, schließen sich weitere Probleme an: Sind alle natürlich auftretenden Zustände oder Schwankungen akzeptabel? Und gilt dies auch, wenn sie analog zu natürlichen Entwicklungen anthropogen verursacht werden? Wenn wir an die Ausbreitung von Epidemien denken, an Vulkanausbrüche oder Überschwemmungskatastrophen, gilt dies sicher nicht. Als ein erstes Ergebnis kann also festgehalten werden, dass der Schadensbegriff des SRU empirische Aspekte auf nicht triviale Weise mit normativen verbindet: Auch die natürliche Schwankungsbreite, wenn sie denn bestimmt werden kann, ist nicht per se

„unschädlich". Umgekehrt können die Ergebnisse natürlicher Prozesse und menschlicher Handlungen sogar mehr oder minder identisch sein, dennoch muss die Beurteilung ihrer Zulässigkeit damit nicht ebenfalls übereinstimmen.

Die oben genannten Beispiele und der allgemeine Definitionsversuch verweisen auf ein zweites zentrales Charakteristikum ökologischer Schäden. Sie basieren häufig auf komplexen Interaktionsnetzwerken. *Wirkungsgefüge* rufen auf unterschiedlichen Ebenen (Individuen, Populationen, Ökosysteme, Landschaften) zusammenhängende Effekte hervor, wobei erwünschte und unerwünschte Wirkungen miteinander verbunden sein können. Seien es toxische Altlasten als Produktionsnebenfolgen, die Grundwassergefährdungen nach sich ziehen, oder das motorschonende Benzinblei, das in den 1970er Jahren in Mitteleuropa zu großflächiger Kontamination von Böden landwirtschaftlicher Nutzfläche zu führen drohte, seien es Pestizide, die auch Nichtzielorganismen treffen oder sei es das Ozonloch, das mit der erhöhten UV-Strahlung neben vielen ökologischen Effekten auch das Hautkrebsrisiko erhöht – ein Charakteristikum ist jeweils, dass ein Nutzen auf einer Ebene (häufig kurzfristig und mit geringerer Reichweite) mit einem Schaden auf einer anderen Skala verbunden ist (häufig basierend auf einem Akkumulationsprozess und damit eine größere Reichweite repräsentierend). Ökologische Schäden sind oftmals *systemisch vermittelt*, und zwar auf empirischer wie auf normativer Ebene. Dies ist ein weiterer Grund, sie im Zusammenhang eines weiteren Begriffsumfelds zu betrachten.

4 Das Begriffsumfeld

Der Schadensbegriff ist nicht isoliert zu handhaben. Um das begriffliche Gefüge zu erläutern, grenzen wir Schaden und Nutzen ab, spezifizieren den Begriff des Schutzgutes und betrachten die verwandten Begriffe Gefahr und Risiko sowie Sicherheitskonzept.

- **Nutzen**
  Der Begriff des Nutzens ist in seinem üblichen Bedeutungskontext instrumentell und/oder utilitaristisch geprägt und lässt sich dem Schaden entgegenstellen. Alles was Spaß macht, was gewünschter Maßen zur Befriedigung von beliebigen Bedürfnissen beiträgt, lässt sich unter Nutzen summieren. Nutzen umfasst also, was menschlichen Individuen ein reales oder eingebildetes Wohlbefinden ermöglicht. Den Nutzen also gilt es zu mehren, Schaden dagegen zu mindern und zu vermeiden.[1]

- **Schutzgut**
  Als Schutzgut verstehen wir einen Gegenstandsbereich, der durch geeignete Maßnahmen vom Eintritt unerwünschter Veränderungen frei zu halten ist. Beispiele für Schutzgüter sind menschliche Gesundheit und Wohlergehen oder auch Eigentum. Im ökologischen Kontext sind als – inzwischen auch rechtlich fixierte – Schutzgüter der Naturhaushalt, die Biodiversität und die Grundlagen für eine Nachhaltigkeit der landwirtschaftlichen Produktion besonders zu nennen. Gerade wenn (und weil) Schutzgüter breit und allgemein formuliert werden, hängen sie oft miteinander zusammen. Biodiversität kann beispielsweise *mit* zum menschlichen Wohlergehen beitragen, es sichert nicht zuletzt *zudem* Optionen zukünftiger Nutzungen. Im Zusammenhang mit gentechnisch veränderten Or-

1 Tierliche und tierethische Perspektiven des Wohlbefindens seien hier nicht diskutiert; vgl. dazu Badura (1999).

ganismen spielen die genannten Schutzgüter als Kriterien für die Regulation eine Rolle: Sofern eine Beeinträchtigung der Schutzgüter zu erwarten wäre, ist ein Grund für das Versagen der Genehmigung zur Freisetzung oder zum Inverkehrbringen gegeben.

- **Risiko**
  Der Risikobegriff entstand zur Bezeichnung der Situation, dass unsichere Geschehensabläufe ausschlaggebend für das Erreichen eines Gewinns oder alternativ für das Eintreten eines Schadens sein können. Risiken sind deshalb Gegenstand der Handlungsabwägung (vgl. Bonß 1995; Breckling & Müller 2000). Quantifiziert werden Risiken in einigen Anwendungsbereichen als Produkt aus Eintrittswahrscheinlichkeit und Schadenshöhe (bzw. der Höhe des Gewinns).

- **Gefahr**
  Der Gefahrenbegriff ist definitorisch gut greifbar. Als Gefahr wird eine Situation angesehen, in der bei ungehindertem Geschehensablauf mit dem Eintreten eines Schadens sehr wahrscheinlich zu rechnen ist. Die Gefahrendefinition macht also von dem Schadensbegriff Gebrauch. Das Bestehen einer Gefährdung erfordert üblicherweise Vorsorgemaßnahmen bzw. Eingriffe in den Geschehensablauf, um das Eintreten von Schäden zu verhindern. Dementsprechend lassen sich

- **Sicherheitskonzepte**
  verstehen als Handlungsanweisungen zur Vermeidung von Gefahren und mithin Schäden.

- **Der Schaden**
  wird im Rahmen des genannten Begriffskontexts nun zwanglos greifbar. Als Schaden können wir allgemein *die durch eine Ereignisfolge eintretende Veränderung an einem Schutzgut* bestimmen, *die einen Nutzen mindert.* Eine Diskussion über die Verursachung ist zunächst nicht erforderlich. Schäden lassen sich Verursacher-unabhängig bezeichnen. Sie können durch natürliche Einwirkung (z.B. Naturkatastrophen) ebenso zustande kommen wie durch menschliche Einwirkung oder in einer nicht seltenen Kombination beider.

Wir haben hiermit nun einen Ansatzpunkt gewonnen, von dem aus wir einen allgemeinen Schadensbegriff auf den ökologischen Kontext konkretisieren können. Dabei soll gleich darauf hingewiesen werden, dass eine operationale Definition allein keineswegs aus allen Schwierigkeiten bei der Bewertung ökologischer Wirkungszusammenhänge heraushilft. Nutzen, Schaden, Risiken und Gefahren sind auf nichttriviale Weise miteinander verflochten. Entgegen dem, was auf der definitorischen Ebene klar abgrenzbar ist, bleiben auf der Ebene der Anwendung Probleme der Trennbarkeit bestehen, oft sogar selbst bei der Differenzierung von Nutzen und Schaden. Auch wenn geeignete Definitionen gegeben werden können, lassen sich damit nicht die Situationen klären, in denen abhängig von Kontext und Perspektive bestimmte Zusammenhänge aus der Sicht des einen erwünscht und nützlich sind, aus anderer Perspektive hingegen einen Schaden repräsentieren. Eine Güterabwägung ist immer in gewissem Umfang unvermeidlich. Für jede konkrete angemessene Abwägung ist allerdings die Klarheit der begrifflichen Grundlage eine notwendige Voraussetzung.

5 Kernbereich eines ökologischen Schadensbegriffs – die Schutzgutbestimmung

Im Folgenden soll nun der Bereich dessen fokussiert werden, was wir als „ökologischen Schaden" fassen wollen. Im Rahmen der allgemeinen Begriffsdefinition ist der *Bezug auf ein Schutzgut* gefordert. In diesem Sinne beginnt die moralisch und politisch normative Dimension nicht erst bei der Frage, was ein Schaden ist (vgl. Berg et al. 1994, 7), sondern eben bereits bei der Bestimmung des Schutzguts. Im ökologischen Kontext führt dies zunächst zu der Auffassung, als ökologischen Schaden solche Zusammenhänge zu fassen, in denen *ein Nutzen von Naturgütern* bzw. ein Nutzen, der sich durch einen Bezug auf das ökologische Gefüge ergibt, beeinträchtigt wird. Dies legt unmittelbar die anthropozentrische Perspektive nahe.

Anthropozentrischer Ansatz
Ein ökologischer Schaden ließe sich demnach *nicht* aus der isolierten Betrachtung von Naturzusammenhängen ableiten, sondern notwendig mit Bezug auf das, was „wir" Menschen von der Natur wollen können. Das „Anthropozentrische" bezieht sich hier auf die Bestimmung des Schutzguts, nicht auf die Schadensursache. Ökologische Schäden sind nicht an spezifische menschliche Verursacher gebunden, sie reduzieren lediglich stets einen möglichen Nutzen eines Schutzguts. Ökologische Schäden können daher auf menschlichen Eingriff zurück gehen oder sich aus der selbstorganisierten Dynamik des ökologischen Gefüges ergeben. Anthropogene (nicht: anthropozentrische!) ökologische Schäden entstehen dadurch, dass jemand auf Natur einwirkt und dadurch ein anderer menschlicher Bezug auf Natur nachteilig verändert wird.

Betrachten wir die Nutzungsinteressen an Natur, die geschädigt werden können. Eine Kategorisierung der zugrundeliegenden Wertkategorien ist in den letzten Jahren in der Ökologischen Ökonomie geleistet worden (Costanza et al. 1997). Die Wertkategorien[2] verweisen hier auf bestimmte Schutzgüter, und sie sind aus anthropozentrischer Perspektive so weit wie möglich von nachteiligen Einwirkungen freizuhalten:

- **Real-Werte:** Diese Kategorie umfasst die Nutzbarkeit von Ökosystemen zur Gewinnung von Rohstoffen, Nahrungsmitteln etc., also der Bereich dessen, was für menschliche Zwecke der Natur entnommen wird. Die natürliche Produktivität von Ökosystemen bildet die Basis für Real-Werte. Das ökologische Gefüge schafft darüber hinaus den Rahmen, in dem eine solche Nutzung überhaupt stattfinden kann. Als „Bedingung der Möglichkeit" der Nutzung und als Randbedingung bzw. Voraussetzung liegen der Gewinnung von Real-Werten „Leistungen des ökologischen Gefüges" zugrunde, von denen bei der „Wertschöpfung" *impliziter* Gebrauch gemacht wird: Klima, Wasserhaushalt, Sauerstoff, Filterfunktionen usw. Dieser Bereich wurde als „Ecosystem Services" (Daily 1997) angesprochen.

- **Potenzial-Werte:** Hierbei handelt es sich um eine Kategorie, die Entwicklungs- und Veränderungsmöglichkeiten im Nutzungspotenzial offen hält. Sie repräsentiert einen Bereich möglicher zukünftiger Nutzungen und einen entsprechenden Sicherheitsbereich. Potenzial-Werte sind entscheidende Voraussetzung für die Möglichkeit einer zukünftigen Veränderung des menschlichen Nutzungsprofils im Hinblick auf Naturgüter.

2 Vgl. auch die Beiträge von Barkmann & Marggraf sowie Bayer in diesem Band.

Im englischsprachigen Raum ist eine Spezifizierung üblich geworden, die folgende Differenzierung vornimmt:

- **„Use values“** sind Gebrauchswerte von Naturgütern, die sich unterscheiden lassen in

  „Direct use values“, diejenigen, die einer direkten Nutzung zugänglich sind, und

  „Indirect use values“, diejenigen, die indirekt oder als Randbedingungen in Nutzungen eingehen.

- **„Option values“** beinhalten die Entwicklungspotenziale und die Offenhaltung von Reserven für Nutzungsveränderungen, auch wenn spezifische Nutzungen dieser Optionen noch nicht konkret abzusehen sind. Biodiversität als Schutzgut, sowie einige Aspekte von Naturschutz und Landschaftsschutz lassen sich im weiteren Sinne dieser Kategorie zuordnen. Eine Wertzumessung ist insofern möglich, als dass z.B. der Biodiversität insgesamt diejenige Wertgröße zuzuordnen ist, die neu aufkommende Nutzungen bisher ungenutzter Arten voraussichtlich erbringen. Solche Diskontierungen handhabt die Ökonomie auch in anderen Bereichen, sie sind also keine genuin ökologisch-ökonomischen Spezifika.

- **Nicht-ökonomisierbare Werte:** Als weitere Kategorien werden **„Non-Use values“** bzw. **„Existence values“** diskutiert. Diesen wird derjenige Bereich zugeordnet, der als „wertvoll“ angesehen wird, ohne jedoch absehbar in ökonomische Wertbildung eingehen zu können. Natur als Kultur- und Identifikationsraum, Schönheit und Eigenart der Landschaft, ästhetische Werte, gelegentlich auch Biodiversität unabhängig von eventuellem späterem Nutzungspotenzial werden hier angeführt. **„Bequest Value“** ist eine weitere Kategorie, die diejenigen Werte umfasst, die jemand als wertvoll ansieht, obwohl er oder sie selbst sie nicht nutzen kann, aber (in altruistischer Haltung) erwartet, dass sie möglicherweise für andere (z.B. folgende Generationen) nützlich sein können. Über die Existenz solcher per definitionem *nicht ökonomisierbarer Werte* in der Ökonomie wird gestritten (Cummings & Harrison 1995; Weikard 2002). Da im Einzelnen im Vorhinein nicht entscheidbar ist, ob eine Option künftig einmal relevant wird, ist eine Trennung von Optionswerten und „Non-Use values“ letztlich nicht zwingend – und für eine ökologische Schadensdefinition auch nicht grundsätzlich folgenreich, wenngleich über Quantifizierungen im Rahmen virtueller Märkte auch dieser Bereich in Abschätzungen einer „Total Economic Value“-Analyse versucht wird einzubeziehen.

Ökologische Schäden sind also im Hinblick auf Nutzungsinteressen an der Natur zu spezifizieren. Dabei ergibt sich mit Blick auf zahlloses Einzelnes und zugleich auf Globales bezogen ein erhebliches Spektrum von Naturstücken, die als Schutzgüter zu bezeichnen wären. Insofern lässt sich anthropozentrisch ein Interesse an *ökologischer Integrität* begründen, insofern es einen Naturzustand zu erhalten fordert, der mit einem größtmöglichen Umfang an realer und potenzieller Nutzbarkeit verbunden ist. Ein Plädoyer hierfür liefern beispielsweise verschiedene Arbeiten im Umfeld von Gretchen Daily (Daily 1997; Daily et al. 1997).

Ebenen-übergreifende Extension

Die Hervorhebung von Zukunfts- und Optionswerten, von indirektem Nutzen durch die Ökologische Ökonomie bestätigt erneut, dass Beeinträchtigungen von Werten auch aus ökonomischer

Perspektive nicht auf einer bevorzugten Wirkungs- bzw. Komplexitätsebene zu fassen sind. Das gilt ebenso für ökologische Schäden. Bei der Abwägung von Nutzen und Schäden gibt es vielfältige und im Prinzip nicht immer vollständig antizipativ auflösbare Konflikte in der Abwägung von

- Langfrist- und Kurzzeitperspektiven,
- kleiner und großer räumlicher Ausdehnung,
- gegenwärtigen und künftigen Nutzungen.

Mit den unterschiedlichen Organisationsebenen ökologischer Systeme lässt sich daraus eine komplexe Vielheit auffalten, die ein ökologischer Schadensbegriff abzudecken hat. Die dabei zu Tage tretenden Nicht-Entscheidbarkeiten und Nicht-Prognostizierbarkeiten sind ausschlaggebend dafür, dass insbesondere im Hinblick auf im menschlichen Nutzungsinteresse gebotene *Vorsorgeaspekte*, also mit Bezug auf das „Precautionary Principle" (Parker 2001; Carr 2002), die Frage nach dem Unterschied zu einem ökozentrischen Ansatz an Bedeutung gewinnt.

Ökozentrischer Ansatz

Bei der Bestimmung ökologischer Schäden geht ein ökozentrischer Ansatz *nicht* vom menschlichen Nutzungsinteresse an Naturgütern aus und bezieht sich damit nicht auf ökonomisierbare Wertkategorien. In den Mittelpunkt stellt der ökozentrische Ansatz den *Selbstwert der Natur*, ja ein Eigenrecht der Natur auf Wahrung der Existenz, die Erhaltung der ökologischen Integrität um ihrer selbst willen (Gorke 1999).[3] Diesem Ansatz wird unter anderem die konzeptionelle Kritik entgegen gehalten, dass eine anthropogene Kategorie (Recht) auf einen Bereich übertragen wird, in dem diese nicht gegenstandsgemäß ist, ja dass sogar eine implizite Anthropomorphisierung der Natur erfolgt, also gerade das, was der Ansatz zu vermeiden trachtet (Eser & Potthast 1999).

Konvergenz der Ansätze und Implikationen des Vorsorgeprinzips

Unabhängig von strittigen Fragen der Begründung konvergieren die Ergebnisse von Schutzbemühungen bzw. die Implikationen für einen ökologischen Schadensbegriff aus ökozentrischer Perspektive interessanterweise in weitem Umfang mit denjenigen der anthropozentrischen. Ökozentrisch wie anthropozentrisch betrachtet ist festzustellen, dass im Hinblick auf die Wahrung von Schutzgütern Nicht-Entscheidbarkeiten, Unsicherheiten, komplexe Wirkungsketten über verschiedene Integrationsebenen, resultierend aus ebenen-übergreifenden Wechselwirkungen, in großem Umfang vorhanden sind. Zur strategischen Vermeidung ökologischer Schäden lassen sich Handlungsmuster fordern, die weitgehend risikoavers sind. Ob die Selbstorganisationsfähigkeit ökologischer Funktionszusammenhänge und der sie tragenden Strukturen aus öko- oder anthropozentrischer Perspektive gesichert wird, ändert wenig daran, dass dies geboten ist. Einmal ausgestorbene Spezies sind nicht wiedergewinnbar. Aufgrund der Nichtwiederherstellbarkeit verlorener Organismenarten und der auf ihrer Aktivität basierenden ökologischen Beziehungen ist insbesondere die Biodiversität als hochrangiges Schutzgut zur Vermeidung ökologischer Schäden zu beachten. Aus der Vorsorge gegenüber unspezifischen Risiken,

3 Gorke selbst vertritt eine *holistische* Position, weil er prima facie „alles" (in) der Natur einschließen will. Wir sprechen hier von einer *ökozentrischen Perspektive im weiteren Sinne*, um verschiedene *physiozentrische* Positionen zusammen zu fassen, die in unterschiedlicher Weise (auch) ökologischen Gefügen jenseits einzelner Lebewesen und Spezies einen Selbstwert zumessen (Details bei Eser & Potthast 1999).

aus dem Umgang mit Ungewissheiten folgt eine *Konvergenz* (vgl. auch Norton 1991) anthropozentrischer und ökozentrischer Perspektiven auf der Ebene der Schutzgutbestimmung auch und gerade unter dem Vorsorgeprinzip.

Die Handelnden tragen die Verantwortung für die Folgen, die mit den jeweiligen Handlungen verbunden sind. Sorgfaltspflichten gebieten es, den Raum möglicher Auswirkungen des Handelns abzuschätzen und in die Handlungsabwägung einzubeziehen. Im Zusammenhang mit Haftungsfragen erfährt der ökologische Schadensbegriff seit einigen Jahren vielleicht die größte Aufmerksamkeit und Bedeutung (vgl. SRU 2002, 170 Rn 284 f.; Kokott et al. 2003). Das gilt im persönlichen und geschäftlichen Bereich, wo die Folgen des Handelns selbst getragen werden (sollten); es gilt um so mehr, wenn öffentliche Belange betroffen sind, weil Folgewirkungen für die Allgemeinheit resultieren. In diesen Bereichen erlässt in der Regel die Allgemeinheit in Form des Staates verbindliche Normen im Rahmen von Gesetzen und Verordnungen.[4] Im Rahmen dieser Normen werden Risiken bzw. die Zuordnung zu Schäden als Haftungsgrund zum Teil sozialisiert. Die Bereitschaft zu einer solchen Sozialisation ist abhängig von einer gesellschaftlichen Diskussion und sollte sich als Resultat entsprechender Partizipationsmöglichkeiten in Form politischer Konsense oder Kompromisse ergeben.[5]

6 Implikationen für gentechnisch veränderte Organismen

Vor dem Hintergrund der aktuellen Kommerzialisierung gentechnisch veränderter Nutzpflanzen ist es sicherlich kein Zufall, dass die jüngste Erörterung des ökologischen Schadensbegriffs durch den Sachverständigenrat für Umweltfragen nunmehr im Kontext von Risikofragen transgener Organismen steht (SRU 2004, 645 Rn 873 ff.).[6]

Die Konstruktion, die Freisetzung und das Inverkehrbringen von gentechnisch veränderten Organismen greift auf einer fundamentalen Ebene in die Selbstorganisationsfähigkeit von Organismen ein. Transgene Konstrukte können im Rahmen natürlicher Selbstorganisation bzw. durch Eingriffe auf höheren Organisationsebenen als der des Genoms (z.B. durch klassische Züchtung) nicht zustande gebracht werden. Sie erfordern einen konstitutiven Anteil molekularer Manipulation. Das Resultat solcher Eingriffe ist vererbbar. Mit Hilfe der Gentechnik können organismische Konstitutionen geschaffen werden, die als Resultat evolutiver Prozesse nicht möglich sind. Mit der Freisetzung unterliegen diese der ökosystemaren Selbstorganisation mit dem Potenzial zur Selbstvermehrung, und sofern es zur Persistenz von Transgenen in natürlichen Populationen kommt, auch der evolutiven Veränderung (vgl. Potthast 1999, 173 ff.).

Die Folgewirkungen der Freisetzung und des Inverkehrbringens von gentechnisch veränderten Organismen sind nicht auf einer spezifischen Ebene fixiert. Der gentechnische Eingriff beinhaltet eine Veränderung auf molekularer Ebene. Wirkungsbeziehungen gibt es von dort zu allen Integrationsebenen ökologischer Interaktionen, von der Population über Nahrungsketten bis zu Ökosystemen und Landschaften. Da die ökologischen Implikationen gentechnischer Anwendungen in selbstvermehrender Weise auf allen Organisationsebenen auftreten, sind auch poten-

4 Vgl. den Beitrag von Brand in diesem Band.

5 Vgl. den Beitrag von Skorupinski in diesem Band.

6 Zur neuen Arbeitsdefinition des SRU, die „Umweltschaden (Umweltschaden im weiteren Sinn)“ und „Ökologischen Schaden (Umweltschaden im engeren Sinn)“ trennt, siehe den abschließenden Beitrag von Potthast in diesem Band.

zielle Schäden durch GVO auf allen diesen Ebenen zur Vermeidung von ökologischen Schäden zu analysieren. Dies müssen entsprechende Prüfungs- und Sicherheitskonzepte in systematisierender Weise sicherstellen; zudem sind darüber hinaus verbleibende Unsicherheitspotenziale in angemessener Weise zu berücksichtigen (Breckling & Züghart 2003; Breckling et al. 2004).

In soweit ökologische Schäden durch gentechnisch veränderte Organismen das Potenzial zur Selbstvermehrung und zur evolutionären Wandlung und Neukombination umfassen, sind Sicherheitskonzepte und Konzepte zur Antizipation und vorsorgenden Regulation aus der Chemie und Technik nur begrenzt anwendbar. Schäden, die im Kontext mit gentechnisch veränderten Organismen prinzipiell zu diskutieren und aus Vorsorgegründen zu evaluieren sind, betreffen deshalb den gesamten Bereich dessen, was durch den ökologischen Schadensbegriff abgedeckt wird. Da populationsgenetische Entwicklungen auf Jahrmillionen langen wechselseitigen Interaktionen und Adaptationen basieren, umfasst die Verantwortung für entsprechende Organismen einen potenziell unbegrenzten Zeit- und Raumhorizont.

7 Resümee

Mit den oben vorgenommenen Begriffserläuterungen und Positionen soll ein Ausgangspunkt geliefert werden, der eine Fortführung der Diskussion stimuliert. Es ist nicht angestrebt, abschließende Ergebnisse zu präsentieren. Wir haben aber die Erwartung, dass die angesprochenen Themenbereiche für eine weitere Klärung unabdingbar einzubeziehen sind. Folgende Aspekte erscheinen uns als soweit einschlägig, dass die folgende Diskussion nicht von ihnen absehen können wird:

- **Ökologische Schäden können auf Ebenen-übergreifenden Wirkungszusammenhängen basieren.**
  Ökologische Schäden müssen sich nicht notwendig auf einfache Zielgrößen beziehen. Schädliche Entwicklungen, Beeinträchtigungen von Schutzgütern können auf Ebenen-übergreifenden Wirkungszusammenhängen basieren und verschiedene Ebenen des ökologischen Gefüges gleichzeitig bzw. in unterschiedlicher, aber zusammenhängender Weise betreffen.

- **Anthropozentrische und ökozentrische Begründungen für Schutzgutbestimmungen sind weit gehend konvergent.**
  Eine anthropozentrische Sichtweise, die den Menschen in den Mittelpunkt stellt und nur Beeinträchtigungen von für den Menschen relevanten Schutzgütern als Schäden akzeptiert, steht in weitem Umfang in praktischer Hinsicht nicht im Widerspruch zu einer ökozentrischen Sichtweise. Die ökozentrische Perspektive, die aufgrund von Selbstwerten der Natur Schutzgüter definiert, führt in weiten Bereichen nicht zu abweichenden Schlussfolgerungen. Dies wird insbesondere durch einen anthropozentrisch begründeten Vorsorge-Aspekt vermittelt: Da Nutzungsinteressen an ökologischen Gütern für die Zukunft unabsehbar variabel sind, da schon die Grenzen des Erkenntnisvermögens eine prinzipielle Reduktion von Ungewissheiten unmöglich machen, ist auch aus *anthropozentrischer* Perspektive die Wahrung einer selbstorganisierten (*ökozentrisch betrachtbaren*) Erhaltung des ökologischen Gefüges konstitutiv.

- **Der Verantwortungsbereich für Handlungsfolgen umfasst potenziell einen weiten Zeit- und Raumbezug**
  Da das ökologische Gefüge auch bei anthropogener Beeinflussung dennoch weit gehend selbstorganisiert ist, besitzen ökologische Schäden einen potenziell weiten Fortpflanzungshorizont. Insbesondere dort, wo Schäden mit dieser Fortpflanzungs- und Selbstorganisationsfähigkeit in direktem Zusammenhang stehen, erstreckt sich der zeitliche und räumliche Verantwortungsbereich auf großen Skalenbereichen. Soweit die Folgen von Eingriffen reichen, reicht auch die Verantwortung für die implizierten Wirkungsketten.

8 Literatur

Badura, Jens 1999: Moral für Mensch und Tier – Tierethik im Kontext. UTZ, München.

Barkmann, Jan & Rainer Marggraf 2004: Ökologische Schäden durch Vernachlässigung des Vorsorgeprinzips im nachhaltigen Landschaftsmanagement – eine umweltökonomische Perspektive. Dieser Band, 57-76.

Bayer, Stefan 2004: Possibilities and limitations of economically valuating ecological damages. Dieser Band, 77-93.

Berg, Marco, Georg Erdmann, Markus Hofmann, Michael Jaggy, Martin Scheringer, Hansjörg Seiler (Hrsg.) 1994: Was ist ein Schaden? Zur normativen Dimension des Schadensbegriffs in der Risikowissenschaft. vdf-Verlag der Fachvereine, Zürich.

Bonß, Wolfgang 1995: Vom Risiko – Unsicherheit und Ungewissheit in der Moderne. Hamburger Edition, Hamburg.

Brand, Verena 2004: Der ‚Schaden für die Umwelt' und seine Definitionen in verschiedenen nationalen Umweltgesetzen – Implikationen für das Gentechnikrecht. Dieser Band, 143-156.

Breckling, Broder, Verena Brand, Gerd Winter, Andreas Fisahn, P. Pagh 2004: Fortschreibung des Konzepts von Risiken bei Freisetzungen und dem Inverkehrbringen von gentechnisch veränderten Organismen. Endbericht des F & E Vorhabens FKZ 20167430/01, Umweltbundesamt Berlin.

Breckling, Broder & Wiebke Züghart 2003: Konzeptionelle Entwicklung eines Monitoring von Umweltwirkungen transgener Kulturpflanzen. UBA Texte 50/03, Berlin.

Breckling, Broder & Felix Müller 2000 (Hrsg.): Der ökologische Risikobegriff. Peter Lang, Frankfurt am Main.

Carr, Susan 2002: Ethical and value-based aspects of the european commission's precautionary principle. Journal of Agricultural and Environmental Ethics 15/1, 31-38.

Champion, Gillian T., Mike J. May, Sean Bennett, David R. Brooks, Suzanne J. Clark, Roger E. Daniels, Les G. Firbank, Allison J. Haughton, Cathy Hawes, Matt S. Heard, Joe N. Perry, Zoe Randle, Martin J. Rossall, Peter Rothery, Matthew P. Skellern, Richard J. Scott, Geoff R. Squire & Miles R. Thomas 2003: Crop management and agronomic context of the Farm Scale Evaluations of genetically modified herbicide-tolerant crops. Phil. Trans, R. Soc. Lond. B 358, 1801-1818.

Costanza, Robert, John Cumberland, Herman Daly, Robert Goodland & Richard Norgaard 1997: An introduction to Ecological Economics. St. Lucie/CRC Press, Boca Raton, Florida.

Cummings, Ronald G. & Glenn W. Harrison 1995: The measurement and decomposition of Nonuse Values – A critical review. Environmental and Resource Economics, 5, 225-247 (vgl. http://dmsweb.moore.sc.edu/glenn/papers/).

Daily, Gretchen C., Susan Alexander, Paul R. Ehrlich, Larry Goulder, Jane Lubchenco, Pamela A. Matson, Harold A Mooney, Sandra Postel, Stephen H. Schneider, David Tilman & George M. Woodwell 1997: Ecosystem services – Benefits supplied to human societies by natural ecosystems. Issues in Ecology 2, Spring 1997 (http://www.esa.org/science/Issues/FileEnglish/issue2.pdf.)

Daily, Gretchen C. (Hrsg.) 1997: Nature's services - Societal dependence on natural ecosystems. Island Press, Washington, D.C.

Eser, Uta 1999: Der Naturschutz und das Fremde – Ökologische und normative Grundlagen der Umweltethik. Campus, Frankfurt am Main.

Eser, Uta & Thomas Potthast 1999: Naturschutzethik – Eine Einführung für die Praxis. Nomos, Baden-Baden.

Ferguson, Robert W. 2003: The devil and the disappearing sea – murder & mayhem amid the Aral Sea disaster. Raincoast Books, Vancouver.

Gorke, Martin 1999: Artensterben – Von der ökologischen Theorie zum Eigenwert der Natur. Klett-Cotta, Stuttgart.

Invasive Species Specialist Group (o.J.): 100 of the worlds worst invasive species – A selection from the global invasive species database. Auckland (www.issg.org).

Kokott, Juliane, Axel Klaphake & Simon Marr 2003: Ökologische Schäden und ihre Bewertung in internationalen, europäischen und nationalen Haftungssystemen – Eine juristische und ökonomische Analyse, Umweltbundesamt Berichte 03/03, E. Schmidt, Berlin.

Kowarik, Ingo 2003: Biologische Invasionen – Neophyten und Neozoen in Mitteleuropa. Ulmer, Stuttgart.

Norton, Bryan 1991: Toward unity among environmentalists. Oxford University Press, New York/Oxford.

Parker, Jenneth 2001: Precautionary Principle. In: Ruth Chadwick (Hrsg.), The Concise Encyclopaedia of the Ethics of New Technologies. San Diego, 341-349.

Potthast, Thomas 1999: Die Evolution und der Naturschutz – Zum Verhältnis von Evolutionsbiologie, Ökologie und Naturethik. Campus, Frankfurt am Main.

Potthast, Thomas 2004: Ökologische Schäden – eine Synopse begrifflicher, methodologischer und ethischer Aspekte. Dieser Band, 189-209.

Schmoll, Friedemann 2003: „Multikulti im Tierreich" – Über das Fremde in der Natur, Globalisierung und Ökologie. Zeitschrift für Volkskunde. Halbjahresschrift der Deutschen Gesellschaft für Volkskunde 99, 51-64.

Skorupinski, Barbara 2004: Gentechnik und ökologische Schäden als Gegenstand von Risikoforschung und partizipativer Technikfolgenabschätzung – Stand und Perspektiven. Dieser Band, 169-188.

SRU [Der Rat von Sachverständigen für Umweltfragen] 1987: Umweltgutachten 1987. Bundestagsdrucksache 11/1568. Kohlhammer, Stuttgart/Mainz.

SRU [Der Rat von Sachverständigen für Umweltfragen] 2002: Umweltgutachten 2002 - Für eine neue Vorreiterrolle. Bundestagsdrucksache 14/8792. Metzler-Poeschel, Stuttgart.

SRU [Der Rat von Sachverständigen für Umweltfragen] 2004: Umweltgutachten 2004 – Umweltpolitische Handlungsfähigkeit sichern (Mai 2004). Nomos, Baden-Baden (im Druck; pdf-Version unter: http://www.umweltrat.de/).

Thomas, Chris D., Alison Cameron, Rhys E. Green, Michel Bakkenes, Linda J. Beaumont, Yvonne C. Collingham, Barend F. N. Erasmus, Martinez Ferreira de Siqueira, Alan Grainger, Lee Hannah, Lesley Hughes, Brian Huntley, Albert S. van Jaarsveld, Guy F. Midgley, Lera Miles, Miguel A. Ortega-Huerta, A. Townsend Peterson, Oliver L. Phillips & Stephen E. Williams 2004: Extinction risk from climate change. Nature 427, 145-148.

Weikard, Hans-Peter 2002: The existence value does not exist and non-use values are useless. Paper prepared for the annual meeting of the European Public Choice Society 2002, Belgirate/Lago Maggiore, Italy (http://polis.unipmn.it/epcs/papers/weikard.pdf).

Ökologische Schäden – Definition und Begriffsverständnis

Matthias Richter

Institut für Landschafts- und Pflanzenökologie (320), Universität Hohenheim, 70593 Stuttgart
richterm@uni-hohenheim.de

Abstract

First a brief internet survey on the usage of the term "ecological damage" is presented. Then a definition of ecological damage is suggested that is flexible enough to keep step with regard to progress in natural sciences and that is independent from different social evaluative concepts of ecological goods. In a second step for specific goals and environmental goods, regulations (limits and laws) should be fixed in order to establish instruments for handling practical cases.

Keywords: Ecological damage, definition, internet research

Schlüsselwörter: Ökologischer Schaden, Definition, Internetrecherche

1 Einleitung

Wenn Menschen von ökologischen Schäden berichten, so können es sehr unterschiedliche Sachverhalte sein, die unter diesem Oberbegriff subsumiert werden. Bei einem Definitionsversuch sollte daher gefragt werden, was die unterschiedlichen Sachverhalte miteinander gemein haben.

Hierzu werden im folgenden Beitrag unterschiedliche Wege beschritten: Zunächst werden die Ergebnisse einer Internetrecherche zur Begriffsverwendung vorgestellt. Weiter lassen sich die räumlichen und zeitlichen Ebenen abgrenzen, innerhalb derer von ökologischen Schäden die Rede ist. Die Zusammensetzung des Begriffs durch die Worte Ökologie und Schaden hat bestimmte terminologische Implikationen, die für eine Definition bedeutsam sind. Aufbauend darauf wird eine allgemeine Definition für ökologische Schäden vorgestellt, die nach bestimmten Kriterien weiter zu konkretisieren ist. Dies ist ein notwendiger Schritt, wenn man eine Operationalisierung (z.B. im Sinne der Sanktionierung von Schadensverursachern oder im Sinne der Bewertung von Schutzgütern) beabsichtigt.

Als Ausgangspunkt der Betrachtungen dient eine Perspektive, die versucht, so abstrakt wie notwendig und dennoch an das menschliche Alltagsverständnis anknüpfend, die Bedingungen für eine sinnvolle Begriffsdefinition auszuloten.

2 Begriffssuche im Internet mit Hilfe der Suchmaschine Google

Im Februar 2003 wurde über die Suchmaschine Google das Stichwort *ökologischer Schaden* im Internet eingegeben. Die ersten fünfzig Treffer wurden ausgewertet und bestimmten Themenfeldern zugeordnet. Das Ziel dieser Vorgehensweise war es, schlaglichtartig die aktuelle Begriffsverwendung im Internet zu beleuchten und dadurch einen thematischen Einstieg zu finden. Die Recherche sollte das Begriffsumfeld ermitteln, in dem der gesuchte Begriff auftaucht. Durch die mediale Repräsentation des Begriffs spiegeln sich wichtige Aspekte heutiger gesellschaftlicher Realität wider. Aufgrund der Funktionsweise von Google, d.h. wegen der spezifischen Selektions- und Gewichtungskriterien (vgl. http://www.webcards.de/Search/Google-1.htm), ist das Ergebnis allerdings kritisch zu hinterfragen und kann weder die aktuelle mündliche Begriffsverwendung noch die Begriffsverwendung von „ökologischer Schaden“ im Internet allgemein wiedergeben.

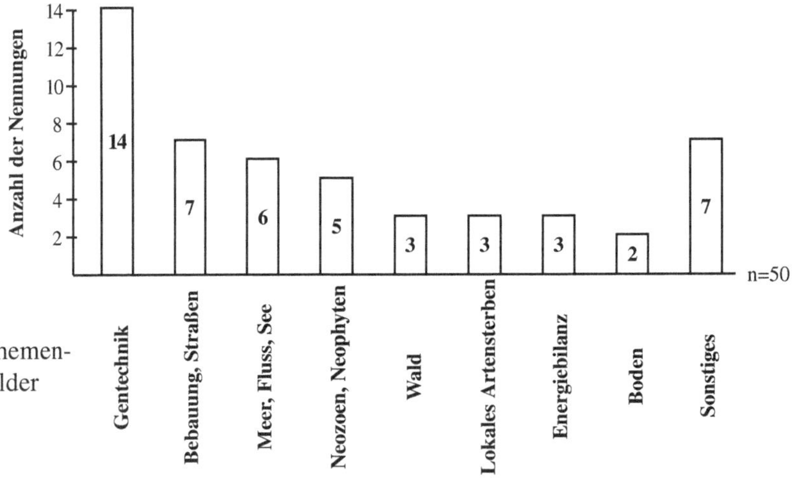

Abbildung 1: Nennungen und Themenfelder des Begriffs „ökologischer Schaden“ im Internet (Suchmaschine Google, Februar 2003).

In Abb. 1 ist die Anzahl der jeweiligen Nennungen gegen die Themenfelder aufgetragen. 86% der Treffer ließen sich acht Themenfeldern zuordnen, bei denen mindestens zwei Treffer erreicht wurden. Sieben Treffer (unter der Rubrik Sonstiges) waren schwer zuzuordnen oder gehörten zu Themenfeldern, die nur einmal besetzt waren.

Ein zunächst überraschendes Ergebnis war es, dass der Bereich Gentechnik mit vierzehn Treffern (28%) am häufigsten zu verzeichnen war, gefolgt von Bebauung / Straßen.

Die vier am häufigsten genannten Themenfelder, darunter weiter Meer / Fluss / See und Neophyten / Neozoen erreichten mit insgesamt zweiunddreißig Nennungen 64%.

Die Anzahl der Nennungen zeigt (wenngleich nach den Kriterien von Google gewichtet) die Popularität und die Aktualität der unterschiedlichen Themen. Während die relativ häufigen Nennungen im Bereich Gentechnik auffällig sind, so erreicht das Themengebiet Wald nur drei Nennungen (davon eine den tropischen Regenwald betreffend). Mit hoher Wahrscheinlichkeit wäre in den 80er Jahren des vergangenen Jahrhunderts die Trefferquote im Themenbereich Wald deutlich höher ausgefallen, nicht zuletzt durch die Besorgnis um die Schäden an deutschen

Wäldern. Aktuelle Diskussionen im Fernsehen oder in der Presse wie z.B. zur Gentechnik scheinen einen deutlichen Einfluss auszuüben, jedoch betreffen die Nennungen in den Themenfeldern Bebauung / Straßen und Lokales Artensterben den unmittelbaren Anschauungsbereich und die nähere räumliche Umgebung der Bevölkerung.

3 Räumliche, zeitliche und sachliche Eingrenzung der Bezugsebene

Hinsichtlich der Organisationsebene und der vertikalen Zuordnung lassen sich ökologische Schäden im allgemeinen Begriffsverständnis so wie in Abb. 2 dargestellt zuordnen. Die Grenzen zu den benachbarten Ebenen sind jedoch teilweise fließend.

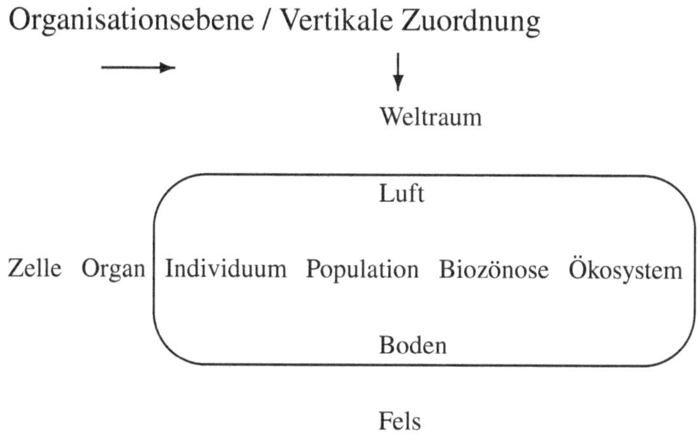

Abbildung 2: Organisationsebene und vertikaler Zuordnungsbereich ökologischer Schäden.

Zeitlich betrachtet existieren gravierende Veränderungen des Naturhaushalts bereits seit es Menschen gibt. Erst seit den 70er und 80er Jahren des vergangenen Jahrhunderts erreichten ökologische Schäden, die auch als solche bezeichnet werden, das Bewusstsein einer breiten Öffentlichkeit. Als Indiz für diese Behauptung sei das populäre Buch von Carson (1962) genannt. Wenngleich also eine Entsprechung für ökologische Schäden in der realen Natur seit Jahrtausenden besteht, dürfte die Begrifflichkeit und deren gesellschaftspolitische Einordnung erst in der zweiten Hälfte des zwanzigsten Jahrhunderts entstanden sein. Sicherlich ist allerdings die aktuelle Begriffsverwendung ohne Berücksichtigung der Entwicklung der Ökologiebewegung nicht verständlich.

Begrifflich kann man sich der Definition ökologischer Schäden von den beiden Substantiven Ökologie und Schaden nähern. Während sich allein von einer als Naturwissenschaft verstandenen Ökologie bekanntlich keine Referenzkriterien für eine Bewertung ableiten lassen, gilt dies nicht für den Begriff Schaden. Die Verwendung dieses Begriffs setzt eine Bewertung notwendig voraus. Damit impliziert auch das Kompositum ökologischer Schaden eine Bewertung.

Es ist nicht zielführend, die Dynamik der Veränderungen im Naturhaushalt unter der Messlatte eines verschleierten Naturnähekriteriums bei einer Definition heranzuziehen (wie es der

Sachverständigenrat für Umwelt versucht, SRU 1987, 460 Rn 1691). Nicht rückführbare Abweichungen von sogenannten natürlichen Systemzuständen können nur unter der Perspektive eines konservativen, größter Naturnähe verpflichteten Naturschutzes als ökologischer Schaden bezeichnet werden. Demgegenüber werden irreversible Systemveränderungen im Naturhaushalt keineswegs notwendig als ökologischer Schaden aufgefasst, wie die heutige Wertschätzung der extensiv genutzten Weidelandschaften aus dem 19. Jahrhundert in Deutschland zeigt (Richter & Doppler 2002). Offensichtlich spielen bei der Begriffsverwendung daher auch landschaftsästhetische Aspekte eine Rolle. Extensiv genutzte Weidelandschaften sind in ihren ökosystemaren, auf den Stoffhaushalt bezogenen Kriterien häufig irreversibel verändert, genießen jedoch ästhetisch oft eine hohe Wertschätzung.

Was unter ökologischen Schäden verstanden wird, verändert sich im Laufe der Zeit. Ökologische Schäden sind abhängig von naturwissenschaftlichen Erkenntnissen und von gesellschaftlichen Wertschätzungen. Beispielsweise ist die erbgutschädigende Wirkung von radioaktiver Strahlung erst seit dem vergangenen Jahrhundert bekannt. Selbst dann, wenn in der Zeit vor der Erforschung der Radioaktivität ein entsprechender Schaden auftrat, so war er nicht als solcher erkennbar. Weiterhin spielt die Veränderung gesellschaftlicher Wertschätzungen eine Rolle. Landschaften, die in früheren Jahrhunderten noch als Schandfleck angesehen wurden (wie z.B. Moore und Heiden), gelten heute in Deutschland vielfach als touristische Attraktionen.

Aus diesen Gründen muss eine allgemein gehaltene Definition von ökologischen Schäden hinreichend flexibel sein.

4 Definition

Eine allgemeine Definition könnte folgendermaßen lauten:

Ökologische Schäden sind unerwünschte Systemzustände im Naturhaushalt.

Diese Definition gilt für aktuelle Systemzustände ebenso wie für zukünftige Systemzustände. Dabei wird davon ausgegangen, dass ökologische Schäden genau das sind, was Menschen darunter verstehen, d.h., dass sie sich, aus erkenntnistheoretischer Perspektive betrachtet, in der menschlichen Wahrnehmung und bei der Bewertung von Parametern im Naturhaushalt erst konstituieren. Auf eine ausführliche Diskussion dessen, was unter Naturhaushalt exakt verstanden wird, soll an dieser Stelle verzichtet werden, da eine konkrete (im Sinne von gesetzlichen Regelungen operationalisierbare) Definition von ökologischen Schäden ohnehin erst auf einer anderen Ebene sinnvoll erscheint (siehe Abschnitt 5). Einschränkend muss jedoch bemerkt werden, dass Schäden, die bei anderen Organismen ökologische Schäden genannt werden, beim Menschen als gesundheitliche Schäden bezeichnet werden. Hieraus wird die Sonderstellung des Menschen deutlich, der zwar Teil der Natur und des Naturhaushalts ist, der aber ebenfalls als Naturzerstörer und als „Störfall“ im Naturhaushalt betrachtet wird. Es wäre interessant, diese Position, die von weiten Teilen der Ökologiebewegung vertreten wurde, historisch zurückzuverfolgen, z.B. bis zu den Anthropologien von Helmuth Plessner oder Arnold Gehlen, die jedoch auch die gestalterische Eigenständigkeit des Menschen gegenüber der Natur als positive Möglichkeit hervorheben. Im Zusammenhang mit obiger Kurzdefinition können unterschiedliche (weiterführende) Fragen bzw. Irritationen auftreten, die im Folgenden benannt und diskutiert werden:

A) Bei einem, dem heutigen Verständnis von Natur angemessenen, dynamischen Naturverständnis (ganz im Sinne des „Panta Rhei“ von Heraklit, vgl. Mansfeld 1991) ist es nicht angebracht (und unter Ökologen nicht populär), Natur (oder den Naturhaushalt) durch bestimmte Systemzustände zu charakterisieren. Eine unerwünschte Dynamik des ökologischen Wirkungsgefüges – so ließe sich einwenden – sei in einer Definition angemessener.

Ob bei einer Definition eher der (scheinbar) statische oder der dynamische Aspekt betont wird, ist m.E. nicht entscheidend, sofern man Statik nicht im Sinne einer völligen Unveränderbarkeit versteht, sondern aus wahrnehmungspsychologischer Perspektive. Was damit gemeint ist, sei im Folgenden kurz erläutert: Bekanntlich lässt sich der Fluss der Zeit in unendlich kleine Zeitabschnitte zergliedert denken. Dennoch werden in Bezug auf wissenschaftliche Objekte Parameter festgehalten und Objekten in der Alltagswahrnehmung Eigenschaften zugesprochen, die, sofern sie über einen bestimmten Zeitraum hinweg als konstant erscheinen, als Zustände bezeichnet werden.

Mit obiger Definition soll und kann daher nicht der dynamische Charakter von Ökosystemen in Frage gestellt werden. Vielmehr rekurriert die Definition darauf, dass in der Alltagswahrnehmung der meisten Menschen ökologische Schäden in der Regel nicht dynamisch wahrgenommen werden, sondern mit Bezug auf bestimmte, erwünschte Referenzzustände, die häufig als Bilder im Kopf bestehen (nicht selten im Sinne von Landschaftsbildern, die sich an „Arkadien“ orientieren) und nicht auf physikalischen Gleichungen beruhen.

B) Gibt es ökologische Schäden unabhängig davon, ob sie als Resultat von menschlichen Handlungen zustande kommen? Können beispielsweise Meteoriteneinschläge oder Vulkanausbrüche zu ökologischen Schäden führen?

Wenngleich im umweltpolitischen Zusammenhang im Sinne der Zuschreibung von Verantwortlichkeit Vulkanausbrüche bislang nicht „strafrechtlich verfolgt“ werden können, da es – soweit bei den bisherigen Fällen bekannt – keinen menschlichen Verursacher gibt, so sind m.E. dennoch daraus resultierende Schäden (z.B. die Zerstörung der landwirtschaftlichen Ernteprodukte, die drastische Veränderung des Landschaftsbildes oder die Zerstörung einer Kulturlandschaft mitsamt allen vorherigen ökologischen Wirkungsgefügen) selbstverständlich ebenfalls als ökologische Schäden zu bezeichnen. Wem das Vulkanbeispiel zu bizarr ist, der denke an ökologische Schäden, hervorgerufen durch Hagelschlag oder durch Überschwemmungskatastrophen, die nicht durch menschliches Handeln entscheidend mit verursacht wurden.

Diese Auffassung des ökologischen Schadensbegriffs widerspricht nicht der ethischen Verpflichtung, die menschliche (Mit-)Verantwortung an ökologischen Schadensereignissen umweltpolitisch zu brandmarken und diese möglichst präventiv zu verhindern.

C) Interessant ist die Feststellung des folgenden Zusammenhanges: Offensichtlich berühren ökologische Schäden immer menschliche Nutzungsinteressen an Schutzgütern oder an Umweltgütern. Diese können aus ökonomischer Sicht betrachtet werden, wobei jedoch anzumerken ist, dass ökonomische Nutzenkalküle mit erheblichen methodischen Schwierigkeiten zu kämpfen haben. So ist es z.B. unmöglich, für die Zukunft mit hinreichender Sicherheit vorauszusagen, wie sich der ökonomische Verlust durch das Aussterben einer bestimmten Pflanzenart oder Tierart darstellen würde.

Von einer einseitigen Bewertung ökologischer Sachverhalte, aufbauend auf ökonomischen Nutzenkalkülen, ist deshalb dringend abzuraten. Beispielsweise kann der ökonomische Nutzen des Besuchs eines städtischen Parkwaldes gering sein (ich bin nur bereit, wenig oder nichts dafür auszugeben), während der ideelle und gesundheitliche Nutzen sehr hoch ist. Wenngleich sich der ideelle und der gesundheitliche Nutzen ebenfalls ökonomisch darstellen lassen, so gibt es aus der Perspektive verschiedener Menschen hierzu so unterschiedliche Einstellungen, dass ein solches Verfahren in der Praxis als sehr fragwürdig erscheint. Auch wenn ein Urwald erhalten wird, indem er nicht betreten wird, so ist allein das Wissen um dessen Erhaltung eine Nutzung in Form einer Wertschätzung, die gerade daraus entspringt, dass das Primat der ökonomischen Ausbeutung der Natur durchbrochen ist, und dass die Natur sich „von selbst“ erhält. Diese Wertschätzung könnte man auch als ethisch-emotionalen Nutzen bezeichnen.

Wenngleich gegenüber anderen Nutzungsinteressen die Betonung ökonomischer Aspekte bei ökologischen Schutzmaßnahmen (die auch als Unterlassungen verstanden werden können, vgl. Trommer 1997) von Vorteil sein kann (McPherson & Simpson 2002), so wird man in der Praxis darauf achten müssen, dass sich diese Betrachtungsweise nicht als „Bärendienst“ herausstellt.

5 Schutzgutbezogene Regelungen und deren Ergänzung

Die oben skizzierte Definition beinhaltet keine Festlegung von Schwellenwerten oder konkreten Referenzkriterien und ist damit hinreichend flexibel gegenüber sich verändernden naturwissenschaftlichen Erkenntnissen und gesellschaftlichen Werthaltungen. Dennoch ist es in der Praxis notwendig, diese Definition für die verschiedenen Schutzgüter, Schutzziele und Sachbereiche zu konkretisieren und operationalisierbar zu machen.

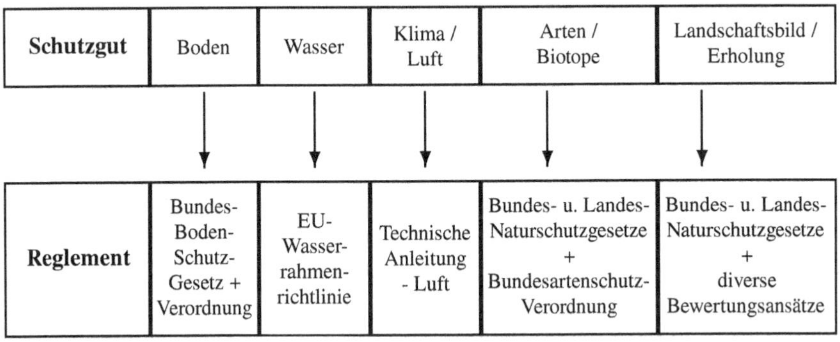

Abbildung 3: Schutzgutbezogene Regelungen zu deren Erhaltung.

Hierbei erscheint es zweckdienlich, einen Anschluss an bereits bestehende Regelungen zu suchen. Solche Regelungen gibt es z.B. in der traditionellen Landschaftsplanung, unterteilt in die Schutzgüter Boden, Wasser, Klima/Luft, Arten/Biotope und Landschaftsbild/Erholung (vgl. Abb. 3). Eine Untergliederung nach diesen Schutzgütern hat sich in der Planungspraxis der Kommunen bewährt (Richter et al. 2003).

Darüber hinaus ist es wichtig, andere Sachbereiche (wie z.B. Nahrungsmittelproduktion oder Gentechnik) neu zu reglementieren (z.B. mit Richtlinien oder Schwellenwerten). Weiterhin ist es zwingend notwendig, die entsprechenden Reglementierungen kontinuierlich dem aktuellen Forschungsstand anzupassen.

6 Zusammenfassung

Es wird vorgeschlagen, für ökologische Schäden eine allgemeine, flexible Definition als „unerwünschte Systemzustände im Naturhaushalt“ zu wählen und diese im Hinblick auf bestimmte Schutzgüter, Schutzziele und Sach- bzw. Forschungsbereiche zu spezifizieren, ggf. unter Bezugnahme auf bestehende Regelungen.

7 Literatur

Carson, Rachel 1962: Silent spring. Houghton Mifflin, Boston.

Mansfeld, Jaap (Hrsg.) 1991: Die Vorsokratiker I, Milesier, Pythagoreer, Xenophanes, Heraklit, Parmenides. Reclam, Stuttgart.

McPherson, E. Gregory & James R. Simpson 2002: A comparison of municipal forest benefits and costs in Modesto and Santa Monica, California, USA. Urban Forestry & Urban Greening 1, 61-74.

Richter, Matthias & Susanne Doppler 2002: Ästhetik historischer Kulturlandschaften und Ökosystemfunktionen. Verhandlungen der Gesellschaft für Ökologie 32, 88.

Richter, Matthias, Ulrich Grunicke & Reinhard Böcker 2003: Boden- und Flächenressourcen-Management in Ballungsräumen – Entwicklung von Bewertungsrahmen zur Beurteilung der ökosystemaren Potenziale verschiedener Nutzungs- und Strukturtypen im urbanen Bereich. Endbericht: 85 S. mit Anhang. Forschungszentrum Karlsruhe, http://www.bwplus.fzk.de (in Publikationen, Berichte, Berichtsreihe FZKA-BWPLUS, Autoren L-Z, Richter).

SRU [Der Rat von Sachverständigen für Umweltfragen] 1987: Umweltgutachten 1987. Kohlhammer, Stuttgart/Mainz.

Trommer, Gerhard 1997: Über Naturbildung. In: Gerhard Trommer & Reimund Noack (Hrsg.), Die Natur in der Umweltbildung – Perspektiven für Großschutzgebiete. Deutscher Studien Verlag, Weinheim, 9-116.

Was ist ein ökologischer Schaden? Ein Ansatz für die Bestimmung virtueller Standards

Michael Hauhs* & Holger Lange**

*BITÖK, Universität Bayreuth, D-95440 Bayreuth, michael.hauhs@bitoek.uni-bayreuth.de
**Skogforsk, Høgskoleveien 12, 1430 Ås, Norwegen, holger.lange@skogforsk.no

Abstract

The notion of an ecological damage has so far neither been given a proper theoretical nor a pragmatic or operational foundation. Yet one of the most widespread motivations for the scientific study of ecosystems is a "protectional" one by which an improved scientific understanding is sought in order to be able to prevent future ecological damages. We review the possibilities of valuating changes as a damage in the environment, in health or in ecosystems. The conceptual separation of potential from actual behavior/structure is a prerequisite to any of these options. The critical point here is the formal and empirical basis for knowledge about these potentials. We contrast the dynamic systems theory approach derived from physics with an interactive computing approach recently developed in computer science. The former requires to distinguish facts and values and leads to notorious difficulties when applied at the ecosystem level. The latter and novel approach opens the possibility for a consistent definition of a damage at the ecosystem level whenever a tradition of (sustainable) utilization of such systems is available. The documentation, actualization and dissemination of the tacit (expert) knowledge can be improved by the use of interactive simulations in which a virtual standard can be defined by the respective experts themselves.

Keywords: Ecological damage, virtual standards, tacit knowledge

Schlüsselwörter: Ökologischer Schaden, virtuelle Standards, implizites Wissen

1 Einleitung und Problemstellung

Die Frage nach einer Definition des Begriffs „ökologischer Schaden" und der Bewertung von Änderungen in der Umwelt des Menschen ist (erstaunlicher Weise) immer noch offen.[1] Wie kann und sollte dieser Begriff sinnvoll verwendet werden im Zusammenhang mit den Veränderungen, die moderne Zivilisationen an ihrer belebten und unbelebten Umwelt beobachtet und bewirkt haben? Bisherige Annäherungen und Definitionsversuche, wie die des Sachverständigenrates für Umweltfragen (s.u.), demonstrieren, worin die Schwierigkeiten bestehen: Der Schadensbegriff berührt im Zusammenhang mit Umwelt- und ökologischen Themen sowohl naturwissenschaftliche als auch rechtswissenschaftliche und kulturgeschichtliche Fragen. „Der öko-

1 „Umweltgeschichte wird üblicherweise mit kritischem Unterton geschrieben, aber der Maßstab der Kritik wird meist nicht genannt, geschweige denn diskutiert. Schon für die gegenwärtige Umweltpolitik ist das Problem, wie sich Normen legitimieren lassen, nicht entfernt gelöst, noch viel weniger für vergangene Zeiten" (Radkau 2000, 33).

logische Schaden" ist kein a priori vorgegebener Begriff. Insbesondere kann er nicht durch naturwissenschaftlich-technische Größen definiert werden, sondern ist vielmehr als normativer Rechtsbegriff „offen für soziale Definitionsprozesse"(Leonhard 1995, 35).

Die übliche konzeptionelle Trennung in die Zuständigkeitsbereiche von Natur- und Kulturwissenschaften scheint bei diesem Thema nicht zu funktionieren. Bei der Beantwortung der im Titel gestellten Frage scheinen sich die Natur- und Geschichtsbilder der Zivilisation, um deren veränderte Umwelt(en) es bei der Beurteilung von Schäden geht, unausweichlich zu vermischen. Die verbreitete Trennung in faktische Beobachtungen einerseits und Werturteile darüber andererseits soll hier aus der Sicht der Modellbildung auf ihre implizit vorausgesetzten Annahmen überprüft werden. Wie kann eine (selbst)kritische Modellbildung zu einer in Kultur- und Naturwissenschaften konsistenten Behandlung des Schadensbegriffs in ökologischen und Umweltsystemen beitragen? Selbst-kritisch soll in diesem Zusammenhang heißen, dass die verwendeten Abstraktionen sich auch um eine Konsistenz der in der Modellbildung verwendeten Bilder der Natur- und Kulturgeschichte bemühen. Die tradierte Herangehensweise, zunächst etabliertes Wissen aus den Naturwissenschaften in den Modellen abzubilden und erst in einem letzten Schritt z.B. sozialwissenschaftliche oder ökonomische Elemente hinzuzufügen, wie etwa in den sogenannten integrierten Weltmodellen des Club of Rome und heutiger Klimamodelle, wird also in Frage gestellt. Selbst-kritisch bedeutet auch, dass neben den realen und objektivierbaren Änderungen in der Umwelt auch der Wandel in den Bildern und Modellen, die sich Zivilisationen von ihrer Umwelt machen, behandelt wird (Luhmann 1990). Die (retrospektive) Analyse von Umweltproblemen, die wie die „neuartigen Waldschäden" vor 10 Jahren und mehr die öffentliche Diskussion prägten, fällt heute in die Zuständigkeiten sowohl von Kultur- als auch von Naturwissenschaften.

2 Was ist ein Schaden?

Wir verfolgen in dieser Arbeit einen neuen Zugang zum Schadensbegriff. Im Unterschied zu den meisten (anderen) naturwissenschaftlichen Annäherungen an das Thema wird der Begriff des *Verhaltens* ökologischer Systeme zumindest gleichberechtigt (wenn nicht gar bei Ökosystemen als dominant, siehe unten) neben den der *Struktur* oder des *Zustands* des untersuchten Systems gestellt. Wir schlagen vor, lebende Systeme über ihr *interaktives* Verhalten zu definieren und mit *interaktiven Modellen* zu untersuchen (Hauhs & Lange 2003a; 2003b; Lange & Hauhs 2003). Wir verwenden dabei einen aus der theoretischen Informatik übernommenen und dort formalisierten Begriff der Interaktion (z.B. Wegner & Goldin 1999; 2003). Damit wird der triviale physikalische Verhaltensbegriff, der immer ein zeitbewegtes Anhängsel des Zustands eines System ist, in Richtung auf den Begriff des „Handelns"[2] erweitert. Einen besonderen Fokus richten wir daher auf den Unterschied von interaktivem und nicht-interaktivem Verhalten, dem Wissen darüber und den Modellen, die jeweils dafür eingesetzt werden können.

Bevor wir uns dem Definitionsvorschlag widmen, der am Verhalten unbelebter und belebter Systeme ansetzt, soll das wichtige Konzept der Schadens*typisierung* erläutert werden. Dieses Konzept ist in vielen Rechtsbegriffen implizit enthalten, wie im Verursacherprinzip oder in

2 Dieser Begriff und eine allgemeine Definition ist in den sozialwissenschaftlichen bzw. handlungstheoretischen Diskussionstexten teilweise strittig. Für unsere Zwecke reicht hier eine „naive" Verwendung im Sinne von Agenten mit einer Wahlmöglichkeit.

vielen technischen Begriffen, wie einem kritischen System*zustand*, der als Schaden klassifiziert werden kann. Diese erste Schadensklassifikation, vorgestellt anhand der zwei Definitionen des folgenden Abschnitts, wird später um einen zweiten (prozeduralen) Typ des Schadenbegriffes ergänzt werden.

2.1 Trennung von Fakten und Werturteilen im Schadensbegriff

Wir gehen für den ersten Typus des Schadens von zwei Bereichen aus, für die jeweils eine rechtliche Definition und eine technische Praxis im Umgang mit verschiedenen Schadensbegriffen vorliegen:

1. Von Schaden spricht man im Kontext des Rechts, wenn eine Person Einschränkungen in ihren Eigentumsrechten oder ihren Entscheidungs- oder Verfügungs-*Möglichkeiten* erfährt, für die das Recht einen Ersatzanspruch oder auch Strafanspruch gegenüber einem Verursacher begründet. Grundlage ist dabei die Setzung, dass jedem Menschen eine freie persönliche Entscheidung unter diesen Möglichkeiten zukommt und er für diese Entscheidung auch (gegebenenfalls) verantwortlich gemacht werden kann (vgl. Leonhard 1995).
2. Von Schaden spricht man in technischen Zusammenhängen, wenn ein vom Menschen beeinflusstes und/oder konstruiertes System die Funktion, für die es verwendet wurde und zu der es befähigt ist, nicht mehr uneingeschränkt erfüllen kann. Grundlage ist hier, dass aus dem naturwissenschaftlich/technischen Verständnis (von Naturgesetzen) ein Raum von Möglichkeiten gefolgert werden kann, der unter vom Menschen gesetzten Randbedingungen realisiert und instrumentalisiert werden kann.

Die folgenden Abstraktionen erlauben eine Verallgemeinerung und den Vergleich dieser Definitionen. In beiden Fällen lassen sich die folgenden drei Aspekte bei der Behandlung von Schäden unterscheiden:

- Verursachung oder Auslösung als eine realisierte Veränderung der Welt außerhalb der Akteure (kurz: Ursache),
- Manifestation der daran gekoppelten Veränderung der Welt (kurz: Wirkung),
- Bewertungskontext für die Klassifikation einer Veränderung als Schaden durch Vergleich mit einem erwarteten und normierten Raum der Möglichkeiten (kurz: Wertung).

Bei jedem durch die erste obige Verallgemeinerung definierten Schadensereignis kann gefragt werden: Durch wen oder was wurde es verursacht? Wie sieht es mit der Verantwortlichkeit aus? Ist es die Folge einer menschlichen Entscheidung, wurde die Entscheidung absichtlich oder unabsichtlich getroffen oder „billigend in Kauf genommen"? Worin äußert sich die Wirkung, wie ist der räumliche und zeitliche Zusammenhang von Ursache und Wirkung? War dieser Zusammenhang vorher bekannt? Wem? Was ist der Kontext der Erwartung oder die Norm, gegenüber der diese Veränderung zum Schaden oder zur Störung wird? Woher stammt das Wissen um diese Möglichkeiten, die den Kontext der Bewertung bilden?

Die Verbindung zwischen Ursachen und Wirkung wird als objektiver Tatbestand so weit wie möglich durch naturwissenschaftliche Beobachtungen geklärt; aus der Sicht des Rechtes ist man bei ökologischen Themen bestrebt, die „Komplexität des Ursache-Wirkungs-Zusammenhanges durch verstärkte Kausalforschung zu reduzieren" (Leonhard 1995, 34). Die Wertung erfolgt durch den als gültig erkannten kulturellen Kontext, in dem etwa die Rechte des Einzelnen als Maßstab dienen.[3] Im Zusammenhang mit den hier diskutierten Schadenstypen setzt man auf die Wirtschaftswissenschaften und deren Möglichkeit, Schäden in monetären Einheiten auszudrücken. Hinter der konzeptionellen Trennung von Fakten und Werten steht ein grundlegendes Paradigma der Modellbildung, das im Abschnitt zur Theorie dynamischer Systeme vorgestellt wird.

Die Verwendung des Kausalitätskonzeptes der Theorie dynamischer Systeme führt zur nahtlosen Verzahnung des Rechts mit der Technik. Die Nutzung technischer Systeme durch den Menschen wird auf den Bereich der instrumentalen (funktionalen) Form eingeengt. Tatsächlich aber umfassen menschliche Techniken, und zwar gerade beim Umgang mit lebenden Systemen, weitere interaktive Komponenten, die dabei vernachlässigt werden. Dadurch tritt nur der (bewusst) handelnde Mensch als Träger einer freien Entscheidung und von Werten auf, während alle übrigen Systeme durch ihre Anfangs- und Randbedingungen konditioniert sind. Ein weitergehender Begriff von menschlichen Nutzungstechniken, der auch die Regeln für interaktives Entscheiden umfasst, wird im zweiten Schadensbegriff erörtert werden.

Die naturgesetzlichen Rahmenbedingungen für menschliches Handeln, die durch die naturwissenschaftliche Ökologie erfasst werden, stehen den von Menschen vereinbarten Gesetzen und Wertvorstellungen in der Ökonomie bei diesem Ansatz streng getrennt gegenüber. Der erste, naturgesetzliche Bereich kann durch die Ergebnisse der Ökologie und Ökosystemforschung verdeutlicht werden (Hauhs & Lange 2003a). Der zweite Bereich ist z.B. vertreten durch das geltende Recht und die Präferenzordnung der ökonomischen Subjekte am Markt. Die Frage, wie die menschliche Freiheit historisch durch „Emanzipation" aus der Naturgeschichte hervorgegangen ist und eingebettet bleibt, spielt zur Lösung des Bewertungsproblems zunächst keine Rolle.

In beiden – vielleicht sogar allen – Verwendungen der Begriffe Schaden oder auch Störung[4] wird unterstellt, dass einerseits die wiederholte (und objektvierte) *Beobachtung* der Welt in „Zeitscheiben" (=„Zuständen") die daraus abgeleitete Veränderung zu einem Faktum macht. Auch die Verbindung zwischen der Ursache und Manifestation dieser Veränderung kann (gegebenenfalls) als experimenteller Tatbestand durch *Beobachtung* festgestellt werden. Diese objektivierbaren Zusammenhänge sind Teil und Ausdruck des modernen Weltbildes, kurz: der *Fakten*, auf denen anschließend eine Bewertung durch den Menschen aufsetzen kann. Andererseits ist der Kontext der Erwartungshaltung gegenüber den Verfügungs- und Entscheidungsmöglich-

3 In der Gesetzgebung wird diskutiert, wie der Fall zu behandeln ist, dass kein Geschädigter festgestellt werden kann; http://www.tu-berlin.de/fak7/ilup/fg-hartje/publikationen/dp-har05.pdf.

4 Ein mit dem Schaden eng verwandter Begriff ist der einer Störung. Die Störung kann als eine „kleinere Form" eines Schadens angesehen werden. Sie verschwindet, wenn ihre Ursache verschwindet. Störungen haben also reversiblen Charakter. Der Begriff ergibt aber ebenfalls nur Sinn, wenn eine klare Vorstellung über die autonome Dynamik des Systems bei Abwesenheit von Störungen besteht. In der Thermodynamik etwa ist der „störungsfreie" Zustand der Gleichgewichtszustand, in der Quantenmechanik der Grundzustand des Systems. Eine als Schaden manifeste Wirkung kann dagegen meist nur aktiv repariert oder (z.B. durch Geldzahlung gegenüber dem Geschädigten) wieder gut gemacht werden.

keiten von Personen, die eine Bewertung als Schaden begründen, durch das Selbst- und Geschichtsbild unserer Zivilisation gegeben. Mit anderen Worten, der Kontext von *Möglichkeiten* in dem die Norm-gebende Auswahl als Vorlage für eine Bewertung (als Abweichung von dieser Norm) dient, ist im (kulturellen) Gedächtnis kodiert und der (kollektiven) *Erinnerung* zugänglich.[5]

2.2 Ein prozeduraler Schadens-Begriff

Durch die Form der instrumentalen (funktionalen, algorithmischen[6]) Beziehung zwischen Ursache und Wirkung konnte im letzten Absatz die Wertung auf den Anfang und damit die Intentionen eines Verursachers oder auf das Resultat und damit auf die tatsächlich eingetretene Wirkung reduziert werden. Der Kausalzusammenhang selbst wird dabei nicht bewertet, sondern ist eben naturgesetzlich vorgegeben; es gibt zwischen Ursache und Wirkung keine Entscheidungen, keine Auswahlmöglichkeiten. Im zweiten Modellansatz wollen wir dagegen eine Welt untersuchen, in der ein derartiger instrumentaler Bezug nicht in jedem Fall gegeben ist.

Wir betrachten dazu die Fälle, in denen ein Kommunikationsprozess vorliegt: Eine Folge von Aktionen und Reaktionen wird abwechselnd und „dynamisch", eben interaktiv, von den beteiligten Akteuren oder deren Umwelten produziert. Die nächste Reaktion ist dabei von der vorausgegangenen Aktion völlig abhängig in dem Sinne, dass bei ihrem Ausbleiben keine weitere Handlung möglich ist. Ein gutes Analogon ist ein Zwei-Personen Spiel mit abwechselnden Zügen. Dabei besitzen die beteiligten Akteure jeweils ein individuelles Gedächtnis, das nur seinem Besitzer, nicht aber dem anderen zugänglich ist. In diesem interaktiven Fall kann man allenfalls in einem pragmatisch irrelevanten (metaphysischen) Sinn von einer Funktion sprechen.

Hierbei kann das Entscheidungsverfahren und das Verhalten, mit der die Beziehung zwischen einer Start- und einer Endsituation (interaktiv) hervorgebracht wird, selbst Gegenstand der Werturteile und einer Normenbildung werden. Beispiele dafür sind die Durchführung einer demokratischen Wahl oder eines Schachspiels. Neben den Spielregeln verfügen Schachspieler über Heuristiken, in denen ihre Spielstärke begründet liegt. Bei einem Schachcomputer ist die Spielstärke dagegen eine Funktion der algorithmischen Analyse (n Züge in die Zukunft), die der eines Menschen weit überlegen ist, dann aber mit einer nur sehr mäßigen (und zudem meist geheimen) Bewertung der Stellung gekoppelt wird.

Eine Bewertung von Entscheidungen lässt sich erst am Ende einer Partie erarbeiten. Sie wird soweit möglich von jemandem mit mindestens derselben Spielstärke wie der des Siegers vorgenommen. Dabei unterstellt man einen Stand der Technik, in dem Sinne, was die besten Spieler in dieser Situation getan hätten. Erst, wenn jemand sich für eine andere Variante entschieden hat, kann dieses abweichende Verhalten als ein Fehler klassifiziert werden – jedoch nur, wenn er damit auch tatsächlich seiner Seite erkennbar einen Schaden zugefügt hat. Sonst war es eine geniale Idee, und diese wird ab dann in den Stand der Technik aufgenommnen. Es ist unerheblich,

5 „Dieses (kulturelle) Gedächtnis setzt sich nicht einfach fort, es muß immer neu ausgehandelt, etabliert, vermittelt und angeeignet werden. Individuen und Kulturen bauen ihr Gedächtnis interaktiv durch Kommunikation in Sprache, Bildern und rituellen Wiederholungen auf" (Assmann 1999a, 19).

6 Die zur instrumentalen Beziehung Mensch – Umwelt/Natur korrespondierenden Begriffe in der Physik sind die der Zustandsfunktion und in der Mathematik/Informatik die des Algorithmus.

was die Absichten der Akteure waren, oder was das tatsächliche Ergebnis der abgeschlossenen Interaktion ist, z.B. wenn ein Spieler im Laufe der Partie eine der oben beschriebenen „genialen Ideen“ zeigt, danach aber aufgrund eines dummen Fehlers doch noch verliert.

Für eine Bewertung eines interaktiven Prozesses ist allein der *Vergleich mit einem Experten-Standard bei der Entscheidungsfindung* maßgeblich. Normen, die sich ausschließlich auf die anfängliche Absicht oder das erreichte Ergebnis beziehen, stehen gar nicht zur Verfügung. Es verhält sich gerade umgekehrt: Ob sich jemand zurecht als demokratisch gewählt oder als der bessere Schachspieler bezeichnen darf, ist nicht von den zu einem Zeitpunkt beobachtbaren Eigenschaften seines Systemzustandes abhängig, sondern allein davon, ob das Verfahren nach dem Stand der Technik durchgeführt wurde oder nicht. Auf diese Situationen beziehen sich prozedurale Schadensbegriffe. Die Frage ist, wie typisch sie für den Umgang mit der Umwelt und Ökosystemen sind.

Unsere Absicht in der folgenden Argumentation ist es zu zeigen, dass eine zwischen Natur- und Kulturwissenschaften konsistente Definition des Begriffes „ökologischer Schaden“ nur in einem *prozeduralen* Sinne möglich und operational ist. Die Voraussetzung für eine Verwendung kausalanalytischer (Zustands)-Modelle mit einer funktionalen Beziehung zwischen Ursachen und Wirkungen für lebende Systeme halten wir dagegen wegen deren interaktiven Charakters für nicht gegeben.

Beispiele für kleine, relativ abgegrenzte Bereiche, in denen eine interaktive Modellierung nicht nur möglich sondern unabdingbar ist, sind Schachcomputer und Flugsimulatoren: Laien können an ihnen bis hin zum Expertenniveau interaktive Verhaltenskompetenz lernen. Die Güte derartiger Modelle hängt u.a. davon ab, ob es ihnen gelingt, ein *relativ vollständiges* Bild der möglichen Situationen zu geben, die im interaktiven Umgang in diesen Bereichen auftreten können.

Ein wichtiges Kriterium dafür, was „relativ vollständig“ bedeutet, stellt das (ent-subjektivierte) Erinnerungsvermögen der jeweiligen Experten dar, das entweder zu einem relativ vollständigen und konsistenten Bild typischer Entscheidungsregeln konvergiert oder auch nicht. Daher benötigen diese Modelle einen kontrollierten Input-Modus und ein Verfahren, mit dem sich diese Erfahrungen aus den Experten „herausdestillieren“ lassen (Hauhs et al. 2003). Dabei handelt es sich nicht um Erklärungen (der Experten), sondern eher um Interpretationen dessen, an was sich die Experten erinnern. Derartige vollständige Sammlungen konsistenter und interpretierter Expertenrekonstruktionen von Entscheidungssituationen erlauben eine *Simulation und Normierung*, was unter diesen Möglichkeiten als die jeweils angemessene Entscheidung in der Interaktion anzusehen ist, die also im Sinne der übergeordneten Funktion mit der größten Wahrscheinlichkeit zielführend ist. Das heißt, sie enthalten die Erfahrung der Experten in einer Form, die weitgehend von deren individuellen Perspektiven abstrahiert und sie z.B. in einer Heuristik und mit Normen versehen zusammenstellt (eine gute fachliche Praxis, „state of the art in engineering“; Koen 2003).

In Flugsimulatoren treten unvermeidlich interaktive Situationen sowohl im Normalfall (Abstimmung mit den anderen Verkehrsteilnehmern) als auch in unvorhersehbaren Krisensituationen (Triebwerksausfall beim Start) auf. Für diese Situationen gilt es, im Simulator normative (interaktive) Prozeduren zu finden und zu üben, die eine übergeordnete Zielfunktion, den sicheren Transport von A nach B, erreichbar lassen. Der aktuelle Stand der Flugzeugtechnik erzwingt das Vorhandensein des menschlichen Entscheidungsträgers nur noch für diese interaktiven Situationen. Für den Routinebetrieb, den wir hier als funktional-algorithmisch bezeichnen, ist eine Maschine (z.B. ein Autopilot) dem Menschen überlegen (Goldin 2000; Lange & Hauhs 2003). Der Modelltyp Flugsimulator eignet sich daher besonders gut dafür, die schwierige Abgrenzung und die theoretisch getrennte Behandlung von funktionalen (algorithmischen) und interaktiven Entscheidungssituationen zu illustrieren.

Die Modellierbarkeit und damit auch die Normierbarkeit der interaktiven Auswahlmöglichkeiten hängt davon ab, ob sich das Potenzial überhaupt als begrenzt im Sinne einer vollständigen Darstellung erfassen lässt. Die Schwierigkeit, eine realitätsnahe Modellierung zu erzielen, die vom Modellanwender als gültiger Ersatz für das echte System angesehen wird, wächst unmittelbar mit der Anzahl der möglichen Situationen, wie z.B. Sprachverarbeitungsprogramme zeigen. Wir werden behaupten, dass nicht-begrenzbare Potenziale auch prinzipiell nicht normierbar sind.

Die Normen in interaktiven Entscheidungssituationen haben dabei häufig den Charakter von Verboten, also der Angabe von Bereichen des möglichen Verhaltens, die jeweils zu vermeiden sind. Sie lassen immer noch einen oft großen Bereich von („positiven") Möglichkeiten als nicht bewertbar offen. Ein gutes Beispiel zum Testen dieser Idee ist ihre Anwendung im Umgang mit „ökologischen Schäden". Koen (2003) unterscheidet zwischen der wissenschaftlichen Methode und der Methode der Ingenieure, die nach seiner Argumentation nicht auf angewandte Naturwissenschaften (im Sinne des obigen Kausalitätsmodells) reduziert werden kann. Diese Unterscheidung von Koen ist analog zu unserer Unterscheidung der beiden Schadenstypen.

3 Was ist ein Potenzial in der Ökologie?

Bei der Bewertung von Ökosystemstruktur und -verhalten wird oft eine Terminologie verwendet, die vergleichenden Charakter hat. Beispiele sind „gestört", „natürlich", „naturnah", „potenziell natürlich", „anthropomorph überprägt" oder auch „renaturiert". Alle diese Begriffe haben Referenzcharakter, wobei der Vergleichs*zustand* in vielen Fällen nicht anzutreffen oder niemals aktuell beobachtet worden ist.

Dass biologische Systeme im Unterschied zu technischen ein breites Spektrum an Verhalten besitzen, also quasiautonom sind, ist in der Biologie wohlbekannt und auf Organismenebene mit Begriffen wie phänotypische Plastizität, genotypische Diversität usw. belegt. In der Sprache der Systemtheorie ist die Ursache dafür die extrem große Anzahl relevanter Freiheitsgrade, woraus eine Zahl von Variationsmöglichkeiten folgt, die immens im Sinne von (Kampis 1991) ist: Es gibt auf interessierenden Zeitskalen (Alter des Universums) keinerlei Gelegenheit, die potenziell möglichen Ausprägungen faktisch zu realisieren. Die Gesamtheit möglichen Verhaltens eines Ökosystems nennen wir sein *Potenzial.*

In allen Kontexten, in denen von „Schäden" die Rede ist, wird eine aktuelle Struktur oder ein Verhalten mit einer für das betreffende System für *möglich* gehaltenen Struktur oder einem erwarteten Verhalten verglichen. Wir werden die Unterscheidung in Möglichkeit und Wirklichkeit übernehmen und fragen, woher das Wissen über mögliche Strukturen und Verhalten der belebten und unbelebten Umwelt stammt.

Die verschiedenen Typen von Schadensbegriffen im Umgang mit ökologischen Systemen sollen nach den Quellen dieses Wissens um das Potenzial gegliedert werden. In allen Beispielen kann erst gegenüber diesem Modell der Potenziale eine aktuelle Instanz des Systems als „geschädigt“ klassifiziert werden.

3.1 Das Wissen um Potenziale

Ein Teil der spezifischen Schwierigkeiten beim Umgang mit dem Begriff „ökologischer Schaden“ liegt darin begründet, dass bei belebten Systemen auch Änderungen im *Potenzial* (des Genotyps) eines belebten Systems auftreten und zum Schaden erklärt werden können. Die Beziehung zwischen Genotyp und Phänotyp selbst kann als das in diesem Kontext wichtigste Beispiel für *interaktive* Prozesse angesehen werden (Hauhs & Lange 2003a). Veränderte Möglichkeiten eines lebenden Systems sind nur indirekt aus dem faktischen (phänotypischen) Verhalten der Vergangenheit herauszulesen.[7] Das soll als Beispiel dafür dienen, dass neben einer Definition von Zustandssystemen die prinzipiellen Grenzen der Beobachtbarkeit von Zuständen ein wichtiges Kriterium bei der Behandlung des Themas sein werden.

Nach den Voraussetzungen für die Beobachtbarkeit des Potenzials des betroffenen Systems teilen wir Schäden in drei Klassen ein:

1. Das Potenzial ist als eine *(algorithmische) Funktion* in endlicher Zeit berechenbar (ggf. sogar inklusive von Stabilitätsaussagen). Beispiele liefern viele technische Anwendungen von menschlichen Erfindungen, die aus dem Verständnis der zugrunde liegenden Physik und Chemie entstanden sind. In diesem Fall entfällt die Genotyp-Phänotyp Unterscheidung weitgehend. Wir schlagen vor, in dieser Klasse auch alle unbelebten Umweltsysteme zusammen zu fassen: Definitionsvorschlag: Das Potenzial als (algorithmische) Funktion bildet die Grundlage für das Erkennen von „abiotischen“ Umweltschäden. Die paradigmatische Wissenschaft ist die Physik.

2. Das Potenzial ist „objektiv“ aus der faktischen Geschichte dieser Systeme *rekonstruierbar*. Beispiele sind Baupläne, Lebenszyklen oder Physiologien von Organismen. Im Unterschied zur ersten Klasse sind jedoch in diesen Fällen weder Zustandsfunktionen bekannt, noch existiert wie in der dritten Klasse ein klares Bild über den Anteil der (interaktiven?) Steuerungseingriffe, die hierbei gerade den Charakter lebender Systeme ausmachen. Diese historisch fixierte und im Labor reproduzierbare Normalität von gut untersuchten Organismen wird als Grundlage von Toxizitätstests verwendet. Die paradigmatischen Wissenschaften sind die Biologie und die Toxikologie.

3. Das Potenzial ist *implizit in eine Nutzungskultur eingebettet* und etwa an ein Expertenurteil über die wiederholt (nachhaltig) nutzbaren Serviceleistungen eines Ökosystems gebunden. Unter dem Service eines Ökosystems verstehen wir die Realisierung aller Nutzungsinteressen – Nahrungslieferung, Erholungsfunktion, Lärmdämmung, Erosionsschutz usw. Wir schlagen vor, in dieser Klasse alle vom Menschen genutzten *belebten*

7 Molekularbiologische Methoden könnten in Zukunft an dieser Unbeobachtbarkeits-Aussage etwas ändern. In der langen Geschichte des praktischen Umgangs mit Ökosystemen hat dieser Zugang natürlich bisher nie eine Rolle gespielt.

Systeme oberhalb von einzelnen Populationen zu erfassen: Das wird am Ende unser Definitionsvorschlag für den Begriff „Ökologischer Schaden" werden, der sehr viel enger ist als heute üblich. Wir werden argumentieren, dass Erweiterungen über diesen engen Begriff hinaus zu inkonsistenten und unauflösbaren Verwicklungen führen.

Die in der obigen Reihenfolge vorgestellten Klassen umfassen Systeme der Technik oder der unbelebten Umwelt, belebte Systeme bis zur Ebene der Population und schließlich Ökosysteme. Nach dieser Unterscheidung werden wir formale Modelle für die erste und dritte Klasse vorstellen. Die zweite Klasse (z.B. Gesundheitsschäden) wurde aus Gründen der Vollständigkeit eingeführt; sie hat enorme praktische Relevanz, allerdings nicht im Rahmen der hier geführten Diskussion. Wann ein einzelner Organismus als „gesund" gelten kann, ist zwar ebenfalls eine sehr schwere Frage. Dennoch ist unbestritten, dass Gesundheit für Organismen mit einem Bauplan und Lebenszyklus ein sinnvolles Konzept ist – lediglich seine Feststellung durch Beobachtung ist nicht (immer) leicht operationalisierbar. Im Rahmen unseres Ansatzes spricht einiges dafür, dass ein Test auf Gesundheit eine Interaktion mit dem betreffenden Organismus voraussetzt, da es auch hier um die Abweichung zwischen potenziellem und aktuellem Verhalten geht. Es bestehen im Unterschied zum Organismus aber prinzipielle Zweifel am Sinn der Frage nach der Gesundheit eines ganzen Ökosystems.

Wäre die Anwendung von Modellen der Theorie dynamischer Systeme auch bei Ökosystemen erfolgreich, würde man mit den ersten beiden Klassen auskommen. Die Notwendigkeit für einen eigenständigen Begriff von ökologischen Schäden würde dann entfallen. Wir versuchen aber aufzuzeigen, dass und woran ein solches Programm insbesondere bei langfristigen und großskaligen Veränderungen scheitern muss.

4 Formale Modelle des Potenzials

Die erste und dritte Klasse sollen hier in einem formalen Kontext näher charakterisiert werden. Die beiden Klassen unterscheiden sich drastisch, was den Ausarbeitungsgrad der formalen Beschreibung betrifft. Während wir für die erste Klasse vor allem wiederholen, was Teil eines etablierten Theoriengebäudes ist, betreten wir für die dritte Klasse weitgehend Neuland.

Bei der Suche nach der Bestimmung eines Kontextes an potenziellem Verhalten geht es letztlich um eine Referenz für das mögliche Langzeitverhalten des untersuchten Systems. Bei der ersten Klasse gewinnt man dazu Aussagen durch eine formale Beschreibung als dynamisches System mit einer Entwicklungsgleichung. Aus Gründen der Einfachheit wollen wir im Folgenden nur deterministische Systeme der klassischen Physik diskutieren, um das Prinzip zu illustrieren.

4.1 Theorie dynamischer Systeme

Die Theorie dynamischer Systeme ist ein etabliertes Teilgebiet der Mathematik, in dem das Verhalten komplexer Systeme durch Differential- oder Differenzengleichungen beschrieben wird.[8] Wir werden im Folgenden manchmal verkürzend „Systemtheorie" schreiben, auch wenn stets die Theorie dynamischer Systeme gemeint ist. In der Physik wird ein dynamisches System de-

8 „An area of mathematics used to describe the behavior of complex systems by employing differential and difference equations"; siehe http://www.artsci.wustl.edu/˜philos/MindDict/dynamicsystems.html.

finiert durch die Angabe einer Urbild- und einer Bildmenge, in aller Regel Vektorräume, und einen Fluss, d.h. eine Abbildung zwischen beiden Mengen, die der abstrakten Lösung einer Differentialgleichung entspricht. Die Bildmenge heißt Phasenraum des Systems. Eine Darstellung der Dynamik des Systems im Phasenraum enthält die Zeit nur noch implizit. Die Theorie dynamischer Systeme hat betont geometrischen Charakter: Die interessierende Größe ist die Topologie des Phasenraumvolumens, das tatsächlich vom System besetzt wird, und zwar im Ensemble-Sinn: Unendlich viele Kopien des identischen Systems mit verschiedenen Anfangsbedingungen laufen unendlich lange, alle entstehenden Trajektorien (Lösungskurven) werden aufgezeichnet. Das Interesse der Systemdynamiker ist also keinesfalls die spezielle Lösung für eine konkrete Anfangsbedingung, sondern das Langzeitverhalten aller Lösungen.

Daher sind im Phasenraum Bereiche von besonderer Relevanz, in die zwar Trajektorien hinein, nicht jedoch wieder hinaus führen (Attraktoren). Eine mögliche Charakterisierung von Typen ist dabei folgende:

- Punktförmige stabile Gleichgewichtszustände. Sie sind typisch für dissipative Systeme, bei denen also die Gesamtenergie nicht erhalten ist und die daher asymptotisch zur Ruhe kommen.
- Zyklisch wiederkehrende, stabile stationäre Gleichgewichtszustände (wie Kreise, Ellipsen usw.). In der Nähe stabiler Punkte oder Zyklen findet das System selbst (z.B. nach Störungen – kurzfristige externe Auslenkungen, die die Bewegungsgleichung zu einer inhomogenen machen) zurück zum Langzeitverhalten. Die Größe des Einzugsbereiches von stationären Punkten kann als Maß für die Stabilität angesehen werden, die „Rückstellkraft" (proportional zum Gradienten in der Nachbarschaft der Gleichgewichtspunkte) als Maß für die „Resilience" des Systems (wobei dieser Ausdruck nicht aus der Terminologie der Systemtheorie stammt).
- Seltsame Attraktoren sind solche, bei denen ein dynamisches System langfristig in einem Ausschnitt des Phasenraumes verbleibt, dort aber niemals in einen zyklischen Zustand gerät. Diese Systeme verhalten sich chaotisch, wenn die Trajektorien von infinitesimal benachbarten Punkten im Phasenraum divergieren.
- Den letzten Fall stellen Systeme dar, in denen kein Attraktor existiert und bei denen langfristig alle Punkte des Phasenraumes auch erreicht werden. Diese Systeme heißen ergodisch. Das formale Kriterium hierfür ist, dass Zeitmittel über einzelne Trajektorien gleich dem Ensemblemittel über viele Realisationen sind (Ergodentheorem). Die in der statistischen Physik untersuchten Systeme haben meistens diese Eigenschaft, und die bekannten Ensemble-Verteilungen (Boltzmann, Bose-Einstein) setzen sie voraus.

Der Erfolg der dynamischen Systemtheorie in der Physik, eine große Breite von Systemtypen damit abstrakt klassifizieren zu können, legte den Versuch nahe, die Art der Darstellung und die Sprache auch für biologische Systeme zu verwenden. Kategorien, die an anderen Stellen in der theoretischen Biologie prominente Plätze einnehmen, wie Konkurrenz, Populationsdruck, Strategien für Ressourcenerwerb und Fortpflanzung, sind in dieser Sprache allerdings nicht unterzubringen. Dennoch fehlt es nicht an Versuchen, die Stabilität eines Ökosystems mit dem Stabilitätsbegriff aus der Systemtheorie zu verbinden oder gar zu identifizieren. Wobei die präzise Verwendung des Begriffs, sofern überhaupt von „präzise" gesprochen werden kann – es dominieren metaphorische Verwendungen – allerdings von Autor zu Autor erheblich variiert (Grimm & Wissel 1997). Es gibt auch kein einziges Beispiel dafür, dass die Stabilitätsuntersuchungen oder allgemeiner systemtheoretische Methoden zu einer kontraintuitiven und dennoch überprüfbar richtigen Konsequenz (Vorhersage) für ein lebendes System geführt hätten (Rosen 1991).

Wir wollen begründen, warum diese Tatsache auch nicht überrascht. Die Anwendung von Phasenraum-Methoden in der Ökosystemforschung steht vor zwei fundamentalen Problemen. Zum einen gibt es keinen offensichtlichen Grund anzunehmen, dass es sich bei diesen Systemen um rauschfreie, deterministische Systeme handelt; nur für diese ist der Phasenraum aber endlichdimensional. Natürlich ist das Problem der Signal-/Rausch-Trennung prinzipiell unlösbar, aber selbst wenn man die für praktische Anwendungen uninteressante Sichtweise vertritt, sämtliche Beobachtungen seien vollständig ohne stochastische Modellkomponenten erklärbar, gibt es keinen Grund anzunehmen, dass der System-Phasenraum niedrigdimensional sein sollte. Und nur für solche greifen z.B. Attraktorklassifikationen oder Einbettungstechniken in der Praxis, vor allem bei nur endlich vielen Daten.

Zum anderen ist die Existenz evolutionärer Vorgänge, insbesondere die Entstehung neuer Strategien und Arten, ein starker Hinweis, dass der vermutete Phasenraum nicht einmal eine feste Dimensionszahl benutzt. Freiheitsgrade „kommen und gehen", Variablen werden nicht einfach null sondern *verschwinden*, neue werden „aus dem Nichts" erzeugt. Dabei ändert sich auch ständig die Bewegungsgleichung. Das ist mit dem Konzept des Phasenraums nicht vereinbar (Kampis 1991).

Der Begriff des Potenzials beschränkt sich hier auf eine *Auswahl*möglichkeit durch Wahl von Anfangs- und gegebenenfalls Randbedingungen. Die Bewegungsgleichung bestimmt den Systemtyp, die genauen Details sind epiphänomenaler Natur, erlauben aber dem Experimentator, Kontrolle über das System auszuüben und bei unerwünschtem „Verhalten" neu zu präparieren. Der Grad der Kontrolle ist durch den Begriff der vollständigen Präparation beschrieben; in der Quantenmechanik bezeichnet man damit ein System, bei dem ein vollständiger Satz kommensurabler Observablen fixiert worden ist. Mehr ist aus theorieimmanenten Gründen (Vertauschungsrelationen) nicht zu erreichen.

Hieraus wird deutlich, dass die Perspektive des Systemmodellierers eine *Exo*sicht ist; er ist lediglich Beobachter und nicht Teil des Systems. Diese dominierende Sicht ist selbst innerhalb der Physik immer dann umstritten, wenn es dieses „Außen" gar nicht gibt, insbesondere also in der Kosmologie. In der Ökologie ist es ebenfalls unvermeidlich, zumindest partizipatorische Beobachter in Modellkonzepte einzuführen, da der praktische Umgang mit Organismen in einem sehr formalen Sinn als *Kommunikation* zu bezeichnen ist. Daher wenden wir uns als nächstes der Klasse der interaktiven Modelle zu, die in der Physik (bislang) so gut wie keine Rolle gespielt hat, in der theoretischen Informatik dagegen ein gängiges Konzept darstellt.

Gemeinsam ist den Beschreibungen von Systemen mittels der dynamischen Systemtheorie, dass die Kategorie *Wertung* überhaupt nicht vorkommt. Die Wertfreiheit von technischen Entwicklungen liegt darin begründet. Sie erhalten erst dadurch einen „Wert", dass sie in einem sozialen Kontext einer menschlichen Nutzung zugeführt werden. Das gilt zumindest für ihren monetären Wert. Ob ein neues Produkt tatsächlich auch verkaufbar ist, entscheidet der Markt, der immer ein interaktives System darstellt – eine Schadensdiskussion für Ökosysteme ergibt also im Kontext der dynamischen Systemtheorie und Exobeobachter keinen Sinn. Wir benötigen eine neue Modellklasse.

4.2 Interaktive Systeme

Für die bisher beschriebenen dynamischen Systeme ist das potenzielle Verhalten explizit im Sinne von vollständig angebbar und externalisiert. Wie kommt es dagegen zu einem Wissen über das potenzielle Verhalten von interaktiven Systemen? Der im Zusammenhang mit der Schadensdiskussion betrachtete Fall ist der Service, den Ökosysteme unter der kompetenten Kontrolle und Steuerung durch den Menschen (anscheinend) nachhaltig zu liefern im Stande sind. Die Darstellung bezieht sich auf die interaktive *Schnittstelle* zwischen dem wirtschaftenden Menschen und dem genutzten Ökosystem. Wir verwenden *Ströme* als Instrumentarium der formalen Beschreibung – ein Konzept der theoretischen Informatik. Die technische Entwicklung in der Soft- und Hardware hat formale Beschreibungen motiviert, bei denen interaktive Systeme nur über Schnittstellen von außen zugänglich sind. Die internen Zustände können von außen weder beobachtet noch rekonstruiert werden. Von innen wirken sie als Gedächtnis. Das entspricht sehr konkret der Situation bei vielen Netzwerktopologien und der Idee der Schnittstellenkommunikation als standardisiertem Protokoll.

Ein Datenstrom ist eine Abbildung, bei der die jeweiligen Zustände (die das Urbild und das Abbild repräsentieren) *alle* bereits gegeben sein müssen; die Abbildung beschreibt, wie sie ineinander übergehen können. Sie entspricht dann der abstrakten Darstellung eines Verhaltensmusters. Bei dieser Art der Abstraktion übernimmt die Ordnungsrelation (innerhalb des Datenstroms) eine Rolle, die den Symmetrieeigenschaften der dynamischen Systeme entspricht.

Wir betrachten hier alle Systeme als interaktiv, bei denen ein Teil der Zustände in dieser Form von außen nicht zugänglich ist. Dieser Teil hat (aus der Innensicht) die Funktion eines Gedächtnisses. Nach dem Typ des Gedächtnisses (als DNS oder als neuronales Netz) kann dann auch der Typ des interaktiven Verhaltens klassifiziert werden. Jede Form von kommunikativem Handeln in sozialen und darüber hinaus auch allgemein in belebten Systemen erfüllt diese Definition (Barrow & Tipler 1986; Hauhs & Lange 2003a; Hauhs & Lange 2003b). Die vorausgesetzte Korrespondenz zwischen der Erscheinungsform im Innern als Gedächtnis (*Persistenz*) und als interaktives Verhalten von außen stammt aus der theoretischen Informatik (Goldin et al. 2003).

4.2.1 Interaktion in der theoretischen Informatik

Wir verwenden hier die Begriffe des Datenstroms und der *Bisimulation*. Die Darstellung folgt Gumm (2003). Ein Strom ist eine unendliche Folge von Daten auf die nur sequenziell zugegriffen werden kann (z. B. UNIX „Pipes") im Unterschied zu einem Daten-Array, dessen Elemente durch einen Index adressierbar sind, und auf die wahlfrei zugegriffen werden kann. Man denke sich einen Datenstrom, der durch eine Black Box erzeugt wird. Die Zustände der Black Box sollen von außen nicht zugänglich sein; wenn sie jedoch unterschiedliche Ausgaben erzeugen, dann lassen sie sich am *Verhalten* der Black Box unterscheiden. Für diesen Fall wird der Begriff der Bisimulation eingeführt. Die Zustände einer Black Box lassen sich durch die Ströme charakterisieren, die von der Box (sequenziell) erzeugt werden. Zwei so durch ihr Verhalten indexierte Zustände (von Automaten oder Black Boxen) sind bisimilar, wenn sie anhand des Ein-Ausgabe-Verhaltens nicht unterscheidbar sind.

Wichtig in unserem Kontext ist, dass Aussagen direkt auf der Basis von Strömen gemacht werden können und die zugehörigen Zustände nur indirekt referenziert werden. In der formalen mathematischen Darstellung steht damit das Verhaltensmuster von Strömen gleichberechtigt neben der Verknüpfung von Daten durch Naturgesetze. Es kommt auf die Situation an, welche dieser möglichen Abstraktionen das angemessene Modell liefert.

Als nächstes werden wir Ströme betrachten, die nicht nur sequenziell erzeugt werden, sondern bei denen diese sequenziellen Daten *interaktiv* zwischen zwei Systemen oder zwischen einem System und seiner Umwelt erzeugt werden. Nach der oben eingeführten Korrespondenz zwischen Interaktivität und Gedächtnis sind in diesem Fall die (das Gedächtnis enthaltenden) Zustände nicht nur (von außen) unbeobachtbar, sondern auch (innen) persistent.

Zu dieser Problemstellung führt ein zweiter unabhängiger Weg. Geht man davon aus, man hätte die inneren Zustände der „Black Box“ und ihre Übergangsfunktion per Konstruktion (von außen) in der Hand, dann ist die allgemeine formale Darstellung eines solchen Zustandsübergangssystems die einer so genannten Turing Maschine. Die Universelle Turing Maschine wird als ein formales System für alles das angesehen, was intuitiv unter *Berechnung* verstanden wird. Sie ist nicht zur Interaktion befähigt (Wegner & Goldin 2003).

Die Erweiterung einer Universellen Turing Maschine, die bereits zur Interaktion befähigt ist, heißt „persistente Turing Maschine“(Goldin et al. 2003). Diese minimale Erweiterung besitzt ein unendlich ausgedehntes Speicherband als Gedächtnis und wurde als universelles Modell für (sequenzielles) interaktives Berechnen eingeführt. Hier ist der nächste Berechnungsschritt nicht nur vom Programm der Maschine abhängig, sondern auch von vorausgegangenen Programmläufen und Eingaben. Einträge auf dem Speicherband sind persistent zwischen den Ausgaben und Eingaben. In Unkenntnis der Geschichte der Maschine erscheint ihr Verhalten von außen als nichtdeterministisch.

Dieses Maschinenmodell kann auf den Bereich der hier betrachteten interaktiven biologischen und kulturellen Systeme übertragen werden (Hauhs & Lange 2003a; 2003b; 2004). Dieser Formalismus erlaubt auf der Basis von vollständigen Modellen Aussagen über interaktiv erzeugte Ströme. Ein vollständiges Modell beinhaltet für einen begrenzten Raum an Möglichkeiten alles, was passieren kann. Das erinnerte (dokumentierte) Verhaltensmuster eines Systems ist in dieser Darstellung nicht mehr eine abgeleitete Erscheinung aus der Dynamik eines Zustandssystems, sondern umgekehrt: Das dokumentierte (interaktive) Verhaltensmuster ist der einzige Schlüssel zu den unbeobachtbaren internen Zustandsübergängen des (gedächtnis-behafteten) Systems. In diesem Sinn ist der Interaktionspartner eine *black box*, und ein erfolgreiches Modell in diesem Kontext ist eins, das das beobachtete *Verhalten* ohne Rücksicht auf seine Struktur und insbesondere ohne Annahmen über das Aussehen von inneren Zuständen simuliert. Ist das erreicht, stehen Modell und Interaktionspartner im Verhältnis der Bisimulation (Jacobs & Rutten 1997) zueinander. Es ist aber zu betonen, dass hier im Gegensatz zum Exo-Beobachter/Zustandssystem Paar eine Symmetrie besteht: auch der Interaktionspartner bildet ein Modell des Verhaltens des Beobachters, und sein Verhalten wird entscheidend vom Verhalten des Partners mitbestimmt – bis hin zu der Situation, dass das nächste Verhalten gar nicht stattfinden kann, wenn der Interaktionspartner nicht handelt (z.B. muss man beim Schach den Zug des Gegners abwarten).

Damit steht eine Modellklasse zur Verfügung, die besser als das normale Zustandssystem in der Lage sein könnte, vom Menschen (nachhaltig) genutzte Ökosysteme zu beschreiben (vgl. Hauhs & Lange 2003a; 2003b) und Abweichungen davon als „ökologischen Schaden" zu definieren. Kurz zusammengefasst: *Erinnerungen* beziehen sich auf *Verhaltensmuster*, während *Beobachtungen* auf die *Dynamik* eines Systems bezogen sind. Damit stehen für die Modellbildung zwei Abstraktionen zur Verfügung, deren Leistungsfähigkeit davon abhängt, ob – und in welchem Ausmaß – es sich um ein interaktives System handelt oder nicht.

Die Modelle, mit denen sich diese Situationen beschreiben lassen, sind in einigen Aspekten komplementär zu den oben beschriebenen dynamischen Systemen einer Algebra. Während man bei einem dynamischen System nach dem *einfachsten* Modell sucht, das durch eine Gleichung (ein Naturgesetz) charakterisiert ist und die Beobachtungen reproduziert, sucht man bei interaktiven Datenströmen ein möglichst *vollständiges* Modell für alle dokumentierten (erinnerten) Verhaltensmuster. So ist für den obigen Fall einer einfachen Black Box, die lediglich einen Ausgabestrom erzeugt, die Menge aller unendlichen Folgen reeller Zahlen ein vollständiges Modell des möglichen Verhaltens (Rutten 2003).

4.2.2 Interaktion von und mit lebenden Systemen

Die nächste für die Anwendung auf das an lebenden Systemen beobachtbare Verhalten wichtige Frage ist nun, ob ein Beobachter die Existenz eines vollständigen Modells unterstellen kann, oder es sogar kennt, wenn er Verhaltensmuster dokumentieren möchte. Wir setzen bei der Beantwortung dieser Frage die Möglichkeit von *zeitlich unbegrenzten* interaktiven Handlungsabläufen voraus. Das Phänomen der „open-ended evolution" wird als konstitutiv für lebende Systeme angesehen. Im Forschungsprogramm des Künstlichen Lebens (engl.: Artificial Life, AL) gilt es als das höchste, bis jetzt unerreichte Ziel, dieses Phänomen zu simulieren; bislang entgeht man dem asymptotischen Erreichen eines Gleichgewichts (der genetischen Stagnation) nicht. Hier drehen wir die Rolle dieses Phänomens bei der Erklärung (vom explanandum zum explanens) um: Leben ist als Träger eines (persistenten) Gedächtnisses zur Interaktion befähigt und besitzt eine innere Ordnungsrelation, die nicht erst durch äußere Zeitmarken generiert wird. Leben wird hier als ein prinzipiell interaktiver Prozess angesehen. Da die nicht auf gedächtnislose endliche Automaten reduzierbare („echte") Interaktion zeitlich unbegrenzte Datenströme und interaktive Handlungsabläufe voraussetzt, ist die offene Evolution ein *Ausgangspunkt* und kein zu erreichendes Ziel der Modellbildung. Auf die Tatsache, dass es bisher nicht möglich war mit algorithmischen Verfahren diese offene Interaktivität zu emulieren (und es in der theoretischen Informatik auch gute Gründe für dieses Scheitern gibt, s.o.), stützen wir den Versuch, die *Offenheit* der biologischen und kulturellen Interaktivität zur Grundlage und Erklärung von anderen daraus abgeleiteten Phänomenen (Domestikation und Ritualisierung) zu erheben.

Im Fall der Ökosystemnutzung besteht für den interagierenden Beobachter eine prinzipielle Alternative. Entweder er erzwingt durch seine Eingriffe den Verbleib des mit ihm interagierenden Systems in einem begrenzten und bekannten Möglichkeitsraum – diesen Vorgang nennen wir *Domestikation*. Oder er kann durch Wiederholung konstituieren, dass nur aus dem Raum des bisher realisierten Verhaltens ein normierter Ausschnitt wiederholt werden soll – diesen Vorgang nennen wir *Ritualisierung*. Damit ist nicht der kulturwissenschaftliche Begriff gemeint, der Unterschied ist eher genetischer Natur: Aus der Domestikation gehen oft neue Arten hervor, also Tiere und Pflanzen, die es ohne die menschlichen Eingriffe gar nicht gäbe. Das Phänomen der ritualisierten Interaktion schließt im Gegensatz dazu den Umgang mit Wildformen ein (z.B. die Jagd).

Die beiden Fälle Domestikation und Ritualisierung sind Beispiele für *begrenztes* Verhalten. In allen anderen Fällen wollen wir von einem unbegrenzten interaktiven Verhalten sprechen. Im Unterschied zur Darstellung der Attraktoren in dynamischen Systemen wird hier aber nicht ein System selbst, sondern die Schnittstelle zwischen zwei miteinander in Interaktion befindlichen Systemen betrachtet, also eine Eigenschaft der Ströme, die an diesen Schnittstellen erzeugt werden. Zusammenfassend werden wir je nach der Quelle der Begrenzung in den Wahl- und Entscheidungsmöglichkeiten die folgenden drei Fälle interaktiven Verhaltens unterscheiden:

- Offene (unbegrenzte) Interaktion: Darunter verstehen wir interaktive Systeme, die eine innere (individuelle) Wahl aufgrund ihres Gedächtnisses treffen können, und zwar auf beiden Seiten der Schnittstelle. Sie können bei unbegrenztem Gedächtnis potenziell auch eine unbegrenzte Vielfalt an Verhalten zeigen, das sich z.B. evolutionär ändern kann. Sie sind durch symmetrische Beziehungen untereinander gekennzeichnet. Beispiele sind die („open-ended") biologische Koevolution oder die ebenfalls für offen („open-ended") angesehene kulturelle und technische Evolution.

- Durch Ritualisierung begrenzte Interaktion: Es findet bei diesen Systemen eine Begrenzung auf einen Teil des möglichen Verhaltens statt. In der Vergangenheit erfolgreich abgeschlossene Interaktionen werden erinnert und fixiert (normiert), ohne dass die Symmetrie im Verhältnis der interagierenden Agenten verlassen werden muss. Die Ritualisierung setzt durch die Möglichkeit eines Neustarts und der wiederholbaren Interaktion Zeitmarken.

- Durch Domestikation begrenzte Interaktion: Es findet eine äußere Begrenzung auf einen Teil des möglichen Verhaltens statt. Dabei wird die Symmetrie in den Möglichkeiten der Beteiligten verlassen. Man kann die domestizierte Seite und die domestizierende Seite unterscheiden. Die domestizierte verfügt nur noch über ein fixiertes Gedächtnis und ein korrespondierendes fixiertes Verhaltensrepertoire, während auf der anderen Seite der Schnittstelle das Lernen (innerhalb der Kultur) weitergehen kann.

Die Domestikation von Wildpopulationen ist ein wichtiger Begriff in der Natur-, Umwelt- und Kulturgeschichte des Menschen. Die menschlichen Eingriffe müssen nicht zielgerichtet erfolgen, sie können als Nebenwirkungen einer Jäger- und Sammlerkultur entstehen (Mithen 2003). Entscheidend dabei ist, dass sie innerhalb der Kultur einer geplanten und wiederholten Nutzung zugänglich wird, sobald ihre Wirkung erkannt wurde. Die domestizierte Art wird dagegen in ihrem (genetischen) Verhaltenspotenzial eingeschränkt (Diamond 2002).

Biologische Systeme bleiben auch nach einer Domestikation individuelle und historisch konditionierte Träger von Wahlmöglichkeiten und damit von Entscheidungen, z.B. beim Übergang vom Genotyp zum Phänotyp. Einem Beobachter erscheint es so, als ob ein lebendes System selbst eine durch sein individuelles (genotypisches) Gedächtnis konditionierte Entscheidung trifft. Natürlich ist das bei den meisten Organismen keine *bewusste* Wahl, aber der entscheidende Punkt liegt darin, dass der verursachende Ort im Innern des jeweiligen Systems anzusiedeln ist. In der Theorie dynamischer Systeme kann dagegen eine Entscheidung nur außerhalb des Randes durch einen externen Beobachter oder Experimentator stattfinden (s.o).

5 Wie werden aus begrenzten Möglichkeiten Normen ermittelt?

Nachdem wir die typischen formalen Modelle für Strukturen und Verhaltensmöglichkeiten im Rahmen einer Theorie der dynamischen Systeme und für die interaktiven Modelle eingeführt haben, lautet die nächste Frage, wie wir innerhalb dieser Räume der möglichen Strukturen einerseits und der möglichen Verhaltensmuster andererseits zu einer Normierung gelangen. Kurz: Wie werden die entsprechenden Wertesysteme etabliert? Wie unterstützt und ermöglicht der Formalismus eine Einschätzung (z.B. als Schaden)? Die Antwort auf diese Frage wird wiederum lauten: durch Ritualisierung und Domestikation. Durch diesen Prozess kann einerseits aus dem unbegrenzten Bereich der Handlungsmöglichkeiten ausgewählt werden. Andererseits erlaubt die Ritualisierung, dass eine Auswahl (Normierung) aus dem nun begrenzten Verhaltenspotenzial getroffen werden kann. Außerhalb des durch Ritualisierung begrenzten Raumes verbleibt damit stets noch eine nicht bewertbare Sphäre (s.o.) für die unbegrenzte offene Interaktion.

Auch bei den Auswahlverfahren für die Normierung werden wir in beiden unten behandelten Fällen zwischen algorithmischen und interaktiven Selektionsverfahren unterscheiden. Ein wichtiges Kriterium wird dabei stets sein, ob und wodurch die jeweils betrachteten Potenziale als begrenzt oder als unbegrenzt angenommen werden.

Dabei ist die algorithmische Selektion eine, die (natürlicherweise) mit einem Standpunkt *außerhalb* des bewerteten Systems einhergeht, während bei der interaktiven Bewertung ein Standpunkt *innerhalb* der Interaktion, also eine aktive Beteiligung eines Beobachters notwendig wird. Das Fehlen oder Auftreten von interaktiven Beziehungen kann sowohl in den naturwissenschaftlichen Anwendungen (Hauhs & Lange 2003a) als auch von den Sozialwissenschaftlern als Kriterium zur Identifikation von Systemgrenzen verwendet werden.[9]

Wir sehen bei diesen Überlegungen das Ökosystem als „Bindeglied" zwischen zwei Ankerpunkten. Der eine Ankerpunkt ist durch die medizinische Definition eines „gesunden Organismus" gegeben (aus dem für diesen Organismus relevanten Wissen über Bauplan, Lebenszyklus und Physiologie). Daraus können Bereiche für Faktoren der unbelebten Umgebung abgeleitet werden, die mit diesen organischen Anforderungen kompatibel sind. Der andere Ankerpunkt ist das physikalische Verständnis der unbelebten Umgebung lebender (Öko)Systeme, also der Lithosphäre oder der Atmosphäre. Hier hat die dynamische Systemtheorie einige nennenswerte Erfolge aufzuweisen.

Bei den Beispielen, in denen die Kenntnis über die Organismen unmittelbar Bedingungen des („gesunden") (Über-)Lebens liefert und den dynamischen Variablen, die damit in der unbelebten Umgebung einhergehen, damit kompatible Wertebereiche zuordnet, kann die Ebene des Ökosystems und die Frage der historischen Bedingtheit menschlicher Handlungsoptionen übersprungen werden. In diesen Schadensfällen ist im wesentlichen eine Kausalkette bekannt; unmittelbares menschliches Eingreifen ist für den Ablauf nicht Voraussetzung. Beispiele sind Fälle von plötzlichen und lokalen Umweltschäden wie Umweltkatastrophen, bei denen eine

9 „Im ritualisierten Diskurs werden Grenzen gezogen, die einschließen und ausschließen" (Belliger & Krieger 1998).

toxische Substanz freigesetzt wird, die kurzfristig und lokal zu Gesundheitsschäden bei den exponierten Organismen führt. Die Betrachtung einer Ökosystemebene ist für diese Fälle nicht notwendig. Dieser Ausgangspunkt, der im Abschnitt 3.1 als zweiter Fall vorgestellt wurde, ist wegen seiner leichten Umsetzbarkeit im Rahmen traditioneller Konzepte der Modellbildung heute immer noch der wichtigste.

Die Frage nach einer eigenen Kategorie „ökologischer Schäden" ist mit regionalen bis globalen und/oder langfristig wirkenden Änderungen in belebten Systemen und deren Umwelten verbunden. Für diese Fälle hat sich die konzeptionelle Aufteilung in Umwelt- und Gesundheitsschäden bisher nicht bewährt. Beispiele sind der Umgang mit Veränderungen in Wald- oder Gewässerökosystemen nach dem Eintrag von lang transportierten Luftverunreinigungen (Saurer Regen). Das Selbstverständnis und die Rolle der Ökotoxikologie oberhalb der Ebene von Populationen ist unklar.

5.1 Kapazitätsgrenzen der Umwelt

Die Umwelten von lebenden Systemen (auf der Erde) sind stets begrenzt und endlich. Grenzen liegen dort, wo die Zonen der mit den Überlebensparametern verträglichen Werte verlassen werden. Auch in endlichen Umgebungen kann immer noch eine (für alle praktischen Fälle, s.u.) unbegrenzte Anzahl von Kombinationen in strukturellen Elementen oder im Verhalten auftreten. Offene Interaktion verlangt nur die Möglichkeit eines potenziell unbegrenzten Gedächtnisses, und das ist auch in endlicher Umgebung unter Ausnutzung von mikroskopischen Zuständen zumindest für alle praktisch relevanten Fälle möglich. Zu jedem endlichen Zeitpunkt ist das tatsächlich genutzte Gedächtnis ohnehin endlich, es darf nur niemals ein Limit geben.

Algorithmische Auswahlverfahren auf unendlichen Mengen oder Funktionsräumen sind mit Entscheidungsproblemen verbunden, von denen das so genannte Halteproblem das bekannteste ist (Chaitin 2002). Nur eine endliche Menge von Alternativen kann auch im allgemeinen Fall algorithmisch entschieden werden, jedenfalls prinzipiell. Interaktive Auswahlverfahren sind offenbar wesentlich mächtiger; ein ausgearbeitetes Theoriegebäude dazu fehlt allerdings bislang, es dürfte aber intensiven Gebrauch von der Kategorientheorie machen. Wir wollen hier die Bedingung stellen, dass solche Verfahren allgemein auch bei unendlichen Folgen von Auswahlen entscheidbar sind, wenn der Raum der Möglichkeiten im Sinn der folgenden Kriterien begrenzt ist.

Die Umwelten von Organismen sind *endlich* im Hinblick auf ihre extensiven Variablen, den so genannten *Ressourcen*, und sie sind zeitlich *variabel* im Hinblick auf ihre intensiven Variablen, den so genannten *externen Faktoren*. Im Rahmen der Theorie dynamischer Systeme stellen diese Variablen die beiden Aspekte dar, unter denen ein Rand des Systems als berechenbare oder bekannte Funktion angegeben werden kann.

Im ersten Fall führt die Endlichkeit einer nicht erneuerbaren Ressource (z.B. fossile Brennstoffe) zu einer Änderung in der Variabilität der – in Gleichgewichtsnähe – zugehörigen intensiven Variablen, die dann nicht mehr in für Menschen bzw. für andere Zielorganismen angenehmen/gewünschten/erträglichen Bereichen gepuffert wird. Im zweiten Fall kann das durch die anthropogen verursachte Änderung der intensiven Variablen direkt geschehen, zum Beispiel durch Klimaänderung.

Die Bestimmung von Kapazitätsgrenzen der Umwelt ist bislang nahezu ausschließlich im klassischen naturwissenschaftlichen Paradigma der dynamischen Systeme unternommen worden. Dazu gehört die Bestimmung von abiotischen Randbedingungen aus Astrophysik und Geologie ebenso wie die Populationsdynamik der Menschheit und anderer Arten. Die prinzipielle Frage dabei lautet: „Was sind die naturgesetzlichen Randbedingungen und biologischen (bzw. kulturellen) Anforderungen an ein langfristiges Überleben?“ Es sollte offensichtlich sein, dass eine Beantwortung dieser Fragen Wertsysteme induziert, in denen etwa umweltverträgliches und umweltschädliches Verhalten unterschieden wird.

5.2 Die Trennung von Fakten und Werten (der Normalfall)

Zunächst betrachten wir den (einfachsten) Fall, in dem der Raum der Möglichkeiten durch die Theorie dynamischer Systeme gegeben ist – also den algorithmischen Fall, in dem die physikalischen Naturgesetze die Möglichkeiten darstellen. Auch die Auswahl bzw. Bewertung unter diesen Möglichkeiten soll durch eine algorithmische Funktion erfolgen. Für den Bereich der Werte kann man in diesem Fall einfach, wie in den Wirtschaftwissenschaften üblich, ein menschliches Wertesystem als gegeben voraussetzen, das auf die zu seinen physiologischen Ansprüchen korrespondierenden Variablen der unbelebten Umwelt (Wärme, Wasser, Luft, etc.) referenziert.

Im Prinzip wird hier das gelungene Beispiel moderner Wettervorhersage auf den Bereich der Umweltänderungen (unbelebter Aspekt) übertragen (Hauhs & Lange 2003a; Schellnhuber & Wenzel 1998). Durch die Empfindlichkeit gegenüber dem Anfangszustand der Atmosphäre (mit endlicher Genauigkeit bestimmt) beträgt der tatsächlich erreichbare Vorhersagehorizont nur wenige Tage. Dann nimmt auch bei einem angenommenen Determinismus die Anzahl der Möglichkeiten, die mit der Anfangsbedingung kompatibel sind, exponentiell zu.

Am Beispiel der Wetterprognose lässt sich die Leistungsfähigkeit der Trennung von Fakten und Werten demonstrieren. Die aktuellen Beobachtungen gehen ein in die sehr aufwändige (aber lohnende) algorithmische Berechnung eines Zustandssystems und liefern die beste verfügbare Vorhersage, an die sich die (meist triviale) Bewertung anschließt, die in diesem Fall vor allem eine Informationskondensation darstellt. Änderungen im Anfangszustand können nach der gleichen Methode auf ihre Folgen, und eingetretene Wirkungen in der Retroperspektive auf ihre Ursachen hin untersucht werden.

Ein anderes Beispiel stammt aus dem technischen Bereich. Es ist die Frage nach einem kritischen Zustand eines Werkstücks oder dem Phasenübergang in einem Werkstoff, der für die Funktionserfüllung oder die Betriebssicherheit kritisch ist. Auch hier ist die Berechnung der entsprechenden kritischen Zustände meist viel aufwändiger als deren anschließende Bewertung. Das liegt in vielen Fällen auch an der Einfachheit der Zielfunktion der Bewertung („Darf das Werkstück weiterhin verwendet werden?“).

Allgemein umfasst dieser Fall alle Beispiele, bei denen für einen gegeben Anfangszustand und gegebene Randbedingungen eine algorithmische Berechnung der wahrscheinlichsten Entwicklung mit den Instrumenten der Theorie dynamischer Systeme erfolgen kann. Die Methode kann gleichermaßen die Referenzsysteme wie die gestörten oder geschädigten Varianten davon liefern. Die anschließende Bewertung der Ergebnisse erscheint einfach, solange ein externes Bewertungssystem existiert. Unentscheidbare (nicht lösbare) Vorhersage- und Rekonstruktionsprobleme können allerdings dabei auftreten: Chaos, nicht entscheidbare Berechnungen oder Bifurkationen im Lösungsraum.

Für viele technische Systeme und für manche Umweltschäden (etwa das „Ozonloch") hat sich der Schadensbegriff, der auf der Trennung von Fakten und Werten beruht, bewährt. Dabei sind allerdings die theoretischen oder zumindest die pragmatischen Grenzen zu beachten, die nach Kampis (1991) immer dann auftreten, wenn es um lebende Systeme geht. In diesen Fällen sind die algorithmischen Auswahlverfahren für eine Normierung (wahrscheinlich) zu schwach. Die auf der Ökosystemebene angesiedelten interaktiven, steuernden Eingriffe von Menschen können als die zumindest historisch dominanten Basissysteme für Werturteile gelten, nach denen Experten bisher ökologische Schäden identifiziert haben. Ob ihnen diese Rolle aus theoretischer Sicht mit Recht zufällt, wollen wir im folgenden Abschnitt diskutieren.

5.3 Die Trennung von wiederholbaren und offenen Interaktionen

In diesem Fall geht es im normgebenden Verfahren nicht darum, aus dem Bereich der naturgesetzlichen Möglichkeiten durch Auswahl von Parametern, Anfangs- oder Randbedingungen ein konkretes – eben das den instrumentalen Absichten entsprechende – Verhalten auszuwählen, sondern man beginnt am „entgegengesetzten Ende": Aus dem Bereich der überhaupt denkbaren Möglichkeiten im interaktiven Verhalten werden negativ die unerwünschten Varianten durch Regeln ausgeschlossen. Ein gutes Beispiel dafür ist der Begriff der nachhaltigen Nutzung von Ökosystemen: Er lässt sich sehr schwer bis gar nicht positiv definieren (Hauhs & Lange 2000). Es können aber eine ganze Reihe von Szenarien benannt werden, mit denen er in jedem Fall inkompatibel ist.[10]

Die Nachhaltigkeitsforderung entspricht dem Wunsch nach einer beliebig langen Fortsetzung der Serviceleistung des Ökosystems. In allen konkreten Situationen kann unter Experten entschieden werden, ob gegebenenfalls eine nicht nachhaltige Entwicklung vorliegt. Bei der Konstruktion eines Modells dieser begrenzten Zahl von vorstellbaren Möglichkeiten spielen die durch die jeweiligen Experten gegebenen Heuristiken und Erinnerungen an bereits realisierte Interaktionen eine zentrale Rolle. Wenn sich in ihren Erinnerungen ein konsistenter Kern wiederholbarer Handlungsabläufe zeigt, ist er das gesuchte vollständige Verhaltensmodell.

Im Rahmen der technischen Eingriffsmöglichkeiten kommt eine Rekonstruktion und damit ein *Verständnis* des genutzten Systems im rigorosen naturwissenschaftlichen Sinn nicht vor. Damit ist nicht praktisches Verständnis, d.h. ein Wissen, wie man mit dem System umzugehen hat, gemeint, sondern ein Prozess-Verständnis auf Grundlage von etabliertem Basiswissen aus Physik und (Bio-)Chemie. Versucht man, alles zu verstehen, kommt man nie dazu es anzuwenden. Voraussetzung für eine nachhaltige Nutzung ist es jedoch, dass entweder einvernehmlich (Ritualisierung) oder erzwungen (Domestikation) ein bereits einmal realisierter Zustand (beliebig) wieder hergestellt werden kann.[11]

---

10 Nährstoffe nehmen im System langfristig ab, das genetische Potenzial der genutzten Art bleibt nicht erhalten, die Bewertungs- und Entscheidungskompetenz der Nutzer sinkt usw.

11 Die eigentliche Kulturleistung besteht allerdings darin, Ausnahmen von der „beliebigen" Wiederholbarkeit wie Naturkatastrophen und Missernten, die zufälligen Charakter haben, mit einzuplanen und sich auch von diesen zu emanzipieren. Es besteht allgemeiner Konsens, dass dazu antizipatorische Fähigkeiten erforderlich sind, die nur der Mensch besitzt.

Aus dem begrenzten Bereich des als möglich Erinnerten wird das Gewünschte mit Normen versehen, die sich auf die erfolgreichen steuernden Eingriffe durch den Menschen beziehen, also das, was Kompetenz bei einen Landwirt, Förster, Gärtner, etc. ausmacht. Die oben pragmatisch getroffene Unterscheidung zwischen der physiologischen Basis des Organismus und der Dynamik der unbelebten Umgebung reicht hier nicht. Das Mögliche betrifft die Struktur oder das Verhalten anderer lebender Systeme. Das Wünschenswerte betrifft auch kulturell definierte Bedürfnisse, nicht nur die Gesundheit eines Akteurs. Bei dem hier skizzierten Prozess der Normgebung und Wertbildung ändern sich beide Seiten (irreversibel), sowohl die Natur- (z.B. durch Domestikation) als auch die Kulturseite dieser interaktiven Beziehung.

Die nicht domestizierten, verbleibenden wilden Formen starben in der Vergangenheit oft aus. Die kulturelle Identität findet in den Ergebnissen der Ritualisierung selbst ihren Ausdruck.[12] Die Fragen nach der Kausalität oder gar Schuldhaftigkeit dieser Beziehung stellt sich nicht, diese Begriffe gehören zu einem anderen, nicht-interaktiven Typ von Schnittstelle (s.o.). Dafür stellt sich hier die Frage nach dem Stand der technischen Kompetenz, die Bewertungen und Auswahlentscheidungen auch richtig durchführen zu können. Es stellt sich die Frage nach dem durch die Experten definierten Stand der Technik, wie sie Koen (2003) hinter jeder Form von Ingenieurwissenschaft sieht.

Die Kulturgeschichte der menschlichen Nutzung von Ökosystemen kann als die allmähliche Herausbildung dieser interaktiven Auswahl- und Bewertungssysteme interpretiert werden. Wir behaupten, dass für die Auswahl von Normen im erinnerten Möglichkeitenraum sich die interaktiven Verfahren als die gegenüber den algorithmischen Verfahren leistungsfähigeren erwiesen haben. Eine Überprüfung dieser Hypothese ist im Rahmen dieser Ausführungen allerdings nicht möglich.

6 Naturgeschichte

Mit dem vorgeschlagenen Ansatz kann jetzt ein Thema aufgegriffen werden, das wir eingangs zurückstellen mussten: die Frage nach der Geschichte der betrachteten Systeme. Wie kann die menschliche Entscheidungs-Freiheit mit der Vorhersagbarkeit dynamischer Systeme kompatibel sein? Wie können diese Systeme historisch konsistent mit den heutigen Theorien verknüpft werden? Die vorgeschlagene Antwort besteht in erster Linie darin, den Anwendungsbereich der Theorie dynamischer Systeme auf die nicht-interaktiven Fälle einzuschränken und den interaktiven eine eigene Modell-Domäne zuzuweisen. Die folgenden Überlegungen weisen über die genutzten Ökosysteme hinaus und beziehen sich insbesondere auf sehr lange Zeiträume.

Sobald wir nämlich über die Ebene von Populationen hinausgehen und Fragen auf der Ebene der Evolution stellen, haben wir den Bereich verlassen, in dem Naturwissenschaften (derzeit) Antworten auf Bewertungsfragen geben können. „Ökologischer Schaden" ist hier keine naturwissenschaftliche Kategorie: Hat die Evolution durch den Meteoriteneinschlag an der Grenze zwischen Kreidezeit und Tertiär einen „Schaden" genommen? War eine Schneeball-Erde im Proterozoikum eine „Schädigung" in der noch jungen Evolutionsgeschichte? Das sind keine sinnvoll beantwortbaren Fragen. Wir möchten an dieser Stelle eine sehr alte und lange Diskussion in der Ökologie abschneiden, bei der versucht wurde, aus der Naturgeschichte eine normative

12 „Wir sind was wir erinnern" (Assmann 1999b, 23).

Komponente für den „ungestörten" Verlauf der Evolution, der Zusammensetzung von Ökosystemen und von Stoffkreisläufen usw. abzuleiten. Das ist trotz zahlloser Definitionsvorschläge nicht gelungen (vgl. Potthast 1999; Jentsch 2001).

Ein systematisches Forschungsprogramm, das die Bedingungen, unter denen biologische Evolution auf Planeten möglich ist, untersucht, kommt in der Kosmologie zu dem Schluss, dass Naturkonstanten sehr genau aufeinander abgestimmte Werte besitzen müssen. Bei den allermeisten Werteverteilungen wäre das uns bekannte Leben unmöglich. Die gemessenen Werte sind also kein Zufall, sondern durch unsere bloße Existenz weitgehend determiniert. Wir sollen uns darüber nicht wundern und aufhören zu fragen. Für das Auswahlproblem der Kosmologen reicht die Tatsache unserer Existenz. Diese als anthropisches Prinzip (Barrow & Tipler 1986) bekannte Argumentation hat innerhalb der Physik zu heftigen Kontroversen geführt, da sie ein Denkverbot beinhaltet. Die Reaktion darauf ist die Konstruktion so genannter Vielweltentheorien (vgl. Tegmark 2003). Eine andere Reaktion ist der Vorschlag, Interaktivität „ontologisch ernst zu nehmen" (Hauhs & Lange 2003a). Dann übersetzt das anthropische Prinzip in die Epistemologie dynamischer Systeme lediglich die triviale Erfahrung, dass man gegenüber interaktiven Systemen (bzw. deren Schnittstellen) *hinterher* immer schlauer ist.

Der bei allen interaktiven Systemen typische Unterschied zwischen der laufenden und der anschließenden (bei bekanntem Ausgang eines Spieles) Erklärung der Situation bietet auch eine elegante Möglichkeit zur Erklärung des Dilemmas der ökologischen Modellbildung. Bisher werden in Lehrbüchern zur Modellierung von Ökosystemen nahezu ausschließlich Modelle unter dem Kontext der Theorie dynamischer Systeme verwendet, meist ohne die Alternativen überhaupt nur zu erwähnen (Bossel 1992; Imboden & Koch 2003). Bei diesem Modelltyp ist die Anpassung durch Kalibrierung von Parametern an das bereits beobachtete Verhalten fast immer möglich, allerdings folgte daraus bisher fast nie eine nicht-intuitive Vorhersage, anhand derer man die Leistungsfähigkeit dieses Paradigmas hätte belegen können. In interaktiven Systemen ist genau dieses Erscheinungsbild zu erwarten. Wir sehen in der Erklärung des „großen Musters im Scheitern" ökologischer Modelle der letzten Jahre ein starkes Argument für den hier vorgeschlagenen Ansatz.

Der Anwendungsbereich der interaktiven Modelle soll nicht auf die Naturnutzung des Menschen beschränkt bleiben. Erlauben es die eingeführten Begriffe auch, die historisch entstandenen Normen der Biologie auf der Artebene als eine Vorläuferform der kulturellen Ritualisierungen zu interpretieren? Ist im Laufe der Evolution bereits schon einmal ein analoges Bewertungsproblem aufgetreten, das durch die Erfindung von (ritualisierten) Lebenszyklen, Bauplänen, Sex und Tod gelöst wurde? Erst wenn die Begriffe in rekursiver Weise bei einer Rekonstruktion der Evolutionsgeschichte ihre Konsistenz mit den bekannten Fakten gezeigt haben, kann von einer vollständigen Alternative zur Modellklasse der dynamischen Systeme die Rede sein. Hier sollte das Potenzial dieser Fragestellung vorgestellt werden.

7 Was ist ein ökologischer Schaden?

Wir möchten abschließend noch ein Beispiel dafür bringen, wie das gegenwärtige Dilemma der Diskussionen um ökologische Schäden behoben werden könnte. Der Sachverständigenrat für Umweltfragen machte 1987 folgenden Definitionsvorschlag: „Als Schäden im ökologischen Sinne werden solche Veränderungen angesehen, die über das *natürliche Schwankungsmaß* der betroffenen Populationen oder Ökosysteme hinausgehen und sich oft nur über größere Zeiträume manifestieren, sowie Veränderungen, die entweder überhaupt nicht oder oft erst Jahrzehnte nach der toxischen Einwirkung und *mit hohem Aufwand* rückgängig gemacht werden können" (SRU 1987, 460; Hervorhebungen nicht im Original).

Hier werden zwei Kriterien für geschädigte Populationen oder Ökosysteme aufgeführt. Das erste ist eine zeitliche Änderung, die von dem „natürlichen Schwankungsmaß" abweicht. Das zweite Kriterium beruht auf der menschlichen Kompetenz, die betreffende Wirkung zu beheben. Das Problem dieser Definition liegt in der Kombination von naturwissenschaftlichen (wertfreien) Begriffen mit solchen, die nur aus einer Nutzungstradition heraus zu fassen sind.

Das natürliche Schwankungsmaß funktioniert im Sinne klarer historisch oder experimentell gegebener Normen nur auf der Ebene des Organismus (Lebenszyklus, Bauplan, etc.). Darüber hinaus hat es sich bisher als nicht anwendbar erwiesen (Jentsch 2001). Gerade oberhalb des Organismus und der Population (die klassischen Betätigungsfelder der Toxikologie) werden aber Kriterien benötigt, anhand derer die aktuellen Änderungen bewertet werden können.

Das zweite Kriterium im obigen Definitionsvorschlag bezieht sich dagegen auf die Kompetenz die Veränderung aktiv zu kompensieren. Damit wird aber die Kompetenz der Experten, verändernd in das beobachtete System einzugreifen, zum Bestandteil der Norm. Diese Kompetenz ist offenbar um so höher, je stärker die Experten in derartige Entwicklungen eingebunden geblieben sind und ihr nicht als neutrale Exo-Beobachter gegenüberstehen. Diese Situation kann im Ansatz der Trennung von Fakten und Werten nicht mehr untergebracht werden. Sie ist geradezu typisch für den prozeduralen Schadenstyp und bedarf einer interaktiven Modellklasse. Die Unzulänglichkeiten in den alten Definitionen lassen sich so auf die Vernachlässigung bzw. Abstraktion des Unterschiedes zwischen algorithmischen und interaktiven Systemen zurückführen.

Eine Abstraktion von der subjektiven Erinnerung einzelner Experten und damit eine kontrollierte Dokumentation von interaktiver Entscheidungskompetenz ist heute (neben dem etablierten Fall bei der Pilotenausbildung im Flugsimulator) auch für genutzte Ökosysteme möglich geworden (Hauhs et al. 2003). Eine derartig dokumentierte Menge an anerkannten rekonstruierten Interaktionen kann dann als eine Referenz von Schäden verwendet werden. Auf dieser Basis schlagen wir die folgende Neudefinition des Begriffs „Ökologischer Schaden" vor:

Ein Ökologischer Schaden tritt ein, wenn ein Ökosystem bisher in einer dokumentierten Tradition nachhaltiger Nutzung steht, und nach den internen Kriterien dieser Tradition eine Einengung der bisherigen, als wiederholbar dokumentierten, Möglichkeiten eingetreten ist.

Die Diskussion um die Waldschäden in Deutschland kann als ein Beispiel herangezogen werden. Auch hier wurde zunächst versucht, das Phänomen durch Reduktion auf abiotische Umweltveränderungen (SO_2, Ozon, Deposition von Luftverunreinigungen, extreme Wetterlagen) und Gesundheitsschäden (Waldsterben) durch Anwendung dynamischer Modelle zu analysieren. Die Untersuchung von Waldökosystemen entstand als Reaktion auf die Probleme mit diesem ersten Ansatz (Hauhs & Ulrich 1989). Die beste Dokumentation langfristig veränderten Wuchsverhaltens geht heute aus den Aufzeichnungen der Forstverwaltungen hervor (Pretzsch 1999; Pretzsch & Utschig 2000), also aus einer Dokumentation, die innerhalb der Nutzungstradition geführt wurde. Mit der hier eingeführten Definition werden viele Waldökosysteme in Mitteleuropa als „geschädigt" klassifiziert, auch wenn ihre aktuellen Zuwachsraten höher sind als die nach historischen Aufzeichnung zu erwartenden. Der Schaden würde in der dokumentierten Abnahme von forstlicher Bewertungs- und Steuerungskompetenz gegenüber diesem neuen Zuwachsverhalten begründet sein.

Andere Fälle sind nicht in diesem Sinne zu bewerten, und wie wir oben versucht haben zu zeigen, auch in keinem anderen Sinn – beispielsweise viele Änderungen in den Ökosystemen, die den Zielen des Naturschutzes zugeordnet werden. Dort lässt sich bei Veränderungen eine Bewertung so lange nicht anbringen, wie es unklar bleibt, welche Ziele des Naturschutzes unter den heutigen Umweltbedingungen auch tatsächlich *technisch* erreichbar sind. Eine Bewertung, die sich daran orientiert, welche menschlichen (guten) Absichten die Eingriffe oder Nicht-Eingriffe leiten, oder die auf der Annahme eines (mythischen) Naturgleichgewichtes aufbaut (z.B. der Prozessschutz nach Sturm 1993), verdunkelt das Problemfeld. Wenn nach der Umsetzung von Naturschutzzielen gefragt ist, lenkt diese Art der Bewertung ab von den dringenden *technischen* Fragen, welche Kompetenzen denn im Naturschutz den Experten durch wiederholbare Zielerreichung auszeichnet.

Die vorgeschlagene Definition lässt sich zwar auf die bisher nachhaltig genutzten Systeme anwenden, und dazu gehört in vielen Fällen die naturschützerische Nutzung bis heute noch nicht. Diese Anwendungen zeigen aber auch die Trägheit und Ineffizienz der Verfahren, in denen bisher das Expertenwissen dokumentiert, aktualisiert und verbreitet wird. Hier eröffnen Computer gestützte interaktive Simulationen eine völlig neue Lösung. Erst in einer virtuellen Welt lassen sich höhere und zeitgemäßere ökologische Standards in ähnlich konsequenter Weise umsetzen, wie das bereits bei der Flugsicherheit der Fall ist. Angesichts der aktuellen Veränderungsraten, denen Ökosysteme sowohl in den Zielen der Nutzung als auch in den abiotischen Randbedingungen ausgesetzt sind, werden nur virtuelle Standards in der Lage sein, die Experten auf dem Laufenden zu halten. Die vorhandene Kompetenz von Experten zur Bewertung und Kontrolle könnte dabei zur kritischen dominanten Ressource werden. Im Unterschied zu den in Mitteleuropa vom Aussterben bedrohten Arten scheint bislang aber niemand um die auf Lehrstühlen von Universitäten oder in öffentlichen Verwaltungen aussterbenden Experten besorgt zu sein.[13]

Die bisherige Trennung von Werten und Fakten hat sich im Umgang mit ökologischen Schäden als theoretisch nicht überzeugend erwiesen. Im Gegenteil, wir konnten oben eine Reihe von Gründen aufführen, die explizit in diesem Ansatz den Grund für die bisherigen Schwierigkeiten sehen. Auch bei allen pragmatischen Ansätzen konnten diese theoretisch bedingten Probleme nicht überwunden werden.

Wir haben versucht zu zeigen, dass der Hauptgrund für die Probleme im Umgang mit dem Begriff ökologischer Schaden auf einer zu weitreichenden Anwendung der Theorie dynamischer Systeme beruht. Ein alternativer Zugang, bei dem die Interaktivität ökologischer Systeme

13 Ein Schelm ist, wer hier einen Zusammenhang mit dem möglicherweise falschen, aber sehr fördermittelwirksamen Konzept der naturwissenschaftlich-reduktionistischen Ökosystemforschung mit ihren großen Vorhersagemodellen für komplexe Ökosysteme vermutet.

als konstitutiv angesehen wird, öffnet diesen Bereich für einen neuen Formalismus und einen neuen Modelltyp, der in diesem Fall nicht aus der theoretischen Physik, sondern aus der theoretischen Informatik übernommen wird. In diesem Ansatz dreht sich das Verhältnis von Praxis und Theorie um: Unter dem Paradigma der Theorie dynamischer Systeme werden langfristig die Heuristiken der Praxis durch ein grundlegendes Verständnis ersetzt. Das beste Beispiel dafür liefern naturwissenschaftlich fundierte Verfahren der Wettervorhersagen, die nachweislich die Bauernregeln hinter sich gelassen haben. In der vorgeschlagenen Modellklasse der interaktiven Systeme kann dagegen die naturwissenschaftliche Erklärung erst an dem in der Praxis als wiederholbar dokumentierten Phänomen ansetzen. Hier ist die Heuristik im Prinzip nicht zu ersetzen. Ihre kompakte Dokumentation und Aktualisierung bleibt eine anspruchsvolle und derzeit weitgehend ungelöste Aufgabe.

Danksagung: Die Untersuchungen wurden vom BMBF unter der Projektnummer. PT BEO 51-0339476 finanziert. Wir danken Heidrun Hesse sowie einem anonymen Gutachter für ihre ausführlichen Gutachten und Achim Poethke für die Diskussion und Hilfestellungen.

8 Literatur

Assmann, Aleida 1999a: Erinnerungsräume – Formen und Wandlungen des kulturellen Gedächtnisses. C.H. Beck, München.

Assmann, Jan 1999b: Ägypten – Eine Sinngeschichte. Fischer Taschenbuch Verlag, Frankfurt am Main.

Barrow, John D. & Frank J. Tipler 1986: The anthropic cosmoslogical principle. Oxford University Press, Oxford.

Belliger, Andréa & David J. Krieger (Hrsg.) 1998: Ritualtheorien – Ein einführendes Handbuch. Westdeutscher Verlag, Wiesbaden.

Bossel, Hartmut 1992: Modellbildung und Simulation – Konzepte, Verfahren und Modelle zum Verhalten dynamischer Systeme. Vieweg, Braunschweig.

Chaitin, Gregory J. 2002: Conversations with a mathematician. Springer, New York.

Diamond, Jared 2002: Evolution, consequences and future of plant and animal domestication. Nature 418, 700-707.

Goldin, Dina, Scott Smolka, Paul Attie & Elaine Sonderegger 2003: Turing Machines, Transition Systems, and Interaction. University of Connecticut BECAT/CSE Technical Report TR-03-2.

Goldin, Dina 2000: Persistent Turing Machines as a model of interactive computation. In: Klaus-Dieter Schewe & Bernhard Thalheim (Hrsg.), Foundations of information and knowledge systems. Lecture Notes in Computer Science 1762, Springer, New York, 116-135.

Grimm, Volker & Christian Wissel 1997: Babel, or the ecological stability discussions – An inventory and analysis of terminology and a guide for avoiding confusion. Oecologia 109, 323-334.

Gumm, Heinz-Peter 2003: Universelle Coalgebra. In: Thomas Ihringer (Hrsg.), Allgemeine Algebra. Heldermann Verlag, Lemgo, 159-206.

Hauhs, Michael, Falk-Juri Knauft & Holger Lange 2003: Algorithmic and interactive approaches to stand growth modelling. In: Ana Amaro, David Reed & Paula Soares (Hrsg.), Modelling Forest Systems. CABI Publishing, Wallingford (UK), 51-62.

Hauhs, Michael & Holger Lange 2000: Sustainabillity in forestry – Theory and a historical case study. In: Klaus von Gadow, Timo Pukkala & Margarida Tomé (Hrsg.), Sustainable Forest Management. Kluwer, Dordrecht, 69-98.

Hauhs, Michael & Holger Lange 2003a: Informationstheorie und Ökosysteme – Handbuch der Umweltwissenschaften. Ecomed-Verlag, Landsberg, Kapitel III-1.2.

Hauhs, Michael & Holger Lange 2003b: Virtualities and realities of Artificial Life. In: Hauke Reuter, Broder Breckling & Arend Mittwollen (Hrsg.), Gene, Bits und Ökosysteme. Theorie in der Ökologie 9, Peter Lang, Frankfurt am Main, 137-151.

Hauhs, Michael & Holger Lange 2004: Modeling the complexity of environmental and biological systems – Lessons of ecological modeling. In: Wojciech Klonowski (Hrsg.), Proceedings of the 3rd European Interdisciplinary School on Nonlinear Dynamics for System and Signal Analysis, Euroattractor 2002, Simplicity Behind Complexity. Pabst Science Publisher, Lengerich, 130-154.

Hauhs, Michael & Bernhard Ulrich 1989: Decline of European forests. Nature 339, 265.

Imboden, Dieter M. & Sabine Koch 2003: Systemanalyse – Einführung in die mathematische Modellierung natürlicher Systeme. Springer, Berlin.

Jacobs, Bart & Jan Rutten 1997: A Tutorial on (Co)Algebras and (Co)Induction. European Association for Theoretical Computer Science (EATCS) Bulletin 62, 222-259.

Jentsch, Anke 2001: The significance of disturbance for vegetation dynamics – A case study in dry acidic grasslands. Dissertation, Universität Bielefeld.

Kampis, George 1991: Self Modifying systems in biology and cognitive science. Pergamon Press, Oxford.

Koen, Billy Vaughn 2003: Discussion of the method – Conducting the engineer's approach to problem solving. Oxford University Press, Oxford.

Lange, Holger & Michael Hauhs 2003: Interactive Modelling of Ecosystems. In: Hauke Reuter, Broder Breckling & Arend Mittwollen (Hrsg.), Gene, Bits und Ökosysteme. Theorie in der Ökologie 9, Lang, Frankfurt a.M., 153-164.

Leonhard, Marc 1995: Der ökologische Schaden – eine rechtsvergleichende Untersuchung. Nomos Verlagsgesellschaft, Baden-Baden.

Luhmann, Niklas 1990: Ökologische Kommunikation – Kann die moderne Gesellschaft sich auf ökologische Gefährdungen einstellen? Westdeutscher Verlag, Wiesbaden.

Mithen, Steven J. 2003: After the ice – A global human history 20.000-5.000 BC. Nicholson, London.

Potthast, Thomas 1999: Die Evolution und der Naturschutz – Zum Verhältnis von Evolutionsbiologie, Ökologie und Naturethik. Campus, Frankfurt am Main.

Pretzsch, Hans 1999: Waldwachstum im Wandel. Forstwissenschaftliches Centralblatt 188, 28-250.

Pretzsch, Hans & Heinz Utschig 2000: Wachstumstrends der Fichte in Bayern. Mitteilungen aus der Bayerischen Staatsforstverwaltung 49.

Radkau, Joachim 2000: Natur und Macht – Eine Weltgeschichte der Umwelt. Beck, München.

Rosen, Robert 1991: Life itself – A comprehensive inquire into the nature, origin, and fabrication of life. Columbia University Press, New York.

Rutten, Jan 2003: Behavioural differential equations – A coinductive calculus of streams, automata, and power series. Theoretical Computer Science 308, 1-53.

Schellnhuber, Hans-Joachim & Volker Wenzel (Hrsg.) 1998: Earth System Analysis. Springer, Berlin, Heidelberg, New York.

SRU [Der Rat von Sachverständigen für Umweltfragen] 1987: Umweltgutachten 1987. Kohlhammer, Stuttgart/Mainz.

Sturm, Knut 1993: Prozeßschutz – ein Konzept für naturschutzgerechte Waldwirtschaft. Zeitschrift für Ökologie und Naturschutz 2, 181-192.

Tegmark, Max 2003: Parallel Universes. In: John D. Barrow, Paul C. W. Davies & Charles L. Harper (Hrsg.), Science and ultimate reality – From quantum to cosmos. Cambridge University Press, Cambridge, Kapitel 21.

Wegner, Peter & Dina Goldin 1999: Interaction as a framework for modeling. In: Peter P. Chen, Jacky Akoka, Hannu Kangassalo & Bernhard Thalheim (Hrsg.), Conceptual Modeling – Current issues and future. Lecture Notes in Computer Science 1565, Springer, Heidelberg, 243-257.

Wegner, Peter & Dina Goldin 2003: Computation beyond Turing Machines. Communications of the Association for Computing Machinery (ACM) 46, 100-102.

Umweltschäden und ökologisches Wissen – kleine Zwischenbetrachtung aus philosophischer Sicht

Heidrun Hesse

Philosophisches Seminar der Universität Tübingen, Bursagasse 1, 72070 Tübingen
heidrun.hesse@surfeu.de

Abstract

The term "ecological damages" is misleading, because a damage is not simply a fact which you may describe and explain with purely scientific means. Speaking about damages involves an evaluative perspective. There are good reasons for the radical divide between knowledge on the one side and personal or normative evaluation on the other side. This thesis is demonstrated too in interpretetating the so-called inter-active modell suggested by Hauhs/Lange (in this volume).

Keywords: damage, evaluation, technical and normativ rules, scientific knowledge

Schlüsselwörter: Schaden, Bewertung, technische und normative Handlungsregeln, wissenschaftliches Wissen

1 „Schaden" ist kein deskriptiver Begriff, sondern drückt eine Bewertung aus

Von „ökologischen Schäden" zu reden, ist irreführend. Denn wenn man es genau nimmt, dann kann es ökologische Schäden ebensowenig geben wie physikalische oder chemische oder biologische Schäden. Nicht einmal von Krankheiten lässt sich ja füglich sagen, dass sie medizinische Schäden seien, wenngleich sie in manchen Fällen durch schädliche Medikamentengabe im Rahmen einer schlechten medizinischen Praxis sogar mitverursacht sein mögen und wohl nur unter Inanspruchnahme medizinwissenschaftlichen Wissens verbindlich zu diagnostizieren und eventuell auch erfolgreich zu heilen sind.

Wie die Diagnose von Krankheiten, die sich generell als Beeinträchtigungen des Gutes „Gesundheit" bestimmen lassen, so setzt auch die Erfassung von Schäden an jenen Entitäten, Ereignissen und Beziehungen, die sich die Ökologie zum Gegenstand macht, eine Wertperspektive voraus, die sich weder von selbst versteht, noch mit erfahrungswissenschaftlichen Mitteln legitimieren lässt. Denn Schäden gibt es nicht wie es bestimmte Sachverhalte und Ereignisse bzw. Zustandsveränderungen gibt, also beispielsweise Planetenbewegungen, Vegetationsperioden, Sturmfluten und Faustkämpfe. Als Schäden können solche und ähnliche Ereignisse bzw. Zustandsveränderungen vielmehr nur betrachtet werden, insofern sie etwas beeinträchtigen, was dem einen oder der anderen und vielleicht sogar uns allen gemeinsam als ein Gut erscheint, das nach Möglichkeit bewahrt oder nach Kräften erreicht werden sollte. Wie schwierig es ist, solche Güter allgemeinverbindlich und zugleich mit handlungsrelevanter Konkretion zu bestimmen, das zeigt nicht nur der politische Streit über die Relevanz von Umweltschäden, sondern ließe sich auch an den anhaltenden Debatten darüber nachweisen, was wir denn unter „Gesundheit" verstehen sollten.

Ein Schaden also ist etwas für jemanden nur aus einer bestimmten Wertperspektive, die nicht aus wissenschaftlichen Erkenntnissen gefolgert werden kann,[1] sondern in der wissenschaftliche Erkenntnisse im Gegenteil überhaupt erst lebensweltlich nutzbar werden, sei es nun durch einzelne oder durch Gemeinschaften. Was wir als unantastbare (Umwelt)Güter ansehen, und welche Umweltschäden wir um anderer Güter willen als unvermeidlich zu akzeptieren bereit sind, hängt mithin in letzter Instanz von der Beantwortung der ethisch-politischen Grundsatzfrage ab, wie wir unser Leben als Individuen und in der (Welt)Gesellschaft führen wollen. Eine vom Menschen ausgehende Veränderung von Umweltgegebenheiten bzw. der in einem bestimmten Zeitraum der Evolution vorherrschenden Umweltdynamik ist als solche daher kein Umweltschaden, und selbst ein Ereignis oder Prozess, der von allen Betroffenen einvernehmlich als umweltschädlich eingestuft würde, wäre nicht in jedem Fall unter Abwägung der Umstände und um jeden Preis ein Schaden, der nicht hinzunehmen ist. Als Umweltschäden angesehen werden können dagegen prinzipiell auch Veränderungen in unserer Umwelt, die nicht auf menschliche Verhaltensweisen zurückführbar sind. Diese Fälle entziehen sich dann allerdings der Bearbeitung in den handlungstheoretisch fundierten Kategorien der Verantwortung, Zurechnung und Haftung.

Die Ökologie als Wissenschaft von den Umweltbeziehungen lebender Systeme bzw. Organismen kann zu der ethisch-politischen Debatte, in der wir bestimmte Umweltveränderungen als Schäden bewerten und uns auf erfolgversprechende Gegenmaßnahmen verständigen, nur die empirische Basis beitragen. Erwartet werden darf, dass die wissenschaftliche Ökologie möglichst präzise Zustandsbeschreibungen von Umweltgegebenheiten liefert und darüber hinaus prüfbare Aussagen über Kausalrelationen formuliert, deren Kenntnis dazu beiträgt, die Folgen menschlichen Handelns realistisch und möglichst präzise abzuschätzen. Die Ökologie kann auf diese Weise prinzipiell sogar ermitteln, welche Bedingungen jedenfalls gewahrt sein müssen, wenn bestimmte Systeme überleben bzw. für andere Systeme – z.B. menschliche Gesellschaften – nutzbar bleiben sollen. Die Diskussionen um die Festlegung von Grenzwerten für Stoffe, die in dieser Weise als schädlich gelten für uns selbst bzw. ökologische Einheiten, an deren intaktem Bestand uns liegt, zeigen allerdings immer wieder, in welch undurchsichtiger Weise wissenschaftlich legitimierbare Aussagen und partikulare Werthaltungen bzw. Ängste vermischt werden können.

Wie anderes naturwissenschaftliches Wissen lässt sich ökologisches Wissen also prinzipiell in technische Handlungsregeln umformen, die zu beachten sind, wenn bestimmte Handlungsziele mit Aussicht auf Erfolg verfolgt werden sollen.

Als empirische Wissenschaft kann die Ökologie indessen nicht darüber entscheiden, welche Organismen, Ökosysteme und natürlichen Prozesse wir als eine Art Gut an sich selbst ansehen sollten, das um seiner selbst willen und nicht im Dienste menschlicher Nutzungsinteressen zu erhalten wäre. Ein Begriff wie exemplarisch der des „Schadorganismus", mit dem das aktuelle Pflanzenschutzgesetz arbeitet, ist daher kein wissenschaftlicher Begriff,[2] auch wenn bestimmt

1 Dasselbe gilt, wie Uta Eser gezeigt hat, für den Begriff des ökologischen Risikos; vgl. Eser (2000).

2 Ähnliches gilt für den Terminus „Naturhaushalt". Denn ein Haushalt (oikos) ist keine naturgesetzlich fassbare Gegebenheit, sondern (in der Antike) eine Wirtschaftseinheit, bestehend aus Tieren, Sklaven, Frau und Kindern, der,

wird, für welchen anderen Organismus (in der Regel: für welche andere Klasse von Organismen, nämlich eine Population oder sogar die ganze Art) ein Organismus (in der Regel: eine Klasse von Organismen) als „Schädling“ auftritt. Wissenschaftlich gedeckt ist allenfalls der Nachweis, dass bestimmte Organismen andere Organismen fressen, ihren Stoffwechsel in bestimmter Weise beeinflussen und dergleichen.

Diese normative Neutralität teilt die wissenschaftliche Ökologie mit den anderen empirischen Wissenschaften wie den Ingenieurwissenschaften, zu denen man vielleicht sogar die Jurisprudenz als eine Art Ingenieurwissenschaft des Normativen rechnen kann und nicht zuletzt gewiss auch eine gegenwärtig im Werden befindliche integrative Umweltwissenschaft, die dem gesellschaftlichen Zweck der Erhaltung einer guten Umwelt für menschliches Leben verpflichtet werden könnte.

Derselben Beschränkung unterliegen im Übrigen auch die Wirtschafts- und Sozialwissenschaften. Denn ihre Forschungen können den politischen Entscheidungsprozess bestenfalls beschreiben und sogar zukünftige Entscheidungen mit fachüblichen Fehlerraten voraussagen, aber keinesfalls ersetzen, was sie wissenschaftlich erfassen wollen: die gesellschaftliche Wirklichkeit als komplexen Handlungszusammenhang, in den wir alle verstrickt sind. Denn aus der zeitgebundenen Erhebung, ob jemand und wer was in welchem Maße zu einem bestimmten Zeitpunkt faktisch für ein Gut hält, dessen Kosten er nicht scheut, ergibt sich weder, dass diese Präferenzen und Wertorientierungen die politische Auseinandersetzung unveränderlich tragen müssen, noch dass sie überhaupt vernünftig sind. Für letzteres bieten freilich auch politische Entscheidungsfindungsprozesse selbst dann keine Garantien, wenn alle Betroffenen angemessen an ihnen beteiligt sind. Keine Wissenschaft aber kann auch nur einem einzelnen die ethisch-politische Verantwortung für seine Lebensführung abnehmen.[3]

2 Ein Modell zur Integration von Wissenschaft und Wertung?

Diese Überlegungen sprechen dafür, deskriptiv-explanatorische Aussagen einer kausalwissenschaftlichen Ökologie von ihrer Übersetzung in technische Handlungsregeln für den menschlichen Umgang mit Umweltgegebenheiten und deren zweistufiger Bewertung unter den Gesichtspunkten a) der Effektivität und b) der ethisch-politischen Verantwortbarkeit so strikt wie nur eben möglich zu trennen. Hingegen meinen Hauhs & Lange (in diesem Band), die geradewegs entgegengesetzte Konsequenz sei zu ziehen, wenn von ökologischen Schäden nun einmal nur relativ zu menschlichen Nutzungsinteressen ökologischer Ressourcen die Rede sein könne. Sie sprechen daher nicht nur vom „prozeduralen“ Charakter ökologischer Schäden, die nur bezogen auf bestimmte Handlungsmöglichkeiten bestimmbar sind, sondern stellen vor allem ein Modell ökologischen Handelns vor, das verspricht, sachgerechtes (traditionelles wie wissenschaftliches) Kausalwissen und kulturelle Bewertung von Handlungsalternativen bruchlos zu integrieren.

---

und das ist entscheidend, ein umsichtiger Hausvater vorsteht, der alle wichtigen Entscheidungen trifft.

3 Was es bedeutet, diesen normativen Leitsatz zu ignorieren, wird nicht nur in der politischen Debatte unter Ökologen gelegentlich vergessen, sondern mit noch hautnäheren Folgen für bevormundete Andere, in diesem Fall die Patienten, auch in der medizinischen Praxis, sobald die ärztliche Fürsorge sich zum Paternalismus auswächst, der die Patientenautonomie selbstherrlich außer Kraft setzt.

Den Musterfall solcher Integration sehen Hauhs & Lange in der traditionellen Praxis nachhaltiger Bewirtschaftung von Umweltressourcen in der Forstwirtschaft. Mit Hilfe eines neuartigen Typs der Modellierung, dem sie das Prädikat „interaktiv“ geben, wollen Hauhs & Lange nicht nur das ökologische Handlungswissen dokumentierbar machen, das bestimmten tradierten Praktiken inhärent ist und daher stets schon in eine bestimmte Wertperspektive eingefügt. Dieses Wissen soll durch individuelles Training in einer Art „Ökosimulator“ darüberhinaus lernbar und somit von einem Anwendungskontext erfolgreich auf andere übertragbar und schließlich sogar optimierbar sein, ohne dass irgendeine Form der externen Reflexion der auf diese Weise ermittelten Handlungsmaximen nötig oder auch nur ins Auge gefasst würde. Derartigen externen Reflexionsbedarf ordnen Hauhs & Lange vielmehr ausschließlich dem traditionellen naturwissenschaftlichen „Zustandsmodell“ zu, dem sie ihr „interaktives Modell“ gegenüberstellen. Weil das Vorhaben nicht zuletzt auch in wissenschaftsphilosophischer Perspektive interessante Aspekte aufweist, möchte ich im Folgenden wenigstens einige Zweifel daran andeuten, dass das „interaktive“ Modell tatsächlich hält, und ob überhaupt wirklich wünschenswert ist, was die Autoren sich von ihm und ihren Lesern mit ihm versprechen.

Das „interaktive Modell“ von Hauhs & Lange wurzelt in spieltheoretischen Überlegungen der Theoretischen Informatik. Anders als in den klassischen empirischen Naturwissenschaften geht es bei spieltheoretischen Ansätzen nicht darum, objektive Sachverhalte bzw. Systemzustände und ihre kausalen Beziehungen auf intersubjektiv prüfbare Weise zu erfassen, also zu beschreiben und im Rückgriff auf generelle Gesetzesannahmen zu erklären und zu prognostizieren. Ermittelt werden sollen vielmehr die relativ zu unterschiedlichen Spielsituationen optimalen Strategien zur Erreichung einer standardisierten Zielvorgabe. Paradigmatisch dafür ist – auch für Hauhs & Lange – das Schachspiel. Spielziel wie Spielregeln beruhen mithin allein auf Übereinkunft. Ihr konventioneller Charakter unterscheidet Spielregeln prinzipiell und in überaus aufschlussreicher Weise von technischen Handlungsregeln, durch die objektives Wissen in einer ethisch-politisch verfassten Lebenspraxis zur Anwendung kommt. Denn objektive Gegebenheiten können sich unmerklich ändern, konventionelle Festlegungen nicht.

Weil über das Spielziel in dem konventionellen Rahmen einer Spielpraxis idealerweise Einverständigkeit unterstellt werden kann, tritt das Problem der ethisch-politischen Bewertung möglicher Handlungsziele in spieltheoretischer Perspektive gar nicht mehr in Erscheinung. Was hier, auch von Hauhs & Lange, „Bewertung“ genannt wird, beantwortet vielmehr lediglich die Frage, wie effektiv ein bestimmter Spielzug bzw. eine taktische Kombination von Spielzügen und mithin die ihr zugrunde liegende Lesart der Spielsituation durch einen Spieler (seine „Heuristik“ wie Hauhs & Lange schreiben) im Hinblick auf den anvisierten Spielerfolg ist. Da diese relative „Güte“ einzelner Spielhandlungen allein von internen Gegebenheiten der konventionell geregelten Spielpraxis abhängt, kann ihre Abschätzung Experten überlassen werden. Diese Experten mögen relativ problemlos zu einem Einverständnis darüber gelangen, was die effektivsten und folglich „besten“ Züge in einer bestimmten Spielsituation sind, ohne alle möglichen Alternativen und ihre Folgezustände rechnerisch zu erfassen. Es spricht auch vieles dafür, daß menschliche Akteure ihre Spielstärke nicht durch langwierige explizite Rechenoperationen erwerben, sondern wesentlich am Vorbild anerkannter Experten schulen und durch intensive Einübung in die Spielpraxis verbessern können. Ob es sich bei dieser Praxis allerdings um ein ethisch-politisch gerechtfertigtes Unternehmen handelt, lässt sich „intern“ nicht klären. Das Modell ist daher nichtssagend, sobald Handlungsziele als solche strittig sind und, wie im Fall der Bewertung von Ereignissen als Umweltschäden, die politische Debatte darüber anhält, was als unveräußerliches Gut anzusehen ist.

Indessen scheinen Hauhs & Lange vor allem zu meinen, die Übertragung des spieltheoretischen Paradigmas auf die gesellschaftliche Praxis des Umgangs mit Umweltressourcen weise einen Weg, wie robuste Handlungsregeln technischen Charakters generell ermittelt und ihre erfolgreiche individuelle Anwendung optimiert werden könne. Sie setzen dabei darauf, dass das Praxiswissen anerkannter Experten (beispielsweise für nachhaltige Forstbewirtschaftung), das weitgehend der schriftlichen Fixierung entbehrt und oft überhaupt unausgesprochen bleibt, in entsprechend gestalteten Spielsituationen zutage tritt. Wie im Falle des Schachspiels sollen sich die Entscheidungen der Akteure daher im Rahmen „interaktiver Modellierung“ nicht nur dokumentieren, sondern von gestandenen Experten auch Zug um Zug unter dem Gesichtspunkt effektiver Zielerreichung bewerten und von Lernwilligen nachspielen lassen.

Dieses Verfahren scheint den Vorteil zu haben, gesetzesförmiges ökowissenschaftliches Kausalwissen und seine prekäre Übersetzung in situationsgerechte technische Handlungsanweisungen weitgehend überflüssig zu machen. Zumindest vertreten Hauhs & Lange die Auffassung, umwelttechnologische Problemstellungen ließen sich nur in sehr beschränktem Maße auf der Grundlage klassischer experimenteller Forschung nach dem Vorbild der Physik bearbeiten. Denn die Ökologie habe es mit besonders komplexen Systemen zu tun, von denen nicht einmal feststehe, dass sie deterministischen Gesetzmäßigkeiten gehorchen. Jedenfalls sei es in der Ökologie bisher nicht gelungen, objektive Gesetzmäßigkeiten für Systemdynamiken zu formulieren, wie klassischerweise von empirischen Kausalwissenschaften gefordert. Ich halte es allerdings für überaus zweifelhaft, dass die spieltheoretisch angeleitete Sicherung und Weitergabe der Entscheidungskriterien, die in einer anscheinend „guten“ traditionellen Praxis des Umweltmanagements Anwendung finden, dieses Defizit auszugleichen vermag. Einige Gründe für diesen Zweifel will ich abschließend andeuten:

Jede Zweckorientierung wirkt nicht zuletzt wie eine Scheuklappe,[4] die den Blick für Nebenfolgen der erfolgreichen Zweckerreichung empfindlich einschränkt. Beispielsweise lässt sich die Versauerung der Waldböden als unbeabsichtigter und zunächst auch unbemerkter Nebeneffekt einer erfolgreichen gesellschaftlichen Praxis der Energieversorgung auffassen. Wenn wir Umweltschäden mit einwandfreien technischen Mitteln vermeiden wollen, und eine möglichst gut informierte ethisch-politische Auseinandersetzung über vergleichsweise vertretbare Umweltschäden stattfinden soll, brauchen wir daher möglichst umfassendes wissenschaftliches Wissen über kausale Dynamiken in ökologischen Zusammenhängen.

Auch das zumeist nicht kodifizierte Wissen erfolgreicher Praktiker ist dabei nicht zu vernachlässigen. Es ist daher zu begrüßen, wenn dieses Praxiswissen im Rahmen des spieltheoretischen Modells von Hauhs & Lange dokumentiert werden kann. Das so dokumentierte Wissen ist aber als solches nicht ohne weiteres auf zukünftige Handlungssituationen übertragbar. Denn das von vorneherein technisch zugespitzte Sachwissen kann veralten, weil sich die objektiven Umstände und Bedingungen seiner Anwendung geändert haben, also beispielsweise andere Kausalfaktoren relevant werden als die bisher unausdrücklich beachteten. Die mit einer tradierten Praxis je als selbstverständlich vorausgesetzten Handlungsziele (was gilt als das zu wahrende Gut) unterliegen ohnehin der mehr oder weniger schleichenden Revision in Gestalt ethisch-politischer

4 Von der Scheuklappenfunktion der Zweckorientierung spricht treffend Niklas Luhmann (1973).

Grundsatzdebatten. Was im „interaktiven Modell“ von Hauhs & Lange unauflöslich integriert scheint, bedarf daher gerade der sorgfältigen Analyse in Gestalt der von mir oben dargestellten Unterscheidungen, wenn es um die rationale Orientierung unseres Handelns geht.

3 Literatur

Eser, Uta 2000: Zur Relevanz des ökologischen Risikobegriffs für das politisch-gesellschaftliche Handeln. In: Broder Breckling & Felix Müller (Hrsg.), Der ökologische Risikobegriff. Peter Lang, Frankfurt am Main, 181.

Hauhs, Michael & Holger Lange 2004: Was ist ein ökologischer Schaden? Ein Ansatz für die Bestimmung virtueller Standards. In diesem Band, 25-50.

Luhmann, Niklas 1973: Zweckbegriff und Systemrationalität. Suhrkamp, Frankfurt am Main.

Ökologische Schäden durch Vernachlässigung des Vorsorgeprinzips im nachhaltigen Landschaftsmanagement – eine umweltökonomische Perspektive

Jan Barkmann und Rainer Marggraf

Umwelt- und Ressourcenökonomik, Institut für Agrarökonomie
Georg-August-Universität Göttingen, Platz der Göttinger Sieben 5, D-37073 Göttingen
jbarkma@gwdg.de

Abstract

The methodically subjectivist, individual-based perspective of economic valuation leads to a definition of ecological damage that differs fundamentally from the "objectivist" interpretation of Sachverständigenrat für Umweltfragen (SRU 1987): Ecological damage can be defined as an involuntary loss in the supply with ecosystem goods and services. Because of several non-trivial assumptions of neoclassical economics, we outline our terminology in some detail, covering concepts such as goods, scarcity, utility, value and damage. Based on this economic framework, we introduce a particular type of ecological damages: *ex ante* damages by neglect of the precautionary principle in sustainable landscape management. This damage corresponds to the loss of an ecological insurance benefit. The insurance is generated by ecological systems that ensure that ecosystem services can be provided in the face of a risky, highly uncertain future. Instead of insisting that *essential* ecosystem services (primary values *sensu* Turner) are an issue "before all of economics", the insurance value approach allows for an indirect inclusion of primary values in cost-benefit analysis. The ecological damage from neglecting the precautionary principle in sustainable landscape management equals the willingness-to-pay for a higher level of precaution – even before any essential ecosystem service is negatively affected. It can also be regarded as an option value on safeguarding primary values.

Keywords: ecological goods, ecological damages, ecosystem functions, insurance value, Total Economic Value, primary value, cost-benefit analysis, ecosystem self-organisation, ecological risk management

Schlüsselwörter: ökologische Güter, ökologische Schäden, Ökosystemfunktionen, Versicherungswert, Total Economic Value, Primärwert, Kosten-Nutzen-Analyse, ökosystemare Selbstorganisation, ökologische Risikovorsorge

1 Einleitung

Ökologische Schäden können durch Vernachlässigung des Vorsorgeprinzips im nachhaltigen Landschaftsmanagement entstehen. Für einen handlungs- und anwendungsorientierten Zugriff auf das Phänomen des ökologischen Schadens bietet eine wirtschaftswissenschaftliche Perspektive besondere Möglichkeiten. Dieser ökonomische Ausgangspunkt ist allerdings erklärungsbedürftig, wenn der normativ voraussetzungsvolle Analyserahmen der neoklassischen Wirtschaftstheorie zum Einsatz kommen soll.

Die moderne Wirtschaftslehre ist seit ihren Ursprüngen in der englischen Moralphilosophie des 18. Jahrhunderts (vgl. Hampicke 1992, 23) stets auch normative Ökonomik; die Erarbeitung von Handlungsvorschlägen für die Wirtschafts- (und Umwelt-) Politik gehört zu ihren Aufgaben (Heinrichsmeyer et al. 1993, 31 f.). Die Axiome des üblicherweise als Neoklassik bezeichneten Mainstreams der Wirtschaftstheorie machen jedoch eine Reihe empirisch und normativ nicht-trivialer Annahmen (Hampicke 1992, 32; Perman et al. 1998, 24 ff.). Wer von diesem Standpunkt aus den interdisziplinären Dialog führen möchte, muss diese Annahmen offen legen. Der eigentlichen Darstellung der ökologischen Schäden stellen wir daher eine ausführliche Interpretation der einschlägigen ökonomischen Terminologie voran (Abschnitt 2). Wir betonen dabei die systematische Bedeutung von Tauschhandlungen zwischen Marktgütern und Umweltgütern. Da Schäden durch Vernachlässigung des Vorsorgeprinzips im nachhaltigen Landschaftsmanagement das eigentliche Thema des Beitrages sind, lässt sich an dieser Stelle jedoch keine vertiefte Diskussion der Axiome der Neoklassik führen. Der Abschnitt über die ökonomischen Hintergründe der Schadensdefinition dient gleichzeitig der Auseinandersetzung mit einigen Leitfragen der Tagung (vgl. Potthast in diesem Band).

Im Abschnitt 3 leiten wir das Konzept des „ökologischen Vorsorgeschadens“ her. Als Vorsorgeschaden bezeichnen wir einen Schaden, der dadurch entsteht, dass prinzipiell mögliche Vorsorgemaßnahmen unterlassen werden. Hiermit führen wir ein Thema weiter, das einer der Autoren anlässlich der Jahrestagung 1999 des Arbeitskreises „Theorie in der Ökologie“ erstmals öffentlich vorgestellt hatte: die Möglichkeit eines Vorsorge-orientierten Schutzes vor ungewissen ökologischen Gefährdungen (Barkmann 2000). Abschließend geben wir einen Ausblick auf den Stand des Forschungsprogramms zur ökologischen Risikovorsorge, das unseren Beitrag zu Vorsorgeschäden motiviert (Abschnitt 4).

2 Eine ökonomische Bestimmung ökologischer Schäden – Hintergründe und Definition

2.1 Hintergrund I: Ökologische Güter

In der Wirtschaftslehre wird in der Regel jeder Gegenstand als *Gut* bezeichnet, der Objekt menschlichen Wünschens oder Strebens ist oder sein könnte. Güter sind Mittel zur Bedürfnisbefriedigung (Olsson & Piepenbrock 1998). Güter können materiell oder immateriell sein. *Freie* Güter stehen allen Wirtschaftssubjekten stets in beliebiger Menge und Beschaffenheit zur Verfügung. Im Brennpunkt des Interesses der Wirtschaftslehre stehen *knappe Güter*, also Güter, deren Verfügbarkeit an bestimmten Orten oder nach Menge oder Beschaffenheit zumindest zu Zeiten eingeschränkt ist. Knappe Güter werden auch als *ökonomische Güter* bezeichnet (Gwartney et al. 1982, 4; vgl. Marggraf & Streb 1997, 27 ff.). Die Beschränkung des Erkenntnisinteresses der Wirtschaftswissenschaften auf knappe Güter stellt im ökonomischen Alltag keine große Einschränkung dar, da es überhaupt nur wenige Gegenstände menschlichen Strebens und Wünschens gibt, die derartig frei verfügbar sind, wie in der Definition gefordert.

Bezeichnen wir zunächst solche Güter als *ökologische Güter*, die umgangssprachlich „irgend etwas“ mit Ökologie oder Natur zu tun haben. Entsprechend dem weiten wirtschaftswissenschaftlichen Begriff „Gut" erscheinen sehr unterschiedliche Dinge als ökologische Güter: die Existenz des alten Birnbaums im Garten der Wohnung eines der Autoren; die Bodenfruchtbarkeit im Leinetal bei Göttingen; das Vorkommen von orchideenreichen Magerrasen und bärlauchreichen Buchenwäldern an den Rändern des Leinetals; eine sich selbst erhaltende Population des Luchses im Nationalpark Harz; eine anmutige Kulturlandschaft im Solling oder auf der holsteinischen Geest; die Diversität von Kulturbiotopen im Landkreis Northeim; die Erhaltung der endemischen Tiere in Zentral-Sulawesi (Indonesien) oder der endemischen Pflanzen im chilenischen Küstengebirge der VII Region; eine unverschmutzte Deutsche Bucht, in der sich Kegelrobben und Kleinwale wohl fühlen; der Schutz des globalen Genpools.

In den obigen Beispielen hängt die Verfügbarkeit der ökologischen Güter durchgängig von Strukturen, Prozessen oder Zuständen ökologischer Systeme ab. Der alte Birnbaum kann beispielsweise als eine Struktur beschrieben werden, deren Existenz von Prozessen der Nährstoffumwandlung und des Wasserkreislaufs abhängt. Die Wertschätzung für das ökologische System der Deutschen Bucht hängt u.a. von Zustandsparametern der Wasserverschmutzung bzw. von der Habitateignung für Kleinwale ab. Wir definieren daher ökologische Güter wie folgt:

Ökologische Güter sind Gegenstände menschlichen Strebens, deren Verfügbarkeit von den Strukturen, Prozessen oder Zuständen ökologischer Systeme abhängt.

Die oben genannten Beispiele für ökologische Güter betreffen allesamt Gegenstände, die nicht beliebig verfügbar und mithin knapp sind.

2.2 Objektivistische oder subjektivistische Begründungen für die Definition ökologischer Schäden?

In diesem Unterabschnitt fragen wir nach der Vereinbarkeit der Definition ökologischer Schäden, die der Sachverständigenrat für Umweltfragen (SRU) 1987 vorgelegt hat, mit dem normativen Begründungsrahmen der Neoklassik. Die neoklassische Wirtschaftslehre enthält sich in der Regel materieller Werturteile über die Wünschbarkeit oder die anzustrebende Vermeidung ökologischer Veränderungen. Sie beruht auf einem methodischen Gerüst, das als Anwendung utilitaristischer Moralphilosophie gelten kann (Hampicke 1992, 30; vgl. Birnbacher 1995; Höffe 1992). Sie steht damit auf einem ideen- und wirkungsgeschichtlich einflussreichen, aber nicht unumstrittenen Fundament. Der klassische Utilitarismus Benthams und Mills kulminiert in der Forderung *„the greatest good for the greatest number"* als ethische Pflicht anzustreben. Dieses Fundament stellt einen möglichen Bezugsrahmen für Werturteile über die Wünschbarkeit oder die anzustrebende Vermeidung ökologischer Veränderungen bereit: Aus klassisch utilitaristischer Sicht wäre zu überprüfen, welche Auswirkungen eine bestimmte ökologische Veränderung auf das Wohlergehen des Kollektives der Betroffenen ausübt. Nur für jene Betroffenen, die die Veränderung als eine unerwünschte Veränderung beurteilen, handelt es sich um einen ökologischen Schaden. In der Anwendung dieses normativen Rahmens in der neoklassischen Wirtschaftstheorie werden (a) die Betroffenen in der Regel auf menschliche Wesen eingeschränkt und (b) ökonomische Verteilungswirkungen zwischen diesen Betroffenen selten untersucht (zur Berücksichtigung von Verteilungswirkungen siehe auch Abschnitt 3).

Wir fragen zunächst danach, ob die SRU-Definition überhaupt Ansatzpunkte für eine ökonomische Analyse bietet. Der Gegenstand der Wirtschaftslehre kann als das Nachdenken über *rationales Handeln angesichts knapper Handlungsressourcen* bestimmt werden. Ökologische Schäden qualifizieren sich somit als Gegenstand der Ökonomik: Es findet ein intensives wissenschaftliches – und teilweise auch öffentliches – Nachdenken um verantwortbares oder wünschbares gesellschaftliches Handeln in Bezug auf verschiedenste ökologische Schäden statt. Die Debatte ist dabei geprägt von Positionen, die entweder die Knappheit der beschädigten Güter betonen, oder die andererseits die Knappheit der Mittel behaupten, die erforderlich sind, um die Schäden zu beseitigen oder gar nicht erst entstehen zu lassen.

Die 17 Jahre alte, auf die Diskussion um ökotoxikologische Grenzwerte zielende Definition von ökologischen Schäden, die der SRU aufgestellt hat, scheint dem Wortlaut nach mit Handeln unter Knappheit wenig zu schaffen zu haben (SRU 1987, 400 Rn 1691).

> Als Schäden im ökologischen Sinne werden solche Veränderungen angesehen, die über das natürliche Schwankungsmaß der betroffenen Populationen oder Ökosysteme hinausgehen und sich oft nur über größere Zeiträume manifestieren, sowie Veränderungen, die entweder überhaupt nicht oder oft erst Jahrzehnte nach der toxischen Einwirkung und mit hohem Aufwand rückgängig gemacht werden können.

Lediglich der Hinweis auf Veränderungen, die nur mit hohem Aufwand rückgängig gemacht werden können, bietet einen Bezug auf die Knappheit der Mittel, die für die Behebung des Schadens erforderlich sind. Die Knappheit der Güter selbst, die von dem Schadensereignis betroffen sein können, wird nicht direkt thematisiert. Die inhaltliche Einbettung der obigen Definition in das Kapitel zur Grenzwertsetzung innerhalb des SRU-Gutachtens bietet jedoch vielfältige Belege für die These, dass „Populationen und Ökosysteme" in einem „ressourcenökonomisch/ökologischen" Sinne als knappe Güter aufgefasst werden. Als solche sind sie Gegenstand ökonomischer Abwägungen (SRU 1987, Rn 1678). Insbesondere werden die ökologischen Güter „nicht um ihrer selbst Willen geschützt"; ihr Schutz dient der „Sicherung des Überlebens der Menschheit insgesamt" (SRU 1987, Rn 1678; vgl. auch SRU 1987, Rn 1721 ff.). Mit anderen Worten, *nachdem* ein ökologischer Schaden nach SRU (1987) identifiziert ist, könnten Knappheits- und Effizienzbetrachtungen ansetzen. Auch wenn die SRU-Definition durch die Bezugnahme auf die natürlichen Schwankungsmaße von Populationen und Ökosystemen objektivistisch geprägt erscheint, sperrt sich die Definition im übergreifenden Argumentationszusammenhang daher nicht grundsätzlich gegen eine ökonomische Interpretation ökologischer Schäden. Dieser ökonomischen Interpretation würden dann freilich keine *per se* ökologischen Bestimmungskriterien zu Grunde liegen, sondern die subjektiven Schadenseinschätzungen der betroffenen Wirtschaftssubjekte.

2.3 Menschliche Verursachung von ökologischen Schäden?

In Beziehung zur allgemeineren Definition von „Umweltschaden" des SRU-Gutachtens wird ein anderer ökonomisch relevanter Aspekt der ökologischen Schäden deutlich. So werden Umweltschäden im Einleitungsteil des Gutachtens als Schäden bestimmt,

> die auf solchen menschlichen Eingriffen in die Umwelt beruhen, die zu nicht oder nur teilweise wieder gutzumachenden unerwünschten Umweltveränderungen führen (SRU 1987, Rn 19).

Diese Definition expliziert, dass Umweltschäden nach SRU nur durch menschliche Handlungen hervorgerufen werden können. Es liegt nahe, diese Einschränkung auch für die ökologischen Schäden anzunehmen, deren Definition im Abschnitt über Grenzwerte aus Sicht der Ökotoxikologie erfolgt.[1] Ob ökologische Schäden definitorisch auf Ergebnisse menschlicher Handlungen zurückgehen müssen, war eine auf der Jahrestagung 2003 des GfÖ-Arbeitskreises „Theorie in der Ökologie“ intensiv diskutierte Frage (siehe Potthast in diesem Band). Dieser Punkt ist auch ökonomisch von großer Wichtigkeit, da ökologische Schäden negative externe Effekte auslösen können. Externe Effekte sind Folgen von Produktions- oder Konsumaktivitäten, die andere Wirtschaftssubjekte betreffen, ohne dass die Verursacherinnen der Effekte die daraus resultierenden Vor- und Nachteile bei ihren ökonomischen Entscheidungen berücksichtigen (Mishan 1971, 8). Für negative externe Effekte bedeutet dies in der Regel, dass die Verursacherin sich die Vorteile aneignet (beispielsweise den Gewinn aus „rücksichtslosen“ Produktionsaktivitäten), während sie die Nachteile, die etwa in Form von Landschaftsverbrauch oder Umweltverschmutzung andere Wirtschaftssubjekte in ihrer Versorgung mit öffentlichen Umweltgütern einschränken, in ihren Produktionsentscheidungen nicht berücksichtigt.

Aus ökonomischer Sicht gibt es jedoch keinen Grund, den Begriff des ökologischen Schadens oder des Umweltschadens *a priori* auf anthropogene Ursachen zu beschränken. Auch ein Erdbeben verursacht „Schäden“. Zu unterscheiden ist dann natürlich zwischen solchen Schäden, die zumindest mittelbar auf menschliche Handlungen oder Unterlassungen zurück gehen (z.B. „Pfusch am Bau“) und solchen Schäden, für die es keine Hinweise darauf gibt, dass sie direkt oder indirekt von Menschen verursacht wurden oder werden könnten.

2.4 Hintergrund II: Der Tauschwert

Wenn sich eine Situation einstellt, in der mein Streben, Wünschen oder Bedürfnis nach einem Gut sich erfüllt, stellt sich in der Regel ein Gefühl der ästhetischen, spirituellen, intellektuellen oder körperlichen Befriedigung, ein Glücksmoment, eine positive Gemütstönung ein. Diese menschliche Grunderfahrung ist einer der wirksamsten Antriebe für menschliches Handeln. Sie findet ihren ethischen Niederschlag im Utilitarismus sowie einer Reihe weiterer ethischer Ansätze (z.B. Hedonismus, Eudaimonismus).

Die sehr unterschiedlichen Qualitäten, die die positiven Einzelerfahrungen haben, bereiten der neoklassischen Wirtschaftstheorie ein konzeptionelles Problem. Unter Hinweis auf den privilegierten Zugang zu den eigenen Glückserfahrungen kann ein (Wirtschafts-)Subjekt auf der Unvergleichbarkeit dieser unterschiedlichen Erfahrungen bestehen. Beispielsweise könnte das Wirtschaftssubjekt behaupten, die körperlich spürbare Befriedigung, die vom Genuss eines guten Bechers Kaffee ausgeht, sei von völlig anderer Art als die moralische Befriedigung, etwa mit dem Kauf von Kaffee aus fairem Handel einen – wenn auch sehr kleinen – Beitrag zur Verbesserung der Lebensverhältnisse in Südamerika geleistet zu haben. In ähnlicher Weise argumentieren viele Menschen, die ihre Trauer oder ihre ethischen Verpflichtungsgefühle gegenüber der (Nicht-) Erhaltung der globalen Artenvielfalt als *nicht verrechenbar* mit etwaigen geldwerten Vorteilen im Zuge wirtschaftlicher Entwicklung bezeichnen. In der vorherrschenden Wirtschaftstheorie wird dieses Problem axiomatisch „gelöst“: Es wird eine technische Definition von *Nutzen* (engl. *utility*) als Maß der Bedürfnisbefriedigung in Folge der Erlangung eines Guts eingeführt. Von den spezifischen Qualitäten der Bedürfnisbefriedigung oder der sonstigen

1 Ökotoxikologie ist die Disziplin, die sich mit den Wirkungen von Umweltchemikalien befasst – wobei letztere in Abhebung von Umweltschadstoffen nur jene Stoffe umfassen, „die durch menschliche Aktivitäten – beabsichtigt oder unbeabsichtigt – in die Umwelt gelangen“ (SRU 1987, Rn 1614, Rn 1684).

positiven Gemütstönungen wird bei der Definition des Nutzens bewusst abgesehen. Technisch gesprochen wird der Nutzen damit eindimensional gedacht. Dies ist kein phänomenologisch evidentes Vorgehen. Im obigen Beispiel hatten wir es beispielsweise mit einem mindestens zwei-dimensionalen Nutzenmaßstab zu tun, der aus einer „Genuss-" und einer „Pflicht-" Dimension besteht.

In der Praxis der Wirtschaftslehre wird das Problem dadurch umgangen, dass explizite Annahmen über das Verhalten der Konsumentinnen getroffen werden, die einen eindimensionalen Nutzenbegriff erzwingen (z.B. Marggraf & Streb 1997, 43 ff.). Es ist offensichtlich, dass an dieser Stelle ein Übergang stattfindet von der phänomenologischen Beschreibung der Basis ökonomischen Verhaltens zu dessen voraussetzungsvoller Modellierung. Auch innerhalb der Wirtschaftswissenschaften regt sich Widerstand gegen die „exzessive" Kargheit einer ökonomischen Modellbildung mit nur einer Nutzendimension. Eine zwei-dimensionale Nutzenkonzeption, die eine „pleasure" und eine „morality" Dimension unterscheidet, entwickelte beispielsweise A. Etzioni (1987) in explizit kritischer Haltung gegenüber der Neoklassik.[2] Ohne die Möglichkeit einer weitgehenden intersubjektiven Objektivierung des Nutzenbegriffs kann die „eindimensionale" Form der ökonomischen Modellbildung nur als formale Übung mit unklarem Realitätsbezug bezeichnet werden.

Über das Phänomen der Tauschbereitschaft gibt es jedoch einen Zugang zum Nutzen als eindimensionalem ökonomischem Vergleichsmaßstab, der intersubjektiver Objektivierung zugänglich ist. Das Erfordernis, Entscheidungen über die Beschaffung und/oder Nutzung von Güter treffen zu müssen, ist eine unmittelbare Folge der Knappheit der meisten Güter.[3] Diese Entscheidungen lassen sich intersubjektiv an ihren Verhaltenskonsequenzen erkennen, meist in Form von Tauschhandlungen. Der Kauf von Marktgütern ist dabei ein Tausch gegen Geld. Da Geld das knappe, universelle Tauschmedium für Marktgüter ist, entscheide ich mich mit dem Kauf eines Gutes implizit gegen die Erlangung anderer Marktgüter. Das objektivierbare Phänomen des Entscheidungsverhaltens in Bezug auf den Tausch knapper Güter kann nun als alternativer Ausgangspunkt für den Aufbau ökonomischer Begriffs- und Modellbildung genutzt werden. Durch die Beobachtung wiederholten, übereinstimmenden Tauschverhaltens, bei welchem ein Gut im Vergleich zu einem anderen bevorzugt wird, lässt sich auf stabile kognitive Strukturen schließen, die als Güter*präferenzen* bezeichnet werden. Diese Nutzen- und Präferenzkonzeption geht historisch im Wesentlichen auf eine Arbeit von Hicks & Allen (1934) zurück.[4]

Auf den problematischen Nutzenbegriff kann im Rahmen der beschriebenen Konstruktion eigentlich verzichtet werden, da keine Spekulationen über den psychologischen Grund der Präfe-

2 Wir danken einem der anonymen Reviewer für den Hinweis auf Etzioni.

3 Die Knappheit ist auf der Ebene der mikro-ökonomischen Axiome fundamental in die neoklassische Theorie integriert: Mit der Annahme streng positiver erster Ableitungen der Nutzenfunktion wird vorausgesetzt, dass die Konsumentin von jedem Gut, das sie konsumiert, mehr konsumieren möchte, freilich mit abnehmendem Grenznutzen (Marggraf & Streb 1997, 45-46).

4 Die Arbeit leitete die sogenannte „Ordinalistische Revolution" in der Ökonomik ein. Mit dieser wurde ein spekulativ-psychologisches Nutzenkonzept der 1870er Jahre abgelöst. Jenes ging ebenfalls von einer Nutzendimension aus, hielt den Nutzen jedoch für kardinal messbar – und damit sowohl für infra-personell als auch interpersonell vergleichbar. Die Messung sollte jedoch trotz Jahrzehnte langer Bemühungen nicht gelingen. Im *ordinalistischen* Paradigma nach Hicks & Allen (1934) brauchen die Wirtschaftssubjekte nur in der Lage sein, Güterbündel zu ordnen.

renzen angestellt werden. Freilich stellt die Modellierung Minimalanforderungen an die Unterscheidbarkeit und eindeutige Vergleichbarkeit von Güterbündeln, an die interne Konsistenz der Präferenzen (Gültigkeit des Transitivitätsgesetzes) sowie an das Tauschverhalten der Wirtschaftssubjekte. Insbesondere wird vorausgesetzt, dass die Wirtschaftssubjekte versuchen, ihre Güterversorgung entsprechend ihrer Präferenzen durch Tausch zu verbessern. Weder handeln sie regellos noch versuchen sie, sich zu schaden (siehe auch Fn. 3).

Theorie und Modellbildung lassen sich – bei Hinnahme einer einzuräumenden Phänomenferne – also ohne Rückgriff auf ein phänomenologisches Nutzenkonzept bilden. Die verschiedenen Niveaus gleich guter (*„Tausch-indifferenter“*) Güterversorgung werden von Ökonominnen meist weiterhin als „Nutzenniveaus“ bezeichnet. Was eine gleich gute Güterversorgung, etwa im Hinblick auf ein Markt- und ein Umweltgut ist, bemisst sich jedoch im Rahmen der vorherrschenden mikro-ökonomischen Theorie *ausschließlich* durch den Bezug auf die beobachteten oder erschlossenen Tauschbereitschaften bzw. den daraus konstruierten Güterpräferenzen.[5]

Ausschließlich über Tauschprozesse auf den „Nutzen“ der Wirtschaftssubjekte zuzugreifen, verliert einen Teil der unmittelbaren Anschaulichkeit, die in einem phänomenologischen Nutzenkonzept gegeben ist. Allerdings ist das Problem, das sich einem Wirtschaftssubjekt stellt, wenn es den „Nutzen“ von sehr unterschiedlichen Gütern vergleichen soll, weitgehend gelöst („infraindividueller Nutzenvergleich“): Denn sobald tatsächliches (Tausch-) Handeln beobachtet werden kann, kann ein Präferenzmodell konstruiert werden, das auf dem Resultat der faktisch stattgefundenen Entscheidungen des Wirtschaftssubjekts über die Bevorzugung von Güteralternativen beruht. Ein generelles Verdikt, dass derartiges Entscheidungshandeln Minimalanforderungen an eine ökonomische Rationalität vermissen lässt, erscheint wenig überzeugend.[6]

Aus einer ökonomischen Modellbildung, die fundamental vom Tausch ausgeht, folgt weiterhin die Definition des ökonomischen *Wertes*. Der ökonomische (Tausch-) Wert eines Gutes hängt gemäß der ökonomischen Standardannahmen von der Struktur der Güterversorgung vor dem Tausch ab. Aufgrund der Abhängigkeit von der Ausgangssituation wird auch vom *marginalen Wert* eines Gutes gesprochen. Der marginale ökonomische Wert eines Gutes wird als dessen Austauschverhältnis für andere Güter definiert. Ist ein Wirtschaftssubjekt beispielsweise angesichts der momentanen Struktur seiner Güterversorgung bereit, eine Einheit eines bestimmten Marktguts gegen drei Einheiten eines bestimmten ökologischen Gutes einzutauschen, so hat das ökologische Gut den Wert von drei Einheiten des Marktguts. Unter Annahme von weite-

5 Einzuräumen ist, dass auch die empirische Beobachtung von Tausch- oder Entscheidungshandeln nicht vollständig auf „lebensweltliche“ Anleihen an ein phänomenologisches Nutzenkonzept verzichten kann. Sagoff (2003) wies etwa kürzlich darauf hin, dass die Konstruktion der Präferenzen ihrerseits auf einer Konstruktion der Entscheidungssituation aufbaut. In diese Konstruktion fließen notwendig *Annahmen* über die subjektive Wahrnehmung der Wahl- und Entscheidungsmöglichkeiten des beobachteten Individuums ein. Wie die Konstruktion unter diesen Bedingungen systematisch gelingen kann, ist nur begreiflich zu machen, wenn wir der beobachtenden Mikroökonomin Vorwahrnehmungen von Präferenzen oder von phänomenologischen Nutzendimensionen zugestehen. Dennoch handelt es sich u.E. nicht um ein „Henne-Ei-Problem“ (Sagoff 2003, 596), da die Mikroökonomin ihr lebensweltliches Wissen für die Identifizierung der Wahlmöglichkeiten des Individuums nicht zu leugnen braucht. Zudem ist es beispielsweise in der ökonomischen Umweltbewertung Standardpraxis, qualitative Methoden der empirischen Sozialforschung (Focus Groups, Interviews, etc.) einzusetzen, um zu einer adäquaten (Re-)Konstruktion der Entscheidungssituation zu gelangen (z.B. Bateman et al. 2002, 151).

6 Ebenso wenig überzeugend ist freilich eine starke Rationalitätsunterstellung, die aus der modellhaften Konstruierbarkeit von Präferenzen auf eine im gesellschaftlichen Maßstab hinreichende Rationalität des Entscheidungsprozesses schließt.

ren Modellaxiomen[7] lässt sich mathematisch zeigen, dass dieser Wert in eindeutiger Weise in Geldeinheiten ausgedrückt werden kann, indem die Menge des eingetauschten Marktguts mit dessen Marktpreis multipliziert wird (Marggraf & Streb 1997, 54, 64).

Als Möglichkeit für das Wirtschaftssubjekt, Marktgüter zu kaufen, kann dessen Einkommen als Randbedingung in das ökonomische Modell eingeführt werden. Ebenso, wie die Modellsubjekte verschiedene Markt- und ökologische Güter tauschen, werden ihnen Präferenzen für Kombinationen aus Einkommen (= potenzielle Verfügbarkeit über Marktgüter) und Versorgung mit ökologischen (Nichtmarkt-)Gütern zugeschrieben. Die Menge jener Kombinationen, die das Modellsubjekt als gleichwertig ansieht, wird als Indifferenzmenge bezeichnet. Der geometrische Ort der Menge der Tausch-indifferenten Kombinationen ist die Tausch-Indifferenzkurve.

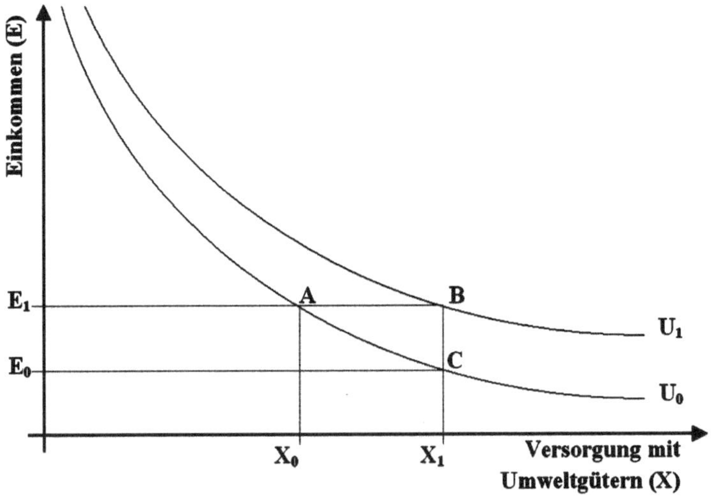

Abbildung 1: Tausch-Indifferenzkurven und mikro-ökonomische Bewertung von ökologischen Schäden. Tausch-Indifferenzkurve U_1 ist gegenüber U_0 vorzugswürdig; für die Erläuterung der Bewertung ökologischer Schäden siehe Text.

Während Unterschiede zwischen den phänomenologischen Nutzenniveaus[8] einer einzigen Person von den meisten Ökonominnen für nur ordinal messbar gehalten werden (Marggraf & Streb 1997, 52), bietet auch hier der Bezug auf Tauschbereitschaften zwischen verschiedenen Güter- bzw. Güter- und Einkommen-Kombinationen einen weitgehend akzeptierten Ausweg. Gehen wir im einfachsten Beispiel von zwei in Richtung der Einkommensachse parallelverschobenen

7 Es wird insbesondere postuliert, dass die Modell-Wirtschaftssubjekte ausgewogene Güterbündel extrem zusammengesetzten Güterbündeln vorziehen. In der phänomenologischen Betrachtung wird dies als Folge eines abnehmenden Grenznutzens der Güter erklärt. Die Umrechenbarkeit hängt mathematisch an der Bedingung, dass die Modell-Subjekte versuchen, ihre Güterversorgung zu optimieren.

8 In der Standard-Terminologie wird von Indifferenzkurven gesprochen, denen ein unterschiedliches Nutzenniveau zukommt (z.B. Marggraf & Streb 1997, 45 ff.). Wir weichen in diesem Text meist von der Standard-Terminologie ab, um den fundamentalen Charakter des Tauschs in der Modellbildung zu betonen.

Tausch-Indifferenzkurven aus, auf denen Einkommen-Umweltgut-Kombinationen aufgetragen sind (Abb. 1). Nehmen wir weiter an, eine Kombination C auf der unteren Indifferenzkurve U_0 würde als schlechter beurteilt als eine direkt darüber liegende Kombination B auf der oberen Indifferenzkurve U_1. Lässt sich der Abstand der beiden Kurven quantifizieren, obwohl nur vorausgesetzt wird, dass die Wirtschaftssubjekte beurteilen können, ob die jeweiligen Einkommen-Umweltgut-Kombinationen gleich gut, besser oder schlechter sind? Die Antwort ist „ja“: Der Abstand entspricht dem Einkommensunterschied ($E_1 - E_0$), der der Einkommenshöhe der Kombinationen C hinzu gefügt werden müsste, damit Kombination C in Kombination B übergeht. Da sich in unserem Beispiel B und C nicht in Bezug auf die Versorgung mit Umweltgütern unterscheiden (beide bei X_1), lässt sich der Einkommensunterschied direkt als Quantifizierung des Unterschieds zwischen den Niveaus der Versorgung mit Marktgütern und dem betrachteten Umweltgut interpretieren.

Die vorgestellte, subjektivistische Tauschwert-Theorie der Mikro-Ökonomik beruht auf einer bewussten Abstraktion und anschließenden Modellierung unter einschränkenden Randbedingungen. Wir bringen hier einen *methodischen* Wertsubjektivismus in Anschlag. Weder wird ein meta-ethischer Wertsubjektivismus vorausgesetzt – noch kann ein solcher aus der Methodik oder deren erfolgreicher Anwendung auf die Aufklärung des Preismechanismus auf Märkten o.ä. gefolgert werden (Walsh & Lynch 2003).

2.5 Ökologischer Schaden

Sowohl beim Tausch von Gütern als auch bei der Produktion von Gütern stehen dem angestrebten Erfolg in der Regel *Kosten* gegenüber. Kosten sind aus betriebswirtschaftlicher Sicht ein Aufwand, den ich prinzipiell freiwillig treffe, um ein angestrebtes Gut zu produzieren.[9] Tausche ich eine Einheit des Umweltguts gegen drei Einheiten des Marktguts, so bezeichnen diese drei Einheiten des Marktguts meine Kosten. Ein Schaden ist hingegen umgangssprachlich durch eine gewisse Unfreiwilligkeit gekennzeichnet. Auch juristisch werden Schäden als unfreiwillige Einbußen an Rechtsgütern bezeichnet, die eine Person aufgrund eines Ereignisses erleidet. An diese Bestimmungen schließt unser Vorschlag zur Definition ökologischer Schäden an:

Ein ökologischer Schaden ist eine unfreiwillige Einbuße der Versorgung mit ökologischen Gütern, die durch ein Ereignis hervorgerufen wird.

Als hervorrufende Ereignisse kommen sowohl Naturereignisse als auch die direkten oder indirekten Folgen menschlicher Handlungen in Frage.

Da viele ökologische Güter nicht auf normalen Märkten gegen Geld oder andere Marktgüter getauscht werden können, stößt die ökonomische Quantifizierung ökologischer Schäden auf Schwierigkeiten. Eine Möglichkeit, dieses Problem zu umgehen, wurde in den vergangenen vier Jahrzehnten mit der kontingenten Bewertungsmethode entwickelt. Dabei werden Bürgerinnen und Bürger im Rahmen sozialwissenschaftlicher Befragungen gebeten, sich einen hypothetischen Markt für das Umweltgut vorzustellen. Die Bereitschaft, für die Vermeidung eines ökologischen Schadens eine Zahlung zu leisten bzw. – wenn in bestehende Eigentumsrech-

9 Die Standard-Definition von betriebswirtschaftlichen Kosten lautet: Kosten sind „der in Geldeinheiten bewertete Verzehr von Produktionsfaktoren, der zur Erstellung und Verwertung der betriebl[ichen] Leistungen und zur Aufrechterhaltung der betriebl[ichen] Kapazitäten notwendig ist“ (Digel & Kwiatkowski 1987, 173).

te eingegriffen wird – Kompensationszahlungen für den Verlust zu akzeptieren, dient hier als Indikator für die Präferenzen für das geschädigte Umweltgut (Bräuer 2002, 101 ff.). Statt inter-individuelle Nutzenvergleiche durchführen zu müssen, die nach der vorherrschenden Meinung der Ökonominnen unmöglich sind, wird hier auf den Grundgedanken zurückgegriffen, dass die Modellsubjekte wissen, wann sie Tausch-indifferent zwischen verschiedenen Einkommen-Umweltgut-Kombinationen sind.

Das Prinzip der Bewertung ökologischer Schäden durch die kontingente Bewertung kann ebenfalls anhand von Abbildung 1 erläutert werden. Nehmen wir an, eine Person verfüge über das Einkommen E_0 und sei in Höhe des Niveaus X_1 mit Umweltgütern versorgt. Die Person befindet sich mithin bei Punkt C auf der Tausch-Indifferenzkurve U_0. Zur Bewertung stehe ein ökologischer Schaden, der die die Versorgung mit dem Umweltgut X_1 auf X_0 reduziert. Da die Punkte A und C auf der gleichen Tausch-Indifferenzkurve sind, sollte das Individuum voraussetzungsgemäß bereit sein, die Einkommen-Umweltgut-Kombinationen A und C freiwillig gegeneinander zu tauschen. Die minimale Kompensationsforderung des Individuums für den ökologischen Schaden liegt daher in Höhe eines Einkommensanstiegs von E_0 auf E_1. Ökonomisch ist damit $E_1 - E_0$ die in Geldeinheiten ausgedrückte Bewertung des ökologischen Schadens, den die Person im Rahmen ihrer Tauschbereitschaft und Tauschmöglichkeiten erleidet.[10]

3 Rationaler Umgang mit ökologischen Vorsorgeschäden

Die Leitfrage nach einem *rationalen Umgang* mit ökologischen Schäden können wir in diesem Beitrag nur selektiv diskutieren. Aus ökonomischer Sicht ist eine volkswirtschaftliche Kosten-Nutzen-Analyse (*cost-benefit analysis; CBA*) über verschiedene Handlungsoptionen anzufertigen (zur CBA siehe Hanley & Splash 1993, 45-50; Marggraf & Streb 1997, 101-113, sowie Bayer in diesem Band). Die klassische Aufgabenstellung, ein möglichst großes Wohlergehen einer möglichst großen Zahl an Betroffenen zu erreichen, wird dabei auf die Teilfrage begrenzt, ob und wie das Verhältnis zwischen Ressourceneinsatz und Ergebnis verbessert werden kann („allokative Effizienz"). Dies geschieht bei Einsatz der CBA, indem als Testkriterium für die Vorteilhaftigkeit des untersuchten Projekts das Kaldor-Hicks Kriterium der „potenziellen Pareto-Verbesserung" angewandt wird. Von einer Pareto-Verbesserung wird gesprochen, wenn mindestens ein Wirtschaftssubjekt besser gestellt wird, ohne dass andere Wirtschaftssubjekte Nachteile haben. Das Kaldor-Hicks Kriterium der *potenziellen* Pareto-Verbesserung untersucht hingegen, ob die Begünstigten des Projekts so viele Vorteile haben, dass sie die Benachteiligten entschädigen *könnten*. Die möglichen ökonomischen Verteilungswirkungen des Projekts werden in der Projektbewertung nicht berücksichtigt. Es wird üblicherweise angenommen, dass es Aufgabe „der Regierung" sei, als ungerecht empfundene Verteilungswirkungen auszugleichen. Die CBA lässt sich jedoch als Methode prinzipiell auch „verteilungssensitiv" anwenden. Zum Beispiel können die Kosten und Nutzen für die unter Verteilungswirkungen relevanten Betroffenengruppen gesondert berechnet werden.

Für die Anwendung der CBA auf Umweltgüter hat Pearce den *Total Economic Value* (TEV) entwickelt, da die älteren volkswirtschaftlichen Standardverfahren die Nutzenstiftungen von Natur und Umwelt nicht ausreichend erfassten (Pearce 1993, siehe auch WBGU 1999*a*, 54 ff.; Marg-

10 Bei $E_1 - E_0$ handelt es sich um nur eines verschiedener ähnlich aufgebauter Bewertungsmaße, nämlich der „kompensierenden Variation". Für eine differenziertere Betrachtung siehe Bayer in diesem Band.

graf & Streb 1997, 236 ff.; Bräuer 2002, 81 ff.). Im nachfolgenden Unterabschnitt erläutern wir den TEV, soweit es für das Verständnis ökologischer Vorsorgeschäden erforderlich ist. Deren Definition erfolgt dann in Unterabschnitt 3.2.

3.1 Total Economic Value und Optionswert

Der TEV-Ansatz beruht auf einer Klassifikation der verschiedenen Nutzenstiftungen von Natur und Umwelt, von denen dann Wertkategorien oder kurz „Werte" abstrahiert werden. Unterschieden werden Use Values und Non-Use Values (nutzungsabhängige und nicht-nutzungsabhängige Werte). Existenz- oder Vermächtniswerte sind typische nicht-nutzungsabhängige Werte. Die nutzungsabhängigen Werte lassen sich in Direct Use Values (z.B. Wert einer Fläche für landwirtschaftliche Produktion) und Indirect Use Values (ökologische „Funktionswerte", z.B. Wert einer Fläche für den Erosionsschutz oder die Klimaregulation) aufteilen.

Eine besondere Stellung innerhalb des TEV nehmen die Option Values (Optionswerte) ein. Wir stellen die Optionswerte etwas ausführlicher dar, weil die ökologischen Vorsorgeschäden als Beeinträchtigungen von Optionswerten verstanden werden können. Die Optionswerte sind die Wertkategorie für die heute wahrgenommenen Vorteile unsicherer zukünftiger Aspekte der Güterversorgung (klassisch: unsicherer zukünftiger Nutzenstiftungen). Diese zukünftigen Nutzenstiftungen können ihrerseits aus allen anderen Wertkategorien stammen, wenngleich oft das Offenhalten von direkten Ressourcennutzungen im Vordergrund steht (WBGU 1999*a*, 58). Bei genauerer Betrachtung lässt sich erkennen, dass eine Reihe der ökologischen Funktionswerte eine starke „eingebaute" Optionswert-Komponente besitzt. Die Vorteile des Erosionsschutzes oder der Regulation des Wasserhaushalts betreffen beispielsweise stets eine unmittelbar wirksame, „sofortige" Komponente und eine Komponente, die sich auf unsichere zukünftige Ereignisse bezieht. Im Beispiel des Erosionsschutzes besteht die sofortige Komponente in der Verminderung der mit an Sicherheit grenzender Wahrscheinlichkeit eintretenden schleichenden Erosion durch alltägliche Witterungsereignisse. Im Hinblick auf die Regulation des Wasserhaushalts ist etwa die „normale" Grundwasserentstehung zu nennen. Darüber hinaus muss jedoch mit extremen Witterungsereignissen gerechnet werden, deren Eintreten weder nach Schwere noch nach Zeitpunkt sicher vorausgesagt werden kann. Ökologische Regulationsdienstleistungen führen zu einer Verminderung der unsicheren, unerwünschten Folgen dieser Witterungsereignisse (schwere Erosion, Überflutungen). Ähnliche Optionswerte dürften bei allen ökologischen Regulationsfunktionen anzutreffen sein.

Aus phänomenologischer Sicht auf die Bedeutung der Regulationsfunktionen ökologischer Systeme für menschliches Produzieren und Konsumieren erscheinen die Regulationsdienstleistungen als knappe (weil gefährdete) ökologische Güter. Auch die *Sicherstellung* der Regulationsdienstleistungen ist ein ökologisches Gut (s.u.). All diese ökologischen Güter können Schaden nehmen. Der TEV-Ansatz fordert implizit dazu auf, ökologische Schäden in *allen* Wertkategorien zu analysieren und in die ökonomische Projektbewertung und Entscheidungsvorbereitung – d.h. in Kosten-Nutzen-Analysen – einzubeziehen.

3.2 Ökologische Vorsorgeschäden

Neben den vorstehend genannten Optionswerten ist ein weiterer Fall zu betrachten. Die Zustände, Strukturen und Prozesse ökologischer Systeme können nämlich auch im Hinblick darauf wertgeschätzt werden, dass sie Funktionswerte oder andere essenzielle Werte *sichern*. Dieser Aspekt zerfällt seinerseits in eine bereits heute gut bestimmbare Komponente und eine weitgehend unbestimmbare Komponente. Der Beitrag einer unverbauten Auenfläche zur Sicherung der Schutzfunktion vor Hochwasser lässt sich beispielsweise so gut bestimmen, dass hier Sicherung und direkte Förderung des Funktionswerts nahezu zusammenfallen. Dies ist jedoch bei weitem nicht immer der Fall. So widmet sich der Wissenschaftliche Beirat der Bundesregierung Globale Umweltveränderungen (WBGU 1999*b*) ausführlich Strategien zum Umgang mit unsicheren, kaum bestimmbaren Gefährdungen der Funktionswerte der Biosphäre. Eine wichtige Handlungsebene ist dabei nicht nur der Schutz der globalen Regulationsdienstleistungen, sondern deren Berücksichtigung auf der regionalen Ebene des nachhaltigen Landschaftsmanagements (Barkmann et al. 2001; Baumann et al. 2002). Auf dieser unbestimmten Komponente baut der ökologische Vorsorgeschaden auf.

Aus ökonomischem Blickwinkel üben Vorsorgestrategien vor unsicheren oder unbekannten zukünftigen Gefährdungen eine Versicherungswirkung aus. Beispielsweise wird der Erhaltung der biologischen Diversität eine Versicherungswirkung im Hinblick auf die Stabilität ökologischer Systeme zugesprochen (z.B. Perrings et al. 1995; Dasgupta et al. 2000; Barkmann & Marggraf 2002). Eine Tauschbereitschaft für die *Sicherung* der Funktionswerte der ökologischen Systeme kann daher als Bereitschaft zur Zahlung einer *Vorsorgeprämie* verstanden werden. Wir hypothetisieren, dass eine solche Tauschbereitschaft empirisch nachweisbar sein sollte, sofern überhaupt eine risikoaverse Einstellung zum Umgang mit den regionalen und globalen Life-Support Systems entsprechend der Minimalforderungen des Brundtland-Reports vorliegt (WCED 1987, 46):

> At minimum, sustainable development must not endanger the natural systems that support life on Earth.

Im Sinne eines regionalen Risikomanagements geht es darum, einen großen aber unsicheren Schaden (z.B. ein katastrophales Erosions- oder Hochwasser-Ereignis) durch Aufwendung eines kleinen – aber sicher zu zahlenden – Kostenbeitrags zu vermeiden. Dieser Kostenbeitrag kann im gesellschaftlichen Verzicht auf zusätzliche Produktionsmöglichkeiten bestehen, die die Versorgung der Bevölkerung mit Marktgütern verbessern würden.

Es ist aus der in diesem Beitrag vertretenen Sicht unerheblich, ob die Tauschbereitschaft zur Zahlung einer Versicherungsprämie auf egoistischen Eigennutzerwägungen oder auf ethischer Verpflichtung gegenüber zukünftigen Generationen beruht. Liegt die Tauschbereitschaft vor, kann ein niedrigerer Grad der Sicherung der ökosystemaren Regulationsfunktionen als eine Beeinträchtigung der Versorgung mit ökologischen Gütern aufgefasst werden. Führen natürliche oder anthropogen verursachte „Ereignisse“ zu einer Beeinträchtigung der Fähigkeit der ökologischen Systeme, die Funktionswerte zu sichern, so handelt es sich gemäß der hier vorgeschlagenen Terminologie um einen ökologischen Schaden. Die Einbuße tritt bereits ein, ohne dass der primäre Schadensfall (Ausfall der Regulationsdienstleistung) ausgelöst würde. Es reicht, wenn das Ereignis – beispielweise die Abholzung eines Waldstücks oder die Asphaltierung von Grünland – die Sicherungsfunktionen der ökologischen Systeme beeinträchtigt. Hiervon ist immer dann auszugehen, wenn die thermodynamisch verstandene Selbstorganisationsfähigkeit der betroffenen ökologischen Systeme eingeschränkt wird (Kutsch et al. 2001; Barkmann et al. 2001).[11]

Wenn wir es als eine wichtige Aufgabe des nachhaltigen Landschaftsmanagement ansehen, die Regulationsfunktionen in einem umfassenden Sinne zu sichern, muss eine unerwünschte und vermeidbare Beeinträchtigung dieser Sicherung als ein ökologischer Schaden durch Vernachlässigung des Vorsorgeprinzips im Landschaftsmanagement bezeichnet werden. Ein rationaler Umgang mit ökologischen Schäden im Sinne des Total Economic Value sollte die Vorsorgeschäden als ein Spezialfall in der konzeptionellen Nähe des Optionswerts berücksichtigen und in Kosten-Nutzen-Analysen mit einbeziehen.

3.3 Potenzielle Einwände gegen den ökologischen Vorsorgeschaden

An dieser Stelle sollen zwei ähnlich gelagerte, potenzielle Einwände gegen die ökonomische Bewertung von ökologischen Schäden anhand Funktionswerten diskutiert werden. Der WBGU (1999*a*, 72 ff.; Tabelle 3) schlägt vor, Funktionswerte nicht nach Maßgabe der kompensatorischen Mechanismen der Kosten-Nutzen-Analyse zu beurteilen. Die Kosten-Nutzen-Analyse ist insofern ein kompensatorisches Verfahren, als Vorteile in einer Wertekategorie gegen Nachteile in einer anderen Kategorie verrechnet werden. Wegen ihrer überragenden – insbesondere anhand der Kriterien Essenzialität und Irreversibilität ermittelten – Bedeutung komme den Funktionswerten der Status von „kategorischen" Werten zu.

In ähnlicher Weise argumentiert Turner (Turner & Pearce 1993; Turner 1999), dass der TEV den „wahren Wert" ökologischer Systeme unterschätze (Turner 1999, 34 ff.). Plädiert wird für einen „Total *Environmental* Value", der sich in nicht-additiver Weise aus Primärwert (*primary value*), TEV und einem Quasi-Optionswert[12] zusammen setzt. Der Primärwert wird für nicht quantifizierbar gehalten. Daher setzt sich Turner (ebenso wie Hampicke 1991, 100; 1992, 310) für die Nutzung des Safe Minimum Standard (SMS; Ciriacy-Wantrup 1963) als nicht kompensatorische Entscheidungsregel ein. Der SMS ist dabei einzuhalten "*unless the social costs of doing so are unacceptably large*" (Bishop 1978, 10).

Wir stimmen Ciriantry-Wantrups Intention zu, dass der Vermeidung der Übernutzung natürlicher Ressourcen im Vergleich zur Nutzungsoptimierung größere Bedeutung zugemessen werden sollte (vgl. Zitat in Hampicke 1992, 308):

> The objectives of environmental policy can often be compared to the objectives of an insurance policy against serious losses that resist quantitative measurement. ... The emphasis of this approach is on avoiding overuse rather than on overarching optimal use.

---

11 Diese Einschränkungen können wenig bedeutsamer, vorübergehender Natur sein. Selbstorganisationsindikatoren zum Beispiel, die die Nutzung der Sonnenenergie zum Aufbau von Biomasse repräsentieren, haben in Mitteleuropa im Winter sehr niedrige Werte. Im Hinblick auf das Schutzziel einer langfristigen Sicherung der Ökosystemfunktionen sind diese jahreszeitlichen Schwankungen unbedeutsam. Es ist daher eher sinnvoll, für derartige Indikatoren Jahressummen anzugeben. Zu Einzelheiten zu möglichen Indikationsstrategien siehe Barkmann et al. (2001).

12 Quasi-Optionswerte ergeben sich aus der Tatsache, dass es irreversible Umweltveränderungen gibt, über deren Bedeutung noch keine ausreichenden Abschätzungen vorgenommen werden können. Die zeitliche Verschiebung der Realisation einer Handlung, die solche Irreversibilitäten verursacht, bedeutet einen Verzicht auf sofortige Vorteile zu Gunsten einer besser informierten späteren Handlung. Eingeführt wurde der Quasi-Optionswert von Arrow & Fisher (1974).

Dies gilt insbesondere im Hinblick auf ökologische Katastrophenrisiken, die sich aus einer Gefährdung des Funktionswertes ergeben (Marggraf & Barkmann 2003). Weder aus dieser Haltung noch aus den oben diskutierten Kritikpunkten folgt jedoch, dass Primärwert und Funktionswert in keiner Form in Kosten-Nutzen-Analysen nach Muster des TEV einfließen könnten oder sollten. Im Folgenden werden wir fragen, (1) ob die vorgeschlagenen nicht-kompensatorischen Strategien für den Umgang mit potenziell katastrophalen ökologischen Schäden tatsächlich anwendbar sind, und (2) in welcher systematischen Beziehung eine Strategie zur Vermeidung von ökologischen Vorsorgeschäden zum Primärwert steht.

Ad 1) Sowohl das SMS-Konzept als auch der Schutz der Funktionswerte nach WBGU stoßen auf bislang nicht überwindbare Anwendungsschwierigkeiten. An erster Stelle steht der nicht erbrachte Beweis, dass sich ökosystemare Schwellenwerte identifizieren lassen, die hinreichend verlässlich die Lage der „Safe Minimum Standards" oder ähnlicher kategorisch einzuhaltender Grenzen über Einzelfälle hinaus angeben könnten. Einige der daraus folgenden Anwendungsschwierigkeiten werden im WBGU-Gutachten angesprochen: Das kategorische Entscheidungsprinzip für Funktionswerte muss nämlich nur auf der „globale Ebene" strikt angewendet werden, wo die Funktionswerte Einflüsse auf die weltumspannenden ökosystemaren Kreisläufe repräsentieren (WBGU 1999*a*, 74). Auf der regionalen Ebene seien die Funktionswerte dagegen *„prinzipiell kompensationsfähig, aber nur dann, wenn schwerwiegende Gründe für einen solchen Eingriff sprechen"*. Weiter wird eingeräumt, dass sich eine eindeutige Entscheidungsregel nicht angeben lässt, wenn sicheren Vorteilen etwa in der Kategorie des nutzungsabhängigen Wertes nur marginale Verletzungen des Funktionswerts gegenüberstehen. Nach welcher Meta-Entscheidungsregel soll jedoch entschieden werden,

- wann eine Verletzung nur marginal ist,
- welche Eingriffe zu stark von der regionalen auf die globale Ebene ausstrahlen und
- welche Gründe (Kosten?) schwerwiegend genug sind?

Diese Probleme tauchen inhaltlich ähnlich beim SMS auf:

- Wie kann begründet werden, welche Umweltgüter dem SMS in welcher Qualität und Quantität unterliegen sollen?
- Welche – vielleicht nur spekulative – Gefährdung des SMS ist gerade noch hinzunehmen?
- Woran bemisst sich (im Vergleich zur Schwere der Verletzung des SMS?) die Höhe der nicht akzeptablen Kosten?

Unseres Erachtens ist eine Klärung dieser offensichtlich normativen Fragen nur im Zusammenspiel des besten ökologischen Wissens mit einem umfangreichen gesellschaftlichen Diskurs über die Frage zu erreichen: „Welches Schutzniveau wollen wir/oder müssen wir angesichts welcher Kosten anstreben?"[13] Es ist schwer zu sehen, wie die auf der Anwendungsebene auftretenden *quantitativen* Fragen angemessener Risikoschutzstrategien *allein* mit *kategorischen* Argumenten sollten gelöst werden können. Selbst wenn das Ziel akzeptiert wird, im ursprünglichen Sinne Ciriacy-Wantrups (1963) der Vermeidung einer Übernutzung vor der Nutzungsoptimierung Priorität einzuräumen, stellt sich nun ein komplexeres Optimierungsproblem der zwei Zieldimensionen „Vermeidung von Übernutzung" und „Nutzung".

13 Da es sich um eine Frage der inter-generationellen Verteilungsgerechtigkeit in Bezug auf Möglichkeiten handelt, menschliche (Grund-)Bedürfnisse zu decken, müssen auch Kosten für die jeweilige Generation der Gegenwart abgeschätzt werden (vgl. beispielsweise Hampicke 1992, 313, Abb. 63).

Trotz erheblicher, derzeit vollkommen ungelöster Anwendungsprobleme, ist es nicht ausgeschlossen, zu einer systematischen Entscheidungsfindung im Hinblick auf kategorische Vorsorgestandards auf globaler und regionaler Ebene zu kommen. Es ist jedoch nicht zu erwarten, dass dies ohne eine optimierende Betrachtung der Vorteile und Nachteile verschiedener Regelungsalternativen erfolgt.

Ad 2) In welcher systematischen Beziehung steht eine Strategie zur Vermeidung von ökologischen Vorsorgeschäden zum Schutz des Primärwerts durch einen SMS? Führen wir uns nochmals vor Augen, dass kein Konsens über einen SMS für Regulationsfunktionen besteht und außerdem, dass die langfristigen Folgen von Entwicklungsprojekten auf die Regulationsfunktionen nur sehr ausschnitthaft abgeschätzt werden können. Hieraus folgt, dass vor Realisierung eines Entwicklungsvorhabens keine sichere Aussage gemacht werden kann, ob das Entwicklungsprojekt so stark in die ökologischen Systeme eingreift, dass die Regulationsfunktionen oder andere essenzielle Ökosystem-Dienstleistungen („Primärwerte") nicht mehr erbracht werden können. Einigermaßen sicher kann nur davon ausgegangen werden, dass sich mit zunehmenden Eingriffen die ökologischen Regulations- und Selbstorganisations*potenziale* verringern. Ein Anhaltspunkt für eine solche Verringerung wäre in einer erwarteten Verringerung der thermodynamisch verstandenen Selbstorganisationsfähigkeit der betroffenen ökologischen Systeme zu erkennen. Eine derartige Abnahme der Selbstorganisationsfähigkeit hatten wir mit einem ökologischen Vorsorgeschaden identifiziert (siehe Abschnitt 3.2).

Wir können daher folgern: Nicht abschätzbare menschliche Eingriffe in die Regulationsfunktionen oder deren ökosystemare Bedingungsfaktoren vermindern nicht automatisch den Primärwert, sondern „nur" die heute wahrgenommenen Vorteile einer gesicherten, zukünftigen Versorgung mit Primärwerten. Ökologische Vorsorgeschäden können daher auch verstanden werden als Verminderungen eines *Optionswerts auf die Sicherung des Primärwerts.*

Auch diese Einbuße der Versicherungsfunktion nach dem Muster der SMS oder der WBGU-Argumentation für nicht kompensationsfähig (oder optimierungswürdig) zu erklären, mündet leicht in äußerst restriktive Vorgaben für die Naturnutzung – oder in massive Anwendungsschwierigkeiten (siehe oben). Es wäre wenig zielführend, vorhandene Tauschbereitschaften für die Vermeidung von schwerwiegenden ökologischen Risiken nicht in Kosten-Nutzen-Analysen einfließen zu lassen. Ihre Berücksichtigung „verteuert" wohlfahrtsökonomisch solche Projekte, die die Selbstorganisationsfähigkeit der Biosphäre einschränken. Die Nicht-Berücksichtigung der Tauschbereitschaften würde die faktische ökonomische Unterbewertung langfristiger Risikovorsorge perpetuieren.[14]

---

14 Da die ökologischen Vorsorgeschäden bislang nicht in Kosten-Nutzen-Analysen einfließen, würde jede empirisch nachweisbare Tauschbereitschaft zu Gunsten einer langfristigen Vorsorge vor schwer erkennbaren Risiken dazu führen, die Anforderungen an die wohlfahrtsökonomische Projektbewertung zu verschärfen. Sollte keine gesamtgesellschaftliche Tauschbereitschaft vorhanden sein, könnte dies darauf hindeuten, dass auch nach Realisierung des Projekts und trotz fortschreitender Einschränkung der Selbstorganisationsfähigkeit noch ausreichende biosphärische „Sicherheitsreserven" gesehen werden. In diesem Fall würde der ökologische Vorsorgeschaden mit dem Wert 0,- Geldeinheiten in die Kosten-Nutzen-Analyse eingehen. Ob entsprechende Tauschbereitschaften vorliegen, ist derzeit Gegenstand empirischer Untersuchungen (siehe Abschnitt 4).

4 Strategien gegen Vorsorgeschäden im nachhaltigen Landschaftsmanagement – Rückblick und Ausblick

Die Konzeption einer Strategie zur Vorsorge vor ökologischen Risiken angesichts fundamentaler ökologischer Ungewissheiten wurde 1999 erstmals öffentlich vorgestellt (Barkmann 2000). Seitdem konnte u.a. hinsichtlich der naturwissenschaftlichen Grundlagen des Ansatzes die Hürde internationaler Peer-Review genommen werden (Kutsch et al. 2001). Diese Grundlagen bestehen vor allem in der thermodynamisch verstandenen Selbstorganisationsfähigkeit ökologischer Systeme. Die quantitative Beschreibung der Selbstorganisationsmaße, auf denen eine Indikationsstrategie für die Risikovorsorge ruht, wurde konzeptionell vorbereitet und auf die Risikotypologie des WBGU bezogen (Barkmann 2001) sowie in Zusammenarbeit mit mehreren Kolleginnen und Kollegen des Ökologie-Zentrums Kiel auf unterschiedlichen Maßstabsebenen erprobt (Barkmann et al. 2001; Baumann et al. 2002). Die Bedeutung biologischer Information als Zielvariable für den Risikoschutz wurde durch Anschluss der Argumentation an die ökologische *Insurance Hypothesis* (Yachi & Loreau 1999) untermauert (Barkmann et al. 2001) und als ökonomisch interpretierbarer Versicherungswert analysiert (Barkmann & Marggraf 2002; Marggraf & Barkmann 2003). Mit diesem Beitrag zur Jahrestagung 2003 des Arbeitskreises „Theorie in der Ökologie" vertiefen wir die systematische Analyse einer ökologischen Risikovorsorge anhand einer Diskussion der ökonomischen Nachteile, die ihr Fehlen als Vorsorgeschaden im nachhaltigen Landschaftsmanagement mit sich bringt.

Eine Reihe von weiteren Fragestellungen, die dem Forschungsprogramm zur ökosystemaren Risikovorsorge angehören, sind bislang nicht oder nur eingeschränkt bearbeitet worden. Die erste Fragestellung betrifft die juristische Ausarbeitung der ökosystemaren Risikovorsorge. Lässt sich eine Schutzstrategie vor Risiken, die definitionsgemäß nicht erkennbar sind, überhaupt rechtlich normieren und in das geltende Umweltrecht integrieren? Diese Frage spricht die planungs- und verfassungsrechtlichen Grenzen an, die aktiven Strategien zur Vermeidung der ökologischen Vorsorgeschäden gezogen sind. Erste Analysen zeigen, dass das umweltrechtliche Vorsorgeprinzip ausreichend flexibel ist. Es dient jenseits der Gefahrenvorsorge der Offenhaltung von Handlungsoptionen (Bender et al. 1995, Rn 69). Das Vorsorgeprinzip zielt durch die Sicherung von Freiräumen sowie von Belastungsreserven auf einen „umfassenden Schutz und eine schonende Inanspruchnahme der natürlichen Lebensgrundlagen" (Kloepfer 1993, 71 f.). Ihre Grenze findet die Normierbarkeit von Vorsorgestrategien nicht bereits an der „Schwelle praktischer Vernunft", sondern erst am allgemeinen rechtsstaatlichen Übermaßverbot (Kloepfer 1993, 76 ff.). Das Raumplanungsrecht dürfte eher als das Naturschutzrecht geeignete juristische Ansatzpunkte für die Umsetzung einer flächendeckenden ökologischen Risikovorsorge bieten.

Ein zweites Desiderat ist die Durchführung historischer Studien, die *ex post* Einblicke in den Zusammenhang zwischen den erarbeiteten ökosystemaren Selbstorganisationsindikatoren und dem Eintreten ökologischer Katastrophen geben. Hinweise auf die Plausibilität der Annahme eines solchen Zusammenhanges ergeben sich aus der Beschreibung der Landschaftsentwicklung Mitteleuropas (Bork et al. 1998; Marggraf & Barkmann 2003): Die größten Überschwemmungs- und Erosionsereignisse des vergangenen Jahrtausends fallen in Mitteleuropa großflächig mit dem nacheiszeitlichen Waldminimum durch Abholzung im 14. Jahrhundert zusammen. Für mehrere Selbstorganisationsindikatoren sind für diese Zeit historische Tiefststände wahrscheinlich.

Schließlich stellt sich die empirisch offene Frage, ob bzw. in welcher Höhe tatsächliche Tauschbereitschaften für die Verbesserung der ökologischen Risikovorsorge bzw. für die Abwendung von Vorsorgeschäden bestehen. Diesem Problem wird derzeit in Forschungsarbeiten in Chile (Cerda et al. 2003), Indonesien (Barkmann et al. 2004) und Südniedersachsen nachgegangen. In allen drei Studien besteht das Ziel darin, unterschiedliche Wertkategorien biologischer Vielfalt jeweils im Hinblick auf ihre Relevanz im täglichen Leben und für regionale Planungsprozesse zu quantifizieren. Mit der ökonomischen Bewertungsmethode des Choice Experiments wird versucht, die Tauschbereitschaften zwischen Veränderungen der Höhe des verfügbaren Einkommens und ökologischen Biodiversitätsgütern einschließlich der ökologischen Risikovorsorge zu bestimmen[15]. Die Analyse der ungewöhnlich hohen Zahlungsbereitschaften der deutschen Bevölkerung für die Erhaltung der Hälfte der Arten in Entwicklungsländern, die im Laufe der nächsten zehn Jahre ansonsten aussterben würden (Menzel 2003), gibt Grund zur Hypothese, dass eine Tauschbereitschaft zur Vermeidung ökologischer Vorsorgeschäden tatsächlich besteht.

Danksagung Wir danken den Mitarbeiter(inne)n der Abteilung für Umwelt- und Ressourcenökonomik für die vielfältigen Anregungen, die diese Arbeit durch den Austausch innerhalb der Abteilung erfahren hat. Unser Dank gilt weiterhin den zwei anonymen Gutachter(inne)n, von deren freundlichen Hinweisen die Verständlichkeit und Stringenz des Textes deutlich profitiert hat.

5 Literatur

Arrow, Kenneth & Anthony C. Fisher 1974: Environmental preservation, uncertainty and irreversibility. Quarterly Journal of Economics, Jg. 88, 313-319.

Barkmann, Jan 2000: Eine Leitlinie für die Vorsorge vor unspezifischen ökologischen Gefährdungen. In: Kurt Jax (Hrsg.), Funktionsbegriff und Ungewissheit in der Ökologie. Beiträge zum Jahrestreffen des GfÖ-Arbeitskreises Theorie in der Ökologie, 10.-12. März 1999 in Blaubeuren. Theorie in der Ökologie 2, Peter Lang, Bern und Frankfurt, 139-152.

Barkmann, Jan 2001: Ökologische Integrität. In: Otto Fränzle, Felix Müller & Winfried Schröder (Hrsg.), Handbuch der Umweltwissenschaften. Bd. 1: Grundlagen und Anwendungen der Ökosystemforschung. ecomed, Landsberg/Lech, Kapitel VI-3.8.2.

Barkmann, Jan, Rainer Baumann, Ulrike Meyer, Felix Müller & Wilhelm Windhorst 2001: Ökologische Integrität – Risikovorsorge im nachhaltigen Landschaftsmanagement. Gaia, Jg. 10(2), 97-108.

Barkmann, Jan & Rainer Marggraf 2002: Biologische Information: Versicherungsschutz gegen ökologische Risiken. Georgia Augusta – Das Forschungsmagazin der Georg-August-Universität Göttingen, "Vielfalt des Lebens – Biodiversität", Heft 1/2002, 80-86.

15 Das Choice Experiment gehört wie die kontingente Bewertung zu den sogenannte Stated Preference-Methoden. Diese Methoden ermittelten Tausch-*Intentionen* anhand sozialwissenschaftlicher Befragungen. In mehreren Reliabilitätsstudien wurden die geäußerten Tauschbereitschaften mit tatsächlichem Tauschverhalten vergleichen. Selbst wenn starke Anreize für ein „strategisches" Antwortverhalten der Testpersonen gegeben wurden, betrug die Übereinstimmung zwischen der geäußerten und der beobachteten Zahlungsbereitschaft 60% (Mitchell & Carson 1989, 151). Für einen aktuellen Stand der Diskussion um Stated Preference-Methoden siehe Bateman & Willis (2001).

Barkmann, Jan, Klaus Glenk & Rainer Marggraf 2004: Biological diversity at the rainforest margin as an economic good. Poster Presentation, Annual Meeting 2004 of the Society for Tropical Ecology. Biodiversity, and dynamics in tropical ecosystems, February 18 - 20, 2004, University of Bayreuth.

Bateman, Ian J., Richard T. Carson, Brett Day, Michael Hanemann, Nick Hanley, Tannis Hett, Michael Lones-Lee, Graham Loomes, Susana Mourato, Ece Özdemiroglu, David W. Pearce, Robert Sugden & John Swanson 2002: Economic Valuation with Stated Preference Techniques – A manual. Edward Elgar, Chaltenham (UK).

Bateman, Ian J. & Kenneth G. Willis (eds.) 2001: Valuing Environmental Preferences – Theory and practice of the Contingent Valuation Method in the US, EU, and Developing Countries. Oxford University Press, Oxford (UK).

Baumann, Rainer, Jan Barkmann & Felix Müller 2002: Funktionalitätsindikatoren zur Beschreibung der Selbstorganisationsfähigkeit von Ökosystemen. In: Statistisches Bundesamt (Hrsg.) 2002, Makroindikatoren des Umweltzustandes. Beiträge zu den Umweltökonomischen Gesamtrechnungen, Bd. 10. Metzler-Poeschel, Stuttgart, 206-270.

Bayer, Stefan 2004: Possibilities and limitations of economically valuating ecological damages. In diesem Band, 77-93.

Bender, Bernd, Reinhard Sparwasser & Rüdiger Engel 1995: Umweltrecht – Grundzüge des öffentlichen Umweltschutzrechts. C.F. Müller, Heidelberg.

Birnbacher, Dieter 1995: Verantwortung für zukünftige Generationen. Reclam, Stuttgart.

Bishop, Richard C. 1978: Endangered species and uncertainty – The economics of a safe minimum standard. American Journal of Agricultural Economics, Jg. 57, 10-16.

Bork, Hans-Rudolf, Helga Bork, Claus Dalchow, Berno Faust, Hans-Peter Piorr & Peter Schatz 1998: Landschaftsentwicklung in Mitteleuropa. Klett-Perthes, Gotha/Stuttgart.

Bräuer, Ingo 2002: Artenschutz aus volkswirtschaftlicher Sicht – Die Nutzen-Kosten-Analyse als Entscheidungshilfe. Metropolis-Verlag, Marburg.

Cerda, Claudia, Sanja Fistric, Uta Berghöfer, Jan Barkmann, Kurt Jax, Rainer Marggraf, Francisca Massardo & Ricardo Rozzi 2003: BIOKONCHIL – Developing methodologies for integrating the natural, economic and social sciences. Poster presentation at the International Symposium „Sustainable use and conservation of biological diversity – A challenge for society“, 1 - 4 December 2003, Berlin.

Ciriacy-Wantrup, Siegfried von 1963: Resource conservation – Economics and policies. 2. Auflage, University of California Press, Berkeley/Los Angeles.

Etzioni, Amitai 1987: Toward a Kantian socio-economics. Review of Social Economy, Jg. 45(1), 37-47.

Dasgupta, Partha, Simon Levin & Jane Lubchenco 2000: Economic pathways to ecological sustainability. BioScience, Jg. 50(4), 339-345.

Digel, Werner & Gerhard Kwiatkowski 1987: Meyers Großes Taschenlexikon, Band 12. B.I. Taschenbuchverlag, Mannheim/Wien.

Gwartney, James D., Richard Stroup & J. R. Clark 1982: Essentials of economics. Academic Press, New York.

Hampicke, Ulrich 1991: Naturschutz-Ökonomie. Ulmer, Stuttgart.

Hampicke, Ulrich 1992: Ökonomische Ökonomie – Individuum und Natur in der Neoklassik. Natur in der ökonomischen Theorie 4, Westdeutscher Verlag, Opladen.

Heinrichsmeyer, Wilhelm, Oskar Gans & Ingo Evers 1993: Einführung in die Volkswirtschaftslehre. 10. Auflage, Ulmer, Stuttgart.

Hicks, John R. & Roy D. G. Allen 1934: A reconsideration of the theory of value. Economica Jg. 1, 54-76 und 196-219.

Höffe, Ottfried (Hrsg.) 1992: Einführung in die utilitaristische Ethik. Francke, Tübingen.

Kloepfer, Michael 1993: Handeln unter Unsicherheit im Umweltstaat. In: Carl Friedrich Gethmann & Michael Kloepfer (Hrsg.), Handeln unter Risiko im Umweltstaat. Springer, Berlin/Heidelberg.

Kutsch, Werner Leo, Wolf Steinborn, Matthias Herbst, Rainer Baumann, Jan Barkmann & Ludger Kappen 2001: Environmental Indication – A Field-test of an ecosystem approach to quantify biological self-organization. ECOSYSTEMS, Jg. 4(1), 49-66.

Marggraf, Rainer & Sabine Streb 1997: Ökonomische Bewertung der natürlichen Umwelt. Spektrum, Heidelberg/Berlin.

Marggraf, Rainer & Jan Barkmann 2003: Ökologischer Risikoschutz im ländlichen Raum – ein Anwendungsfall für die umweltökonomische Risikoanalyse? Beitrag zur 43. Jahrestagung der Gesellschaft für Wirtschafts- und Sozialwissenschaften des Landbaues e. V. (GEWISOLA), 29.9.-1.10.2003 in Hohenheim (http://www.uni-hohenheim.de/i410b/download/gewisola/papers/barkmann.pdf).

Menzel, Susanne 2003: Der Beitrag der Protection Motivation Theory für die Interpretation von Zahlungsbereitschaftsäußerungen zur Erhaltung biologischer Vielfalt. Umweltpsychologie, Jg. 7, 92-112.

Mishan, Ezra J. 1971: The postwar literature on externalities – An interpretative essay. The Journal of Economic Literature, Jg. 9, 1-28.

Mitchell, Robert C & Richard T. Carson 1989: Using surveys to value public goods – the contingent valuation method. Resources for the Future, Washington D.C.

Olsson, Michael & Dirk Piepenbrock 1998: Gabler Kompakt-Lexikon Umwelt- und Wirtschaftspolitik. 3. Auflage, Gabler, Wiesbaden.

Pearce, David W. 1993: Economic Values and the Natural World. Earthscan, London.

Perman, Roger, Yue Ma & James McGilvray 1998: Natural Resources & Environmental Economics. Longman, New York/London.

Perrings, Charles, Karl-Göran Mäler, Carl Folke, C. S. Holling & Bengt-Owe Jansson 1995: Unanswered questions. In: Perrings, Charles, Karl-Göran Mäler, Carl Folke, C. S. Holling & Bengt-Owe Jansson (Hrsg.), Biodiversity loss – Economic and ecological issues. Cambridge University Press, Cambridge (UK), 301-325.

Potthast, Thomas 2004: Ökologische Schäden – eine Synopse begrifflicher, methodologischer und ethischer Aspekte. In diesem Band, 189-209.

Sagoff, Mark 2003: On the relation between preference and choice. The Journal of Socio-Economics 31, 587-598.

SRU [Der Rat von Sachverständigen für Umweltfragen] 1987: Umweltgutachten 1987. Kohlhammer, Stuttgart/Mainz.

Turner, R. Kerry 1999: The place of economic values in environmental valuation. In: Ian J. Bateman & Kenneth G. Willis (Hrsg.), Valuing environmental preferences – Theory and practice of the Contingent Valuation Method in the US, EU, and Developing Countries. Oxford University Press, Oxford/New York, 18-41.

Turner, R. Kerry & David W. Pearce 1993: Sustainable economic development – Economic and ethical principles. In: Edward B. Barbier (Hrsg.), Economics and ecology. Chapman & Hall, London.

WBGU [Wissenschaftlicher Beirat der Bundesregierung Globale Umweltveränderungen] 1999*a*: Welt im Wandel – Umwelt und Ethik. Sondergutachten 1999. metropolis, Marburg.

WBGU [Wissenschaftlicher Beirat der Bundesregierung Globale Umweltveränderungen] 1999*b*: Welt im Wandel – Strategien zur Bewältigung globaler Umweltrisiken. Springer, Berlin.

WCED [World Commission on Environment and Development] 1987: Our common future. Oxford University Press, Oxford - New York.

Yachi, Shigeo & Michel Loreau 1999: Biodiversity and ecosystem productivity in a fluctuating environment – The insurance hypothesis. Proceedings of the National Academy of Sciences of the United States of America, Jg. 96, 1463-1468.

Possibilities and limitations of economically valuating ecological damages

Stefan Bayer

Department of Economics, especially Public Finance and Environmental Economics, University of Tuebingen, Melanchthonstr. 30, D - 72074 Tübingen
stefan.bayer@uni-tuebingen.de

Abstract

Economic theory is based upon individual preferences (methodological individualism): Ecological damages can only be evaluated (socially) when individual values in objective quantitative terms are available. However, in sharp contrast to marketable goods and services, ecological damages generally are pure public goods and, thus, market prices as a lower value bound do not exist. Therefore, we have to use alternative evaluation methods to get economic values of ecological damages. In this paper, we concentrate on four main points of the evaluation of ecological damages in economic models: Firstly, we show the general economic approach to obtain values of non-marketable goods and services on a micro-economic level. Afterwards, we discuss the assumptions and shortcomings of the (micro-)economic approach. Thirdly, we determine optimal social environmental levels from a macro-perspective which is followed by an analysis of the applicability of this approach, especially with respect to the damage cost function. Some summarizing remarks close the paper.

Keywords: Economic Evaluation, Valuation Methods, Limits of Economic Valuations, Microeconomic Approaches, Macroeconomic Approaches

Schlüsselwörter: Ökonomische Bewertung, Ökonomische Bewertungsverfahren, Grenzen der ökonomischen Bewertung, Mikroökonomische Ansätze, Makroökonomische Ansätze

1 Introductory Remarks

Analyzing ecological damages requires clear distinctions and definitions of its meaning within different research areas. From an economic point of view, we have to check in how far ecological damages can be analyzed within economic models. Generally, economic theory concentrates on (1) subjective well-being (micro-perspective) and (2) economy-wide welfare (macro-perspective). Thereby, economic theory assumes "super-rational" agents who act strictly according to well-known and stable preferences ("Homo Oeconomicus"). Whenever a net increase in subjective well-being or economic welfare is possible by acting in a specific way, this must be realized. Otherwise, not taking any action is a rational choice and the overall individual or social situation compared to the status-quo does not change. Environmental aspects have to be taken into account in almost all decisions. Generally, economic decisions decrease environmental quality, i.e. environmental damages have to be considered. This is economically beneficial as long as a net increase in social welfare exists, i.e. when the positive economic effects overcompensate the negative ecological ones. To compare economic and environmental impacts with respect to welfare, we have to ensure that ecological damages can be measured appropriately in economic equivalents. Thus, applying economic theory demands a numerical evaluation of the natural environment. In the US, for example, economic evaluation of environmental damages is stipulated e.g. in CERCLA (Comprehensive Environmental Response Compensation and Liability Act) and the Oil Pollution Act, where polluters have to compensate for the damages they cause in monetary terms. Thus, the application of these legislations demands comprehensive evaluations of damages.

To exactly define the meaning of "ecological damages" in the economic context we give two typical characterizations. (1) Damage assessment (Markandya et al. 2001, 54): "The damage caused by pollution can take many different forms. It may impact on human health, on crops or materials or on the natural environment more generally. The assessment of damages in monetary terms is becoming increasingly important, [...]. Damage assessment may be made through the impact pathway approach or through other methods such as the contingent valuation method, hedonic pricing and the travel cost method. The impact on health, crops and materials can be measured and a value attributed to the damage." Additionally, we want to define (2) costs of environmental damage (Markandya et al. 2001, 50): "The economic and social costs of environmental damage are usually divided into three broad categories: Health costs (health consequences of environmental damage – sickness, premature death, and so on); productivity costs (reduced productivity of natural resources and human-made capital, disruption of environmental services such as the natural cleansing of water or the yield from fisheries, spending more time on cleaning and maintaining houses and other buildings); and the loss of environmental quality, or amenity costs (a loss of biodiversity, a clear view, a pristine lake, a mature forest, clean and quiet neighbourhoods, and so on). The economic values of these costs can be estimated using valuation methods such as the contingent valuation method (CVM)." Once again, one can see that economists concentrate on measuring monetary values of ecological damages. This is due to the specific assumptions underlying economic models, where quantified monetary values have to be compared to each other. Just like all other goods and services, the environment has a specific value for human beings. Variations of the environmental quality increase or decrease individual utility levels. Therefore, ecological damages have to be translated into monetary terms which is mostly done by estimating (economic) costs of environmental damages. Thus, ecological damages must strictly be related to individual utility-levels. This implies that, generally, ecological damages are only these kinds of damages which lead to utility-losses within the sphere of human beings. Whenever ecological damages do not reduce individual utility-levels, they are not important from an economic point of view or – more drastically – cannot be labelled ecological damages.

The paper is organized as follows: A survey of micro-economic valuation techniques is given in section 2, where implicit assumptions and shortcomings of the economic approach are criticized as well. Section 3 highlights the aggregation of individual damage estimations and the calculation of "optimal" economic damage levels ("macro-economics"), before specific problems of the macro-economic damage cost function are discussed in section 4. Section 5 provides a short conclusion.

2 Economic valuation methods to obtain monetary values of ecological damages and fundamental criticism

Economic theory distinguishes between different types of values of (economic) goods and services. Use-values exist whenever individuals directly use, indirectly use or are supposed to use specific goods and services in the future. Additionally, positive values are revealed although individuals do not want to use some of the goods and services which are to be valued. These kinds of values are so-called non-use-values. For example, the pure existence of the tropical rain forest and the high degree of biodiversity therein leads to positive non-use-values (existence value). On the other hand, a kind of altruism towards subsequent generations (ones own children and grandchildren) leads to positive non-use-values, too: bequest values. An individual who is asked for the monetary value of a specific species does not want to use this kind of species directly, but he is not sure whether his own children will be able to use this kind of species. Therefore, to ensure the existence of specific species currently living generations have positive non-use-values for specific goods and services. Table 1 summarizes the different economic types of values:

I.	use-values:
	a. direct use-values
	b. indirect use-values
	c. option values
	d. quasi-option values
II.	non-use-values:
	a. existence values
	b. bequest values

Table 1: Different types of economic values.

A total economic value (TEV) can be derived by adding all kinds of use- and non-use-values. We do not want to describe the different valuation methods for the different economic value-types in detail (for an introduction cf. Cansier & Bayer 2003 or more detailed Cansier 1996, Marggraf & Streb 1997, and Markandya et al. 2002). Let us only make some remarks: (1) The evaluation of some of the value-types is – at first glance – not difficult, e.g. direct use-values. Economic agents show their preferences on markets when they buy specific goods at the market price. The market price is a perfect measure for the minimum value of the purchased good. However, the complete individual value cannot be measured via market prices due to the neglection of the consumer surplus. Therefore, even the total value of a bottle of wine cannot as easily be determined as it seems. (2) Even the lower value bound of marketable goods is missing when non-marketable goods (public goods, e.g. environmental goods or damages) have to be evaluated. Therefore, economic theory evaluates these types of goods using Hicks-compensating- or -equivalent variations. Figure 1 depicts these evaluation techniques.

The quantity of private goods X is depicted on the vertical axis where we set the price level to unity. The environmental quality Q, which is depicted on the horizontal axis, is a public good and completely independent of the quantity of private goods X. Therefore, the budget-line is a parallel to the Q-axis. The indifference curves I_0 and I_1 show two different utility levels which

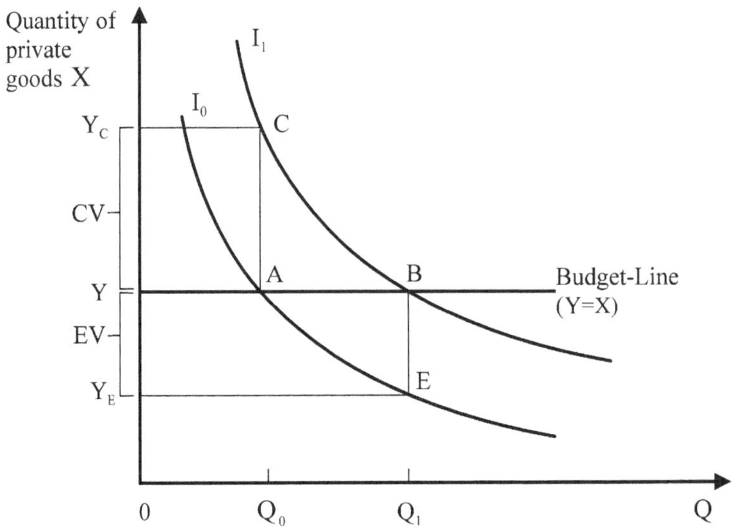

Figure 1: Hicks-compensating variation (CV) and Hicks-equivalent variation (EV) evaluating environmental damages.

are available by combinations of the quantity of private goods and the environmental quality: The lower the environmental quality is given, the more private goods have to be consumed to maintain a predetermined utility level. The figure enables us to combine the environmental quality and the quantity of private goods to evaluate the environment as a non-market good. Let us assume an environmental quality loss say from Q_1 to Q_0. The initial situation is described by point B in figure 1, where the indifference curve I_1 intersects the budget-line. Environmental degradation leads to point A. Obviously, the environmental degradation (movement from B to A in figure 1) can be measured in two alternative ways: We can measure the line CA or the line BE. They differ in the assumption which utility level is relevant after the environmental degradation: The previous one (i.e. without diminished environmental quality) or the new one where the environmental degradation has already taken place.

Let us start with the first possibility (CA) where a compensation for environmental degradation will be derived: To maintain the same utility level which is represented by I_1, the reduction of the environmental quality from Q_1 to Q_0 can be compensated by the compensating variation (CV). The individual maintains his predetermined utility level I_1: Decreasing environmental quality from B to A is substituted by more private goods (CA). The second possibility is to deduce a willingness to pay or an equivalent variation (EV): Reference point is the utility level directly after the environmental degradation took place (E in figure 1 which is identical in utility-terms with point A on the same indifference curve I_0). It is now asked how much one is willing to pay to prevent decreasing environmental quality from B to A without being worse-off in utility terms. The equivalent variation (EV) is the amount of private goods which an individual is willing to pay to maintain the environmental quality on the initial level (I_1). The payment of EV would increase his individual utility level from I_0 to I_1. He substitutes quantities of the private good X to increase the environmental quality. Thus, equivalent and compensating variations indicate a specific (1) willingness to pay for the prevention of environmental degradation (EV) or (2) willingness to accept environmental damages (CV). Therefore, applied environmental valuation concentrates on the determination of monetary values based upon the theory of equivalent and compensating variation. Contingent valuation methods exactly ask for monetary values according to question (1) and (2) by using inquiries.

However, the design and the enforcement of these inquiries is always a critical point in the economic evaluation process. We just want to give some impressions of the variety of specific problems (more detailed information with respect to biodiversity is given in Geisendorf 1998, 228-250):

(a) One has to distinguish between real inquiries (where the participants have to pay the called amount) or hypothetical inquiries. In the latter case, there is a danger of strategic over- and underestimations of environmental values.

(b) The payment vehicle is of highest importance. If e.g. the willingness to pay for environmental improvements has to be determined and the interrogators tell the respondents that their payments are passed on to the state authorities, they often interpret these payments as an additional tax. In that case, the willingness to pay is significantly lower than in the case where the collected amount is passed on to e.g. environmental NGOs.

(c) Sympathy for and antipathy against specific parts of the environment can strongly bias the estimation ("warm-glow-effect"). Respondents with fear of spiders will not value this part of the biodiversity in the same way as people who are not afraid of them. On the other hand sympathy for very nice birds or fishes generally leads to overestimations.

(d) Some respondents cannot strictly separate whether they are asked for one specific type of bird or all birds in general. They are asked to evaluate one specific sort of an animal, but they integrate all sorts of animals in their evaluation ("embedding-effect"). This leads to significantly higher values of specific species. However, cross-checking these results by asking for total values of all sorts of birds shows only marginal increases of the willingness to pay.

(e) To get robust data, the respondents have to be informed of these effects which are to be valued. However, the information process itself can be strategically biased to induce either high or low values (depending on the objective of the evaluation study). Within contingent valuation studies very high willingnesses to pay and very low ones can be derived among the same sample of respondents depending on the provision of information.

(f) Strategic behaviour also leads to biases in the valuation process. Persons with a high environmental awareness principally reveal higher values for the environment than others. In combination with the hypothetical argument (a), it is furthermore possible that respondents act as free-riders: One indicates only low values for an environmental good because one assumes that all others indicate high values. The aggregated value of the environmental good is assumed to be high enough to improve the environment (or prevent further degradation) and the respondents with high willingnesses to pay have to finance the lion's share of the environmental improvement.

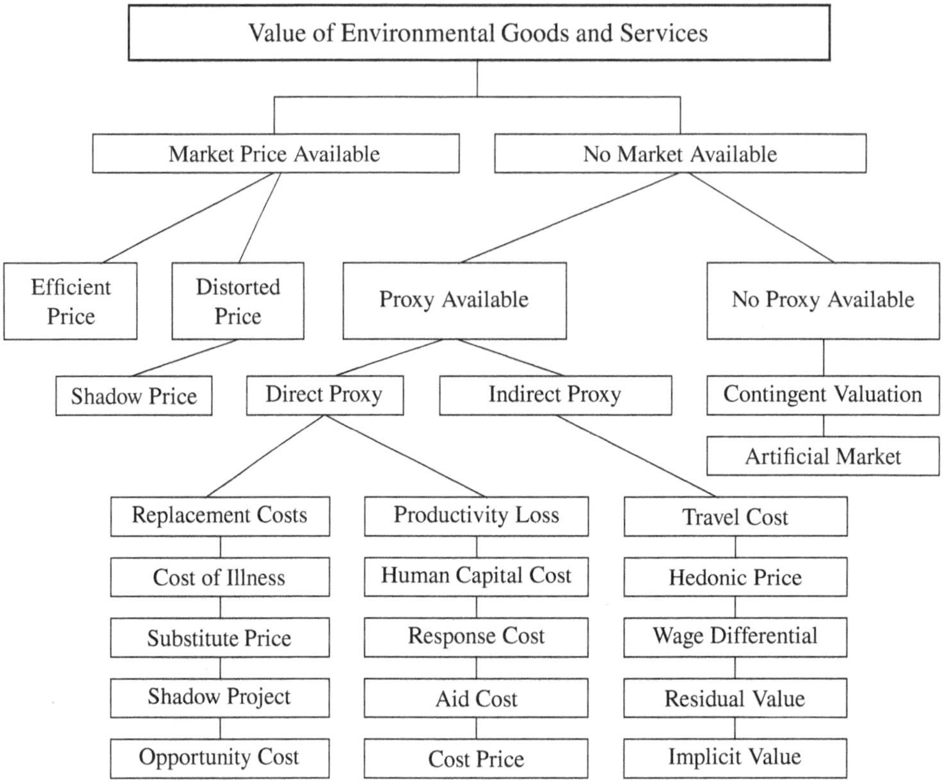

Table 2: A possible taxonomy of valuation techniques (source: Markandya et al. 2002, 309).

Let us now classify different valuation methods to obtain monetary values. All methods listed in table 2 can be generally applied for deriving monetary values of ecological damages. Whenever market-prices are available, the evaluation of ecological damages is relatively simple. However, market-prices do not exist in general, thus, we have to look for feasible proxies (direct and indirect ones). Whenever ecological damages induce productivity losses, these values can be directly applied as an indicator for ecological damages. On the other hand, indirect proxies can be used to derive environmental damages as well: Hedonic Pricing combines an environmental quality component with observable market prices. An ecological damage, for example, can be derived when we compare identical flats or houses in different environmental quality areas. The better the environmental quality is given, the higher the rentals will be and, thus, the rental difference can be used as a proxy for the value of the environmental quality. However, the most difficult and realistic case is the situation where neither direct nor indirect proxies are available. In this situation, only contingent valuation methods are applicable to deduce values for ecological damages. A comprehensive overview of different valuation methods is given in Table 2.

All economic valuation methods, however, are based upon a set of (implicit) assumptions which will now be discussed in more detail.

2.1 Economics as an anthropocentric science

Economic analyses necessarily concentrate on economic values. Economics as an anthropocentric science is interested in values of human beings for the environment. The natural environment is translated into the language of economics to analyze them economically. This anthropocentric perspective can be criticized from a biocentric viewpoint: Biocentric values are neglected in economic analyses. The intrinsic value of a flower or bird or an ecosystem itself is not taken into account in the economic analysis. Besides the economic value of ecological damages there is a different sphere of biocentric values which are not considered. Thus, the economic valuation of ecological damages is only one part of a more comprehensive "overall" valuation. However, economic analysis is completely inappropriate to derive such biocentric values due to methodological deficiencies: Flowers or birds are unable to answer questions concerning the willingness to pay or the willingness to accept.

2.2 Substitutability

Theoretically, an economic estimation of damages combines unobservable prices for the natural environment with observable prices of private market goods, assuming that the respective utility of the evaluating individual remains constant. Thus, one crucial assumption of economic evaluation of ecological damages is substitutability between the (public) ecological and the (private) market good. Non-compensatory or lexicographical preferences – i.e. environmental goods and market goods are non-substitutable – with respect to the environmental and the market good impede an economic valuation of ecological damages. Ecologists question the substitutability of man-made and natural capital. Many contingent valuation inquiries show that individuals generally reject the substitutability of the environment and conventional economic goods. This means that ecological damages cannot be economically evaluated according to considerations which are based upon deriving equivalent or compensating variations. In case of non-compensatory preferences new methods have to be developed to derive monetary values of the natural environment. However, in a specific framework, the assumption of substitutability between natural and man-made capital can be useful. This is exemplified in Figure 1, where we value the loss of environmental quality from Q_1 to Q_0. However, it does not make any sense at all to assume that the environmental quality can be substituted by man-made capital in general: It is simply impossible to substitute e.g. clean breathable air by additional capital units. Generally, nobody is interested to agree with his own death only because of additional income units.

2.3 Valuation of marginal effects

Economic valuation methods concentrate on the evaluation of marginal effects (marginal increases or decreases of existing stocks). Contingent valuation methods ask for these monetary amounts which individuals are willing to pay or accept for marginal improvements or diminishments of the natural environment. Figure 1 once again gives a typical example: We derive monetary values for losses of environmental quality from one specific environmental situation (Q_1) to another (Q_0). Higher values result when we value further environmental quality losses – environmental qualities below Q_0. However, it is impossible to ask for a value of the environmental quality in total: It can be seen in Figure 1 that the indifference curves do not intersect the axis of private goods. Thus, the substitution of the last unit of environmental quality leads to a monetary value of infinity. These findings are in sharp contrast to a very prominent economic analysis undertaken by Costanza et al. (1997): They estimate a value of the biodiversity (world-wide) to 16 to 54 trillions US-Dollar per year. However, this value implies that all 6 billion people on earth would do without any unit of biodiversity for the rest of their lives to get this value – an imagination which is completely unrealistic.

2.4 Discounting

Discounting is necessary whenever future and current effects have to be made comparable to each other. It can be seen as the negative analogue of the calculation of compound interest. Mathematically, the present value of damages ($PV(D)$) can be calculated according to the following formula:

$$(1) \qquad PV(D) = \sum_{t=0}^{N} \frac{D_t}{(1+d_t)^t}$$

where d_t represents the discount rate in time-period t. The further in the future a specific damage effect D takes place, the smaller is its present value in today's decision-making process. Very high damages in the future can substantially be diminished by using high discount rates from today's perspective. Thus, present values of damages can be biased in such a way that expensive abatement measures are inefficient from an economic point of view. The usage of an unreflected discounting method is criticized by some economists and other scientists as well. There is a long debate on the legitimacy of discounting from an ethical point of view (cf. Ott 2003 for a survey). To prevent the mentioned distortions, present values should be calculated in the framework of the Generation Adjusted Discounting (GAD) (cf. Bayer 2003a for fundamental work, Bayer & Kemfert 2002 for an application with respect to climate change, and Bayer 2003b with respect to sustainable development). Within this framework one has to distinguish discounting within oneselfs lifetime (individual discounting according to individual preferences, intragenerational discounting) and discounting effects after the death of these individuals (intergenerational discounting in a social decision-making framework). Intergenerationally, individual preferences do not play any role, thus, individual influences like myopia and impatience cannot be applied to determine an intergenerational discount rate. The intergenerational discount rate for social discounting is of lower value than the intragenerational one which leads to higher present values of damages in the future than in the case of "conventional" discounting according to standard economic theory.

Apart from time-discounting one might also consider "spatial discounting". This means that the spatial closeness of damages is important for individual damage estimations. The further away specific damages will be, the more insignificant are these damages from an individual point of view. Social spatial discounting can be considered for when it is useful but should be applied according to GAD.

2.5 Well-behaved utility-function

The application of all economic valuation methods demands the assumption that each individual acts according to a "well-behaved" utility function. Individuals behave rationally in that way that they maximize their respective utility-level at each point of time by exchanging goods whenever the individual utility level can be enlarged (Homo Oeconomicus). This assumption requires that the rationality assumption is valid in all circumstances even for environmental considerations. However, apart from the economic sphere human beings act in many areas where the economic rationality assumption can be questioned, e.g. the choice of the primary and sometimes even secondary education, the choice of drinking alcohol or smoking cigarettes etc. This theoretical shortcoming could be cured by using more realistic economic actors. The concept of the Homo Oeconomicus has to be completed. One should be able to take into account additional individual variables e.g. non-compensatory preferences, sympathy or antipathy, additional elements of the institutional context (especially the framework of the inquiry and its hypothetic character), and additional variables of the social and political context, e.g. whether human beings generally take part in referenda.

2.6 Uncertainty

The uncertainty is manifested threefold: Firstly, natural scientists can only provide incomplete information about environmental damages in the future. With respect to climate change, they know that there will be an increase in the average temperature on earth of 1°C to 3.5°C with a best guess of 1.5°C in the year 2100 compared to 1990. However, the impacts are yet unknown in detail: Some regions will benefit while others will have to suffer severely. Thus, the more research natural scientists undertake (and the more results they supply), the better is the individual knowledge-basis where decisions can be based upon. Secondly, economic valuation is carried out by individuals and individual preferences hence influence the statements. Specific problems are the individual assimilation and acquisition of knowledge. Some individuals are not really interested in environmental degradation independent of scientific results: Although natural scientists predict significant damage costs in the future, environmental protection measures are only marginally valued.[1] Thus, even if scientific research sufficiently provides information, some individuals will not use them when they have to evaluate environmental degradation. Thirdly, some individuals are not able to fully understand the relationship between their own activities and resulting ecological damages (cf. Weimann 1995, 199-204 for a comprehensive overview of emissions, diffusion and damages). The effects which are caused by driving a car (and emitting CO_2) are not interpreted responsible for climate change. Of course, this kind of informational deficiency can be cured by intensified information campaigns.

However, the first two problems cannot be adequately depicted in economic models: Scientific knowledge influences the restrictions of individual utility maximizing. The utility frontier gen-

1 Of course, ecologically interested individuals exist as well: They are willing to pay immense amounts of cash to prevent the environment even without knowledge of possible damages.

erally becomes narrower with additional information about ecological damages. The problem mentioned second contradicts the assumption of the Homo Oeconomicus: The economic man simply acts irrationally whenever he does not use all available information. Additionally, intertemporal uncertainties exist. Environmental damages are not only caused today by today's emissions, but also in the future e.g. through accumulating-processes in the atmosphere. A full internalization of intertemporal external effects requires the consideration of all effects throughout the whole lifetime of the emissions in question. Thus, estimations of environmental damages have to take into account these future effects. Besides static incomplete information a dynamic component of uncertainty comes into play: As can be seen in Table 3 (see below), only vague knowledge is available about the lifetime of greenhouse gases. In addition, biological, physical and chemical processes take place, which enlarge or diminish their lifetime. The estimation of their specific damages per time-period therefore is a very difficult topic. From an economic viewpoint, natural scientists have to intensify their research to provide robust data whereupon economists can base their damage estimations.

2.7 Willingness to pay and willingness to accept

Generally, one estimates expenditure functions subject to a given utility level (compensating and equivalent variation). Individuals try to minimize their expenditures for buying marketable goods and services while their predetermined utility-level remains constant. Environmental degradation must be compensated by more private goods to maintain the ex-ante utility-level. However, these clearly theoretical concepts have to be applied to practical valuation.

(1) To estimate the maximal willingness to pay (WTP) one asks for the amount of currency units which an individual is willing to pay for environmental improvements without being worse off (compared to the situation before the environmental quality has decreased). However, reference utility-level is the new utility-level after the environmental degradation has taken place. To compensate for the environmental degradation, individuals substitute environmental goods by conventional market goods. This leads to the EV displayed in Figure 1.

(2) The other possibility is to ask for the willingness to accept (WTA): In contrast to the EV-case, one assumes that the reference utility-case is given by the situation before the environmental quality has decreased. The environmental degradation has to be compensated by additional units of private goods. Thus, individuals have to be asked for that amount of currency units which enables them to purchase more private goods to compensate their welfare losses caused by the environmental degradation.

In principle, WTA is higher than WTP due to the higher reference utility level in the WTA case, which leads to the possibility of strategic biases of the evaluation results. Therefore, contingent valuation surveys have to distinguish clearly whether they ask for WTP or WTA. Otherwise the ecological damage will be over- or underestimated.

Let us summarize the most important statements of this section: Targets preventing environmental damages cannot be derived by solely applying economic considerations due to the mentioned shortcomings of economic theory in general. Additionally, economic valuation methods require relatively restrictive assumptions. Thus, economic analyses do – of course – not cover all social influences. Economic values might be used as lower boundaries for complete social values. To get estimations where all social influences are integrated, interdisciplinary research has to be undertaken where economists should intensify taking into account results of natural as well as social scientists. This should be done by natural or social scientists with economic arguments as well. Due to the importance of the environment as the natural existence basis for all people on earth, the target-setting process must be carried out in an interdisciplinary way to prevent discipline-specific shortcomings. The "Intergovernmental Panel on Climate Change (IPCC)" is a good example for interdisciplinary research since about 1990 with respect to climate change although its results are still not taken as seriously as it should be in the political arena. But whenever environmental targets are set as a result of a discourse of all relevant social groups, economic theory can be perfectly applied to reach these given targets at lowest possible costs: Cost-efficiency. Thus, economic considerations can be excellently applied whenever a social decision of the preferred level of ecological damages has already taken place.

3 Macroeconomic considerations: Total Cost Minimization

After having derived individual values for the natural environment, we are able to determine an optimal level of emissions (corresponding with an optimal level of damages) in our economy. Therefore, a macroeconomic damage cost function has to be derived by aggregating all individual damage estimations. In more detail, all respondents must have been asked for their individual damage estimates with respect to varying damage sources, generally emissions.

However, one should consider that individual estimations require specific questions concerning the damages which have to be evaluated. Nobody is able to give sensible values when he/she is asked for all environmental damages caused by e.g. Methane (CH_4). Therefore, our macroeconomic considerations only refer to specific problems e.g. climate change or biodiversity losses: Macroeconomic estimations necessarily concentrate on "sectoral" damage costs with respect to one specific environmental problem. This requires a link between the economic and the environmental sphere which is given by using emissions. Economic activities cause emissions and show positive as well as negative effects: Economically, emissions are necessary to produce and consume goods and services. Thereby, they cause negative impacts on the natural environment as well. Considering varying emissions-levels leads to a macroeconomic damage cost function ($D(E)$) which relates damages in monetary values to different emissions-levels.[2] The higher the emissions-level is given, the higher damage costs will be. Mathematically, these considerations are given as follows:

$$(2) \qquad D = D(E); \quad \mathrm{d}D/\mathrm{d}E > 0; \quad \mathrm{d}^2D/\mathrm{d}E^2 > 0$$

However, damages are only one side of the economic medal. Emissions are also economically beneficial in that way that they are connected with economic activities (production and/or consumption). Emissions abatement, therefore, causes welfare "costs" (opportunity costs of environmental control). For example, the reduction of emissions leads to additional unemployment (including some follow-up effects), lower tax payments, etc. The other kind of economic costs of emissions control are direct abatement costs due to emission reductions: End-of-pipe-

2 Another possibility is to set "environmental quality" as independent variable. In this case, the statements can be interpreted analogically: The better the environmental quality is given, the less damages have to be taken into account and vice versa.

technologies to clean up pollution at the end of the production process or integrated environmental policy measures within the companies lead to direct abatement costs. The two components have to be summed up to get the total abatement cost function $(AC(E))$. Mathematically, these costs can be described as follows:

$$(3) \qquad AC = AC(E); \quad \mathrm{d}AC/\mathrm{d}E < 0; \quad \mathrm{d}^2AC/\mathrm{d}E^2 < 0$$

An optimization approach combining both cost-functions aims at minimizing a total cost function $(TC(E))$, which can be depicted as follows:

$$(4) \qquad TC(E) = D(E) + AC(E) \rightarrow \text{min!}$$

Minimizing the total cost function leads to an optimal emissions level E^*. Using simple mathematics, the following first-order condition results:

$$(5) \qquad \mathrm{d}TC(E)/\mathrm{d}E = \mathrm{d}D(E)/\mathrm{d}E + \mathrm{d}AC(E)/\mathrm{d}E = 0$$

$$\Leftrightarrow \qquad \mathrm{d}D(E)/\mathrm{d}E = (-)\mathrm{d}AC(E)/\mathrm{d}E \Rightarrow E^*$$

The optimal emissions level E^* is given where the marginal abatement cost curve equals the marginal damage cost curve, or – in other words – when the slope of the damage cost curve equals the slope of the abatement cost curve in absolute terms. Due to their different signs, they must be equal at a positive emissions level. The second-order condition has to be checked in each case as well. Generally, it is fulfilled, thus, the optimal emissions level guaranteeing minimum total costs is given in equation (5) by E^*. Graphically, the situation is given as shown in Figure 2 (next page).

Directly linked to the optimal emissions level E^* is an "optimal level of damages" (vertically hatched area in Figure 2). Assuming that the economic analysis has taken into account all impacts in monetary terms, this economic damage level has to be evaluated from a social point of view, considering the preferences of all human beings involved (as well as animals or plants). From an ecological point of view, for example, the emissions level and, therefore, the damage level may be unacceptably high because some species get lost. Thus, a social damage assessment has to follow up. In sharp contrast to the damage costs, questions concerning the abatement cost function are mainly economically motivated and, therefore, economic estimations show rather good results.[3]

However, the economic approach can also be helpful to check whether politically determined emissions-standards are economically sensible. Looking at Figure 2, one can see that all emissions-levels apart from E^* are economically inefficient. More restrictive emissions standards $(E < E^*)$ as well as less sharper emissions standards $(E > E^*)$ are not optimal. In both cases, economic costs can be reduced by emitting more or less than politically demanded. The situation changes when new knowledge is given, e.g. natural scientists might provide new knowledge about damages caused by climate change. This new knowledge (probably) changes

3 Of course, minor discipline-specific economic problems exist when determining the abatement cost function, but they will not be discussed here in more detail.

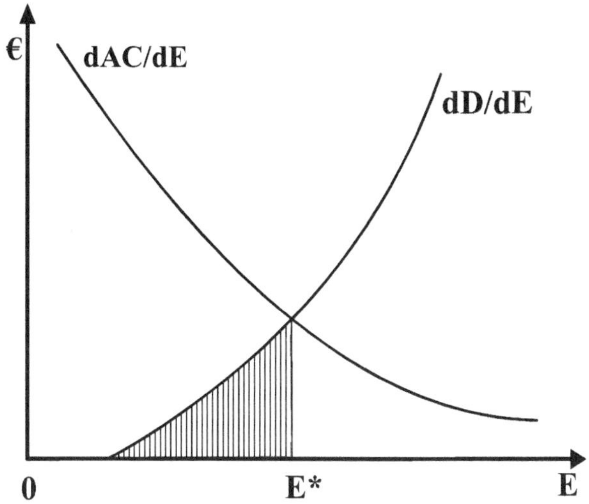

Figure 2: Cost-minimal emissions level and corresponding efficient damages.

the individual economic valuations. The valuation process on the micro-level has to be carried out once again as well as the aggregation and the determination of the macro-damage cost function. Let us assume that an upwards shift of the environmental damage curve exists. The new economically optimal emissions standard would be lower than the previous one.

4 Macroeconomic damage cost function

At the end of our paper, we want to have a closer look at the macroeconomic damage cost function. How can it be exactly derived? Textbooks of environmental economics usually do not concentrate on this topic in detail. Let us start with interpreting the damage cost function caused by increasing single emissions, i.e., one single emissions-type causes environmental damages (e.g. N_2O-emissions which cause climate change). Of course, this is only one emissions-type which causes ecological damages. Thus, a comprehensive analysis with respect to damages requires the aggregation of all single emissions which cause climate change (cf. Cansier & Richter 1995). Therefore, firstly, a sort of "sectoral" aggregation has to be undertaken. Thereby, different emissions-types have to be made comparable to each other. With respect to climate change, for example, N_2O- and CH_4-emissions have to be summed up according to their specific "global warming potential", i.e. the specific impact of one emissions-unit to global warming.[4] A se-

4 In Fig. 2, physical quantities of emissions are depicted on the horizontal axis. "Sectoral" aggregation – e.g. with respect to global warming – demands that the specific impact of different emissions is taken into account. Methane (CH_4), f. ex., has a global warming potential for the 100 year time horizon of 24.5; i.e. that one unit of methane emissions is of equal impact as 24.5 units of CO_2-emissions. The comparison of these two emissions-types is carried out by searching for those emissions-quantities of the reference emission (CO_2) which induce the same effect as one unit of methane. After summing up all emissions that cause a specific environmental problem, we can derive a sectoral damage cost curve which has to be aggregated over all sectors to get the total damage cost curve.

lection of the most important greenhouse gases and their relative global warming potential is given in Table 3.

Species	Lifetime Years	Global Warming Potential (GWP) (Time Horizon)		
		20 years	100 years	500 years
Methane (CH_4)	14.5±2.5	62	24.5	7.5
Nitrous Oxide (N_2O)	120	290	320	180
CFC-11	50±5	5,000	4,000	1,400
HCFC-22	13.3	4,300	1,700	520
Sulphur hexafluoride (SF_6)	3,200	16,500	24,900	36,500

Table 3: Global Warming Potential of different greenhouse gases (source: Houghton et al. 1995, 33).

Secondly, emissions concerning different sectors (climate change, acid rain, depletion of the ozone layer, etc.) have to be brought together. Thereby, possible interactions have to be taken into account: Do synergisms or antagonisms exist? In how far are single emissions independent of each other? Does their impact change whenever other pollutants have to be taken into account as well (cf. Streffer et al. 2000, 347-373)? These analyses require comprehensive knowledge of all kinds of working mechanisms: Impacts on human beings have to be considered as well as impacts on animals and, at last, the complete biosphere. Thereafter, spatial and temporal effects have to be captured. Some emissions cause local or regional damages (e.g. NO_x or heavy metals like lead or mercury), thus, so-called hot-spots have to be considered when evaluating their damages. On the other hand, CO_2-emissions from all over the world cause global climate change. It is not useful to reduce CO_2-emissions in some regions of the world, while the increases of CO_2-emissions in unregulated regions overcompensate these reductions and an overall increase takes place. The consideration of the temporal dimension is also very difficult: Some emissions have only short-term direct impacts, others, like CO_2 or nuclear waste, will still cause damages in the far future.[5] Evaluating long-term impacts we have to compare future and current effects via discounting.

Summarizing all mentioned aggregation steps, a comprehensive macro-approach where all single effects are taken into account is nearly impossible. We have to reduce the complexity of real phenomena to get economic conclusions. Thus, proposals or conclusions with respect to comprehensive damage assessment always lack the theoretical completeness. However, these proposals are applicable in sharp contrast to more complex investigations. Of course, the shortcomings in the economic model framework have to be taken into account when proposals are made. Sensitivity analysis may help us to ensure our proposals but they are never fully verifiable. Thus, useful interpretations of figure 2 can only be undertaken within a sectoral analysis. Statements with respect to ecological damages in total – e.g. climate change, biodiversity losses, depletion of the ozone-layer etc. – are impossible.

5 It has to be stressed that short-term direct effects (e.g. acid rain from SO_2-emissions) possibly induce long-term damages due to environmental degradation: Lakes become more and more polluted. Exceeding critical pollution levels, animals and plants cannot survive in these lakes. Thus, environmental quality and diversity diminish.

Applied environmental policy is usually based upon some indicators. "Lead-indicators" have to be chosen which are assumed to describe environmental changes, i.e. improvement as well as degradation, sufficiently. In Germany, the Federal Statistical Bureau uses a basket of six indicators (so-called "Umweltbarometer") to estimate environmental changes (cf. Beirat "Umweltökonomische Gesamtrechnungen" 2002, 97-99):

(1) Climate (indicator for greenhouse gas emissions, depicted are CO_2-emissions per year),

(2) Air (indicator for air burdens, depicted are SO_2, NO_x, NH_3 and VOC),

(3) Soil (indicator for land utilization, depicted is the daily increase of settlement and traffic areas),

(4) Water (indicator for water quality, depicted is the fraction of water of the chemical quality class II),

(5) resources I (indicator for energy use, depicted is the energy productivity, i.e. relation of GDP and energy use), and

(6) resources II (indicator for usage of raw materials, depicted is the raw material productivity, i.e. relation of GDP and usage of renewable energies).

However, this approach is economically inefficient due to its simplifications. No specific damages caused by specific emissions are derived. Indicators and their mix are necessarily not as detailed as more disaggregated data. However, this approach is applicable. Marginal variations of one specific indicator can be interpreted as environmental improvement or worsening. Environmental policy can be adjusted in such a way that the measures become more restrictive (worsening case) or less restrictive (improvement case).

Let us summarize our statements: An economic approach must ensure that all effects of individual activities are taken into account. Emissions do not only induce environmental damages which reduce individual and social welfare. On the other hand, emissions increase individual and social welfare due to positive effects with respect to production of goods and services. These costs and benefits have to be weighed up and an optimal emissions level can be derived on a macro-economic level. Useful statements are possible when we argue on a "sectoral" level, e.g. climate change, depletion of the ozone layer, etc. Spillovers with other environmental problems can be neglected and, thus, economic statements are useful for the political process within this certain "sector".

5 Summary

The economic valuation of environmental damages is of highest importance to appropriately integrate environmental impacts into economic analyses. For instance, their results can be used for an economic analysis of the cost-benefit ratio of environmental targets. However, informational deficiencies as well as methodological problems on the micro- as well as on the macro-level exist. This is subject to further research – especially within interdisciplinary research teams. Currently, not all environmental values can be derived and integrated into economic damage assessments. However, to check whether environmental protection is economically sensible or not it is better to have some lower bounds of potential costs than the lack of all information.

Acknowledgements: The author thanks Uta Eser (discussant at the annual meeting of the "AK Theorie" and "AK Gentechnik" of the GfÖ at Blaubeuren in March 2003), Sabine Kirsch as well as two anonymous referees for valuable comments that have substantially improved the quality of this paper.

6 References

Bayer, Stefan 2003a: Generation Adjusted Discounting in long-term Decision-Making. International Journal of Sustainable Development, Vol. 6 (1), 133-149.

Bayer, Stefan 2003b: Generelle Nichtdiskontierung als Bedingung für eine nachhaltige Entwicklung? IAW-Diskussionspapiere Nr. 13, Dezember 2003 (Institut für angewandte Wirtschaftsforschung, Tübingen, http://www.iaw.edu).

Bayer, Stefan & Claudia Kemfert 2002: Reaching national Kyoto-targets in Germany and Sustainable Development. Environment, Development and Sustainability, Vol. 4 (4), 371-390.

Bayer, Stefan 2000: Intergenerationelle Diskontierung am Beispiel des Klimaschutzes. Metropolis Verlag, Marburg.

Beirat „Umweltökonomische Gesamtrechnungen" beim Bundesministerium für Umwelt, Naturschutz und Reaktorsicherheit 2002: Umweltökonomische Gesamtrechnungen. Vierte und abschließende Stellungnahme zu den Umsetzungskonzepten des Statistischen Bundesamtes. Berlin.

Cansier, Dieter 1996: Umweltökonomie. 2., neubearbeitete Auflage, Lucius & Lucius, Stuttgart.

Cansier, Dieter & Stefan Bayer 2003: Einführung in die Finanzwissenschaft – Grundfunktionen des Fiskus. Oldenbourg, München und Wien.

Cansier, Dieter & Wolfgang Richter 1995: Nicht-monetäre Aggregationsmethoden für Indikatoren der nachhaltigen Umweltnutzung. Zeitschrift für angewandte Umweltforschung, Jg. 8, 326-337.

Costanza, Robert, Ralph d'Arge, Rudolf de Groot, Stephen Farber, Monica Grasso, Bruce Hannon, Karin Limburg, Shahid Naeem, Robert V. O'Neill, Jose Paruelo, Robert G. Raskin, Paul Sutton & Marjan van den Belt 1997: The value of the world's ecosystem services and nature capital. Nature, Vol. 387, 253-260.

Geisendorf, Sylvie, Silke Gronemann & Ulrich Hampicke 1998: Die Bedeutung des Naturvermögens und der Biodiversität für eine nachhaltige Wirtschaftsweise – Möglichkeiten und Grenzen ihrer Erfassbarkeit und Wertmessung. Erich Schmidt, Berlin.

Houghton, John T., L. G. Meira Filho, James P. Bruce, Hoesung Lee, Bruce A. Callander, E. F. Haites (Hrsg.) 1995: Climate Change 1994 – Radiative forcing of Climate Change and an evaluation of the IPCC IS92 emission scenarios. Cambridge University Press, Cambridge.

Marggraf, Rainer & Sabine Streb 1997: Ökonomische Bewertung der natürlichen Umwelt – Theorie, politische Bedeutung, ethische Diskussion. Spektrum Akademischer Verlag, Heidelberg.

Markandya, Anil, Patrice Harou, Lorenzo Giovanni Bellu & Vito Cistulli 2002: Environmental Economics for Sustainable Growth – A handbook for practitioners. Edward Elgar, Cheltenham and Northampton.

Markandya, Anil, Renat Perelet, Pamela Mason & Tim Taylor 2001: Dictionary of Environmental Economics. Earthscan, London and Sterling (VA).

Ott, Konrad 2003: Reflections on discounting – Some philosophical remarks. International Journal of Sustainable Development, Vol. 6 (1), 7-24.

Pearce, David W. 1993: Economic Values and the natural world. Earthscan, London.

Streffer, Christian, Josef Bücker, Adrienne Cansier, Dieter Cansier, Carl Friedrich Gethmann, Robert Guderian, Gerd Hanekamp, Dietrich Henschler, Gerald Pöch, Eckard Rehbinder, Ortwin Renn, Marco Slesina & Kerstin Wuttke 2000: Umweltstandards – Kombinierte Expositionen und ihre Auswirkungen auf den Menschen und seine Umwelt. Springer, Berlin.

Weimann, Joachim 1995: Umweltökonomik – Eine theorieorientierte Einführung. 3., überarbeitete und erweiterte Auflage, Springer, Berlin.

Probleme der Erhaltung biologischer Vielfalt in der Kulturlandschaft – Ökologische Schäden durch verfehlte Pflegekonzepte

Matthias Schlee

Universität Tübingen, Zentrum für MolekularBiologie der Pflanzen (ZMBP) – Allgemeine Genetik,
Auf der Morgenstelle 28, D-72076 Tübingen
matthias.schlee@uni-tuebingen.de

Abstract

In order to find definitions for the concept of "ecological damage" within the field of nature and landscape conservation, the separation of original natural landscape and cultivated landscape is discussed. This could offer the possibility to avoid a situation in which one is forced to call the whole of Europe being an "ecological damage" due to its almost complete lack of anthropogenically undisturbed environment. Contrary to this unsatisfactory situation, protection of cultivated landscapes must be improved to avert the loss of valuable secondary habitats. Disturbances of habitats must be enforced even and especially within protected areas to keep successions going on and preserve all phases of development of a dynamic and diversity of plant communities and species. Examples of nature conservation areas in Southern Germany show the necessity of such massive interventions. Methodical problems for describing the ecological or biodiversity decline and legislation retards are discussed. In German environmental law, anthropocentric orientation is preferred to ecocentric orientation and puts evidence on the fact that "ecological damage" is mostly used for liability matters with eco-toxicological relevance. Thus, a definition for "ecological damage", which can hardly be applied to a situation wherein cultural landscape is inhibited in its dynamical change, does not fit to a unique definition reflecting all ecological aspects.

Keywords: nature protection, landscape protection, cultural landscape, protection of species, succession, disturbance, German environmental law, phytosociology, molecular biology

Schlüsselwörter: Naturschutz, Landschaftsschutz, Kulturlandschaft, Artenschutz, Sukzession, Störung, Naturschutzrecht, Pflanzensoziologie, Molekularbiologie

1 Einleitung

Ausgehend von der Feststellung, dass in Mitteleuropa faktisch nur noch solche primären Habitate existieren, die zumindest mittelbar durch den Menschen beeinflusst sind, die Mehrzahl der primären Habitate sogar zerstört ist, stellt sich dringend die Frage nach dem Schutz wenigstens der sekundären Habitate. Letztere können, selbst für Vertreter eines ökozentrischen Ansatzes, als Kulturlandschaft wertvolle Aspekte an Arten und Biotopen enthalten und stellen daher einen würdigen Ersatz einer – letztlich im Detail ja unbekannten – Naturlandschaft dar. Die Kulturlandschaft selbst ist einem ständig schnelleren Wandel unterworfen. Ihre Erhaltung ist zwar gesellschaftlich erwünscht, aber nicht mehr zu leisten. Selbst (oder gerade?) in Naturschutzgebieten erscheint ein adäquater Schutz nicht mehr gewährleistet, obwohl insbesondere hier die praktische Umsetzung der Erhaltungsziele von der Öffentlichkeit erwartet wird. Verfehlte Pflegekonzepte verursachen in manchen Habitaten sogar gravierendere „ökologische Schäden" als deren vormalige Nutzung, die doch immerhin einen schutzwürdigen Biotop hervorbrachte.

Solche Überlegungen werfen die Frage auf, was im Bereich des Naturschutzes als „ökologischer Schaden" theoretisch fundiert klassifiziert werden kann und worin die Abwendung solcher Schäden und somit eine praktische Konsequenz für erfolgreiche Pflegekonzepte bestehen könnte.

Anhand ausgewählter Fallbeispiele aus Naturschutzgebieten Südwestdeutschlands und einer Diskussion von zentralen Methoden für Effizienzkontrollen im Biotop- und Artenschutz soll zunächst gezeigt werden, wie kompliziert die aktuelle Situation im Naturschutz ist, um dann Lösungsansätze entwickeln zu können. Eine Beschränkung, vornehmlich auf den floristischen Blickwinkel, scheint sinnvoll, denn die Vegetation erfährt als Habitatgrundlage der tierischen Lebewelt in der Naturschutzpolitik die größte Aufmerksamkeit.

2 Möglichkeiten einer Definition „ökologischer Schäden" im Natur- und Landschaftsschutz

Es ist problematisch, dass allzu sehr nomenklatorisch fixierte BiologInnen wider besseres theoretisches Wissen in der Praxis Ökosysteme noch immer als deterministische Systeme betrachten, bei denen beispielsweise ein zielgerichtetes Streben der Vegetation hin zu einer Klimaxgesellschaft verfolgt werden könnte.

Eine solche Klimaxgesellschaft würde standörtlich – pedologisch-klimatisch – angepasst einen „stabilen" Endzustand aufweisen. Zwar vermögen einige Ökosysteme auf Stadien zuzusteuern, die eine deutlich geringere Schwankungsdynamik zeigen als ihnen vorausgegangene Initial- und Folgegesellschaften. Solche Tendenzen lassen sich, bezogen auf größere zonale Vegetationseinheiten vom groben Typus, wie etwa einer Steppe oder eines Waldes, häufig erkennen. Die Ausgestaltung im kleinräumigen Maßstab jedoch erweist sich als dynamisch – und sei es auf geringerem, kaum wahrnehmbarem Schwankungsniveau. Dies gilt gerade auch für die oftmals für Mitteleuropa angeführte Klimaxgesellschaft eines bestimmten Waldtyps, der flächendeckend nie verwirklicht war, wie Küster (1998, 240) zusammenfasst:

> (...) die zentrale Aussage der Waldgeschichte ist es nicht, auf einen konkreten und stabilen Zustand der Natürlichkeit hinzuweisen, sondern darauf, dass die natürliche Entwicklung von Ökosystemen wie dem Wald auf Wandel und Dynamik beruht. Es ist also von Natur aus kein Zustand im Wald langfristig stabil; es herrscht ein ewiger, aber langsam verlaufender Wechsel der Waldbilder.

Bei genauer Lektüre insbesondere pflanzensoziologischer Abhandlungen zeigt es sich, dass die meisten Forschenden bei der Betrachtung natürlicher Vorgänge noch immer von einer Statik derselben auszugehen scheinen. Fischer (1999, 157) bemerkt hierzu treffend:

> Aus pflanzensoziologischer Sicht betrachtet kann der Anschein entstehen, Vegetation sei etwas sehr Statisches, Festgefügtes. Tatsächlich ist aber gerade die Veränderlichkeit eine wesentliche Eigenschaft der Vegetation, von grundsätzlicher Bedeutung sowohl für das wissenschaftliche Verständnis von Vegetation als auch hinsichtlich der Nutzung der Vegetation durch den Menschen.

In den wenigsten Analysen lassen sich zum Beispiel der Einbezug des Mosaik-Zyklus-Konzepts oder Weiterentwicklungen inklusive ihrer umstrittenen Störungsvoraussetzungen (vgl. Böhmer 1997) erkennen, obwohl diese Phänomene, wie noch dargelegt wird, seit Jahrhunderten bekannt sind. Eine Folge dieser starren Sichtweise sind Vegetationskarten einer „potentiellen natürlichen Vegetation" (PNV) oder „standörtliche Forstkarten". Diese dargestellte fiktive Vegetation soll dann diejenige sein, welche im betreffenden Gebiet optimal stockt, wenn die Nutzung schlagartig unterbrochen würde – in Abhängigkeit von den zu diesem Zeitpunkt gegebenen Bodenverhältnissen und unter Ausschöpfung des aktuellen (!) Arteninventars. Aber ebendiese aktuellen Verhältnisse finden sich erstaunlich selten dokumentiert (eine Ausnahme bildet die frühe eindrucksvolle Gegenüberstellung der PNV und aktuellen realen Vegetation von Italien bei Fenaroli 1970 und Tomaselli 1970).

Für den Naturschutz stellt sich die Ausgangslage also folgendermaßen dar: Zusätzlich zu einem vermeintlichen Wissen um letztlich hypothetische Vorstellungen von früheren und als optimal dargestellten Vegetationsverhältnissen besteht eine Wissenslücke bezüglich der aktuellen Verhältnisse. Ein positiver Ansatz zum Ausgleich dieses Defizits ist die recht präzise Biotopkartierung nach § 30 BNatSchG (in der Fassung vom 25.03.2002, BGBl. I S. 1193) bzw. – weil für einige Bundesländer voreilig als abgeschlossen eingestuft – noch nach § 20c BNatSchG (in der Fassung der Bekanntmachung vom 21.09.1998, BGBl. I S. 2994, zuletzt geändert am 29.10.2001, BGBl. I S. 2785; außer Kraft getreten am 25.03.2002) respektive der jeweiligen landesrechtlichen Umsetzung. Das (anstehende) Melden von schutzwürdigen Biotopen nach der FFH-Richtlinie[1] kann hingegen nicht als „echte" neuere Kartierungsmaßnahme gewertet werden und muss als Grundlage für einen zu wünschenden Erfolg des Natura 2000 Konzepts seine Wirkung erst noch unter Beweis stellen. In der dringend notwendigen Auseinandersetzung um diese Meldungen muss sich, trotz Wissenslücken, ein vorwiegend politisch durchzusetzendes Konzept entwickeln, das angibt, wie eine betreffende Vegetation zu steuern sein sollte, um einem, wenn auch diffusen, so doch von der Gesellschaft getragenen und zu bezahlenden Schutzziel näher zu kommen.

Zweifelsfrei erleichtern immer präzisere Fernerkundungsmethoden und die gesteigerte Qualität der Präsentation mittels GIS (Geografischen Informationssystemen) die Datenvermittlung. Gleichwohl sei vor bloßem Datensammeln und einer wahren Digitalisierungseuphorie gewarnt. Grabherr & Reiter (1999) empfehlen GIS für eine bessere Stichprobenauswahl, doch dabei ist noch vor der Computerarbeit eine klare systematische Vorarbeit gefragt. Und nach erfolgter großflächiger Bewertung muss in zersiedelten kleinräumigen Lebensräumen die Detailarbeit jener Realität Rechnung tragen, welche Datensätze von zwangsläufig unterschiedlichster Dichte und Güte hervorbringt. Analog betonen schon Vahle & Dettmar (1988, 414) in ihrer Kritik an numerischen Methoden der Pflanzensoziologie, es sei wichtiger, notwendiger und werde dem Menschen gerechter, durch „Typenbildung" und Bildung von „Typenreihen" aus einer beweglichen und lebendigen inneren Vorstellung heraus „nicht nur das Vegetationsmuster alter Kulturlandschaften zu kopieren, sondern für den Aufbau ganz neuer, dem heutigen Menschen angemessener und lebenswerter Landschaften einen Beitrag zu leisten." Zu diesem Ergebnis kommt auch Fischer (1999, 172), der als Ergänzung der zahlreichen bereits vorliegenden Einzeluntersuchungen, die aktuelle Notwendigkeit der Generalisierung und Erarbeitung von Szenarien für

1 Flora-Fauna-Habitat-Richtlinie; Richtlinie 92/43/EWG des Rates zur Erhaltung der natürlichen Lebensräume sowie der wild lebenden Tiere und Pflanzen vom 21.05.1992 (ABl. EG Nr. L 206 S. 7) und den erfolgten Änderungen.

zukünftige Vegetationsentwicklungen betont. Eine Lösung dieser Probleme könne allerdings nicht durch „digitalisierte Wirklichkeitserfassung" oder Computersimulation erfolgen (Vahle & Dettmar 1988, 414).

2.1 Bedeutung von Vegetationsdynamik und insbesondere Sukzession im Naturschutz

Abläufe in der Vegetation und auch in darunter zu subsumierenden Sekundärgesellschaften der Kulturlandschaft sind Sukzessionen unterworfen. Diese Abläufe wurden bereits frühzeitig erkannt und als Gesetzmäßigkeit verstanden, wie es die Rückblicke auf historische Arbeiten bei Pignatti & Ubrizsy-Savoia (1989) und Drury & Nisbet (1973, 333 f.) zeigen.

Bei Heusinger (1831) findet sich ein früher Hinweis, wie in der Kulturlandschaft Sukzession zur Naturlandschaft geschieht:

> Noch größern Abbruch thun dem Weidevieh auf den Hutrasen die Ausläufer der Schlehenstauden und Dornhecken, welche nach und nach sich auf Berghutrasen ansiedeln, und welche man meist ungestört fortwachsen läßt. In manchen Ländern ist man so sorglos und gleichgültig gegen den Werth eines Hutrasens, daß man die Morgen Landes zu hunderten mit Wachholderstauden und Feldrosen, Weißdorn-, Schlehen- und Stachelbeerstauden überwachsen läßt, die nicht allein den Platz einnehmen, welche nützliche Hutweidepflanzen einnehmen könnten, sondern überdem die Schafe ihrer Wolle berauben, wenn sie zwischen denselben hingetrieben werden.(...) Diese Art Verwilderung hat für den Landwirth fast gar keinen Nutzen, und ihre Anwesenheit giebt einen solchen Maaßstab ab von der Trägheit, Unwissenheit und Verkehrtheit derjenigen, welchen dergleichen Flächen gehören, und den Wald von solchen Dorngebüschen dulden, die nur erst sehr spät einzelnen Waldbäumen gestatten, sich zu erheben.

Bis heute findet das Wissen um Sukzessionen, trotz ihrer naturgegebenen Konsequenz, kaum Anwendung auf die Vorstellung von Naturschutzgebieten, in denen allzu oft als Schutzziel ein bestimmter *status quo* erhalten werden soll. Die faktisch stattfindenden Abläufe sind aber sehr unterschiedlich in Bezug auf die Vegetationseinheiten und klimatischen Begebenheiten (Drury & Nisbet 1973).

> Vegetation ist äußerst dynamisch. Die konkret von den einzelnen Beständen eingeschlagenen Wege der Dynamik werden auf der Individual- und Populationsebene entschieden, und oft fällt die Entscheidung für einen Weg im Zuge einer kurzfristigen Störung (Fischer 1999, 173).

Gerade die Heterogenität dieser Abläufe scheint aber, kurz gesagt, letztendlich ein Motor der Evolution zu sein (vgl. Potthast 1999, 53 ff.). Mitunter wissen wir trotz historischer Erkenntnisse überhaupt nicht, in welche Richtung eine Sukzession ihren Verlauf nehmen wird, vor allem dann, wenn sich anthropogene Störungen zeitlich und räumlich von den historischen – keineswegs nur „nachhaltigen Nutzungen" (Küster 1998) – unterscheiden. Störungen können in der anthropogenen Entwicklung durchaus in der Absicht zur Erhaltung der Kulturlandschaft in ihrer Dynamik erfolgen. Gleichzeitig sich vollziehende mechanische Veränderungen der Böden sowie Schadstoffeintrag und Düngeeffekte aus der Luft sind mitunter so gravierend, dass das Ergebnis der Sukzession nicht mehr einem als historische Referenz zugrunde liegenden Vorbild entsprechen würde, dessen Renaturierung angestrebt sein könnte.

Diskussionen über das Waldsterben und die dadurch angeregte ökologische Forschung belegen allerdings auch, dass viele „Schäden" in den nicht standortgerechten Kulturen zu suchen sind (Ellenberg 1995; Küster 1998, 229 f.).

Schreiber (1995, 133) gibt zudem zu bedenken, dass aufgrund mangelhaften Diasporentransports die aktuellen Pflanzengesellschaften sich in ihrem Artengefüge verändert haben. Die dennoch teilweise hohe Artenvielfalt in der Kulturlandschaft erklärt sich, analog zu der in natürlichen Systemen (vgl. Stabilitäts-Diversitäts-Hypothese bei Connell 1978; Connell & Slayter 1977), durch ein hohes Maß an nebeneinander ablaufenden Sukzessionsereignissen und wiederholten Störungen ihrer Systeme. Störungen tragen zum Erhalt der Dynamik bei und sind damit „Initialpunkt oder Kausalfaktor für Sukzession, Regeneration oder Aufrechterhaltung der Artenvielfalt“ (Potthast 1999, 73). Fischer (1999, 173) betont, „dass sich Pflanzenindividuen oft nur nach bestimmten Störungen des Bestandes zu etablieren vermögen, andererseits aber, sofern einmal etabliert, lange verharren können, auch wenn sich die Umweltbedingungen geändert haben“.

2.2 Die Definition der „ökologischen Schäden“ im Umweltgutachten von 1987

Eine der wenigen Definitionen „ökologischer Schäden“ findet sich im Umweltgutachten 1987 (SRU 1987, 460 Rn 1691). Sie hat ihren Platz im Zusammenhang mit der Ökotoxikologie im Kapitel „Umwelt und Gesundheit“ und bildet, nach der Beleuchtung der menschlichen Gesundheit, gewissermaßen ein Anhängsel unter der Überschrift „Grenzwerte zum Schutz anderer Güter“. So heißt es dort:

> Als Schäden im ökologischen Sinne werden solche Veränderungen angesehen, die über das natürliche Schwankungsmaß der betroffenen Populationen oder Ökosysteme hinausgehen und sich oft nur über größere Zeiträume manifestieren, sowie Veränderungen, die entweder überhaupt nicht oder oft erst Jahrzehnte nach der toxischen Einwirkung und mit hohem Aufwand rückgängig gemacht werden können.

Das thematische Umfeld dieses Zitats (SRU 1987, 457 ff.; insbesondere Rn. 1679) lässt erkennen, dass hier keineswegs von einem ökozentrischen Umweltschutz ausgegangen werden kann. Die Definition „Ökologischer Schäden“ ist vielmehr anthropozentrisch ausgerichtet. Bereits die Anführung, Schäden „mit hohem Aufwand rückgängig“ zu machen, verstärkt die Annahme, dass für das „Ökologische“ keine griffige Vorstellung vorhanden ist, während „Schäden“ eher – und zwar monetär – fassbar sind, wie es vor allem bei der Bewertung des Immissionsschutzes zum Ausdruck kommt (SRU 1987, 457 Rn 1680):

> Tiere, Pflanzen und Sachen können allenfalls vor Gefährdungen, nicht aber vor Benachteiligungen oder Belästigungen geschützt werden. Sie werden auch nur insoweit geschützt, als Menschen durch ihre Zerstörung oder Beschädigung Nachteile erleiden (...). Nur eine erhebliche Beeinträchtigung ist als Schaden anzusehen. Ob die Beeinträchtigung von Tieren, Pflanzen, Sachen erheblich ist, hängt davon ab,ob die Schäden eine nach dem Gebot der gegenseitigen Rücksichtnahme nicht mehr zumutbare Vermögenseinbuße hervorrufen (erheblicher Schaden für die Nachbarschaft) oder ein schutzwürdiges Ökosystem nachhaltig beeinträchtigt wird (erheblicher Schaden für die Allgemeinheit).

2.3 Die Definition des Umweltgutachtens von 1987 als Basis für eine Definition „ökologischer Schäden“ im Naturschutz?

Wer versucht, die Definition des SRU (1987) auf den Natur- und Artenschutz hin auszulegen und statt der „toxischen Einwirkung“ gleichsam jede „menschliche Einwirkung“ anzuführen, kann, salopp betrachtet, ganz Europa als „ökologischen Schaden“ einstufen. Die Begründung hierfür liegt darin, dass es hier keine Biotope mehr gibt, die nicht zumindest mittelbar einer Störung durch den Menschen unterworfen sind. Die Vorstellung, es gebe noch letzte Reste von vom Menschen völlig unberührter Natur, ist irrig, denn selbst Moore, die Meeresküste und das

Hochgebirge sind beeinflusst – und sei es auch nur mittelbar durch Klimaveränderungen. Die floristisch-faunistische, vor allem aber auch die pedologische und mikrobielle Zusammensetzung ist häufig so nachhaltig gestört, dass die Ausgestaltung analog zu einer Ausgestaltung zu einem beliebigen Zeitpunkt wenigstens der letzten 10.000 Jahre nicht mehr möglich und – wie diskutiert werden wird – auch nicht nötig erscheint. Unmöglich scheint dies schon, weil die Bodengenese eines mindestens ebenso langen Zeitraumes bedürfte, die parallele (Co-) Evolution ihrer Bewohner indes eine andere wäre (Drury & Nisbet 1973; Ellenberg 1996). Wie Weish (1992) zu Recht bemerkt, „ist diese Auffassung zwar im Prinzip richtig, aber eher ein Gemeinplatz." Zweckpessimismus dieser Art diene häufig dazu, Naturschutzbestrebungen zu schwächen.

Das SRU-Gutachten (1987) fußt unter anderem auf der richtigen Annahme, dass es natürliche Schwankungen gibt, deren „natürliche[s] Schwankungsmaß" unbekannt ist, weil sie für je einzelne Gesellschaften oder Populationen, die zudem vernetzt sind, verschieden ausfallen können. Das abstrakte Wissen um Dynamik und oszillierende Systeme in der Natur ist zwar eine bedeutsame Basisinformation für Politik und Gesetzgebung. Problematisch ist dabei aber, dass die naturwissenschaftliche Erforschung jener Dynamik stets wünschenswert, aber nicht zwangsläufig möglich oder hilfreich ist, da keine verlässliche Vorstellung von den stets unbestimmten Zeitfaktoren besteht. So ist zum Beispiel auch der Zeitpunkt ungewiss, zu dem eine Pflanzengesellschaft in eine andere durch Sukzession übergehen könnte. Unbefriedigend bleibt vor allem aber die Diskrepanz beim Versuch der Verquickung des ökozentrischen Ansatzes mit dem anthropozentrischen. Der mit der Pflege beschäftigte Mensch betreibt mit „hohem Aufwand" die Beseitigung der durch menschliche Einwirkung entstandenen Schäden. Wann aber kann der Mensch die „Natur" wirklich für sich belassen, weil er der Auffassung ist, dass sie nun einem von Menschen entkoppelten Stadium entspricht, und wann muss oder wird er wieder eingreifen, weil die Dynamik es zu einem späteren Zeitpunkt verlangt, oder die wissenschaftliche Auffassung oder die Nutzungsvorstellung wieder wechselt?

Anhand dieser Frage wird deutlich, dass oben genannte Definition nicht eins zu eins für den Natur- und Artenschutz übernommen werden kann. Jede/r ökologisch Versierte würde einzelne Sukzessionsstadien je verschieden bewerten. Wichtiger noch als eine strenge und alleingültige Definition von „ökologischen Schäden" zu formulieren, ist daher die Diskussion über dieselben und die Erarbeitung der rechtlichen und praktischen Konsequenzen für den Naturschutz.

2.4 „Ökologische Schäden" in der Naturlandschaft

Übernimmt man den Definitionsvorschlag, so ließe sich meines Erachtens an eine Einteilung der zu schützenden Güter in Naturlandschaft einerseits und Kulturlandschaft andererseits denken. Zumindest für eine Naturlandschaft könnte dann jeglicher Eingriff in eine natürliche Dynamik im Sinne eines streng ökozentrischen Ansatzes als „ökologischer Schaden" bezeichnet werden, analog der Diskussion um einen Prozessschutz, der für „unberührte" Natur (in der Praxis zumeist noch auf Kernzonen eines Nationalparks angewandt) als Schutzziel immer häufiger empfohlen wird (Scherzinger 1990; kritisch hierzu und zum „Naturnähe"-Begriff in diesem Zusammenhang Potthast 2000, 72 f.). Eine solche Definition von „ökologischen Schäden" für die Naturlandschaft kann aus genannten Gründen in Mitteleuropa nur noch für wenige und kleine Areale gelten, und zwar lediglich für Felsgesellschaften oder manche „Urwiesen" der Alpen, schon nicht mehr für die größeren Einheiten von Nationalparks, die letztlich in großen Teilen unserer Kulturlandschaft zugehören. Der Schutz der wenigen letzten Naturlandschaften könnte gemäß der vorgeschlagenen Einteilung und unter der Zielsetzung eines echten Prozessschutzes dem der Kulturlandschaften vorgeordnet werden. Dies könnte die Durchsetzbarkeit und Akzeptanz bestimmter Maßnahmen, wie von Eser & Potthast (1999, 27-32) gefordert, erhöhen. Zu kritisieren bleibt, dass der Prozessschutz oftmals sehr unterschiedlich verstanden und ausgelegt wird (Potthast 2000, 72).

2.5 Naturlandschaft versus Kulturlandschaft – ist eine Definition „ökologischer Schäden" für die Kulturlandschaft möglich?

Da auch die Kulturlandschaft in weiten Teilen als schützenswert gilt, und sie in der Gesellschaft als vertraute und teilweise romantisch verklärte „Natur" mit einem unverkennbaren Artenreichtum („Biodiversität") betrachtet und akzeptiert wird, besteht die Wunschvorstellung einer Rückkehr zu homogeneren postglazialen Waldgesellschaften sowohl praktisch als auch theoretisch nicht mehr. Eine Definition „ökologischer Schäden" muss sich zwingend von einem nur als störend empfundenen anthropogenen Einfluss entfernen. Kulturlandschaften, die der Vorgabe einer Vermittlung mit Naturlandschaften im Hinblick auf Vegetationstypus oder Arteninventar noch gerecht werden können, sollten deshalb, in Anlehnung an eine im Rahmen der Tagung geäußerte Idee, auch vom Begriffskonstrukt des „ökologischen Schadens" befreit werden. So würde auch die positive Bewertung durch den Menschen evident, der für den Erhalt dieses Potenzials keinen negativ belegten Begriff verwenden sollte. Ein „Kulturlandschaftsschutz", wie er von Weish (1992) gefordert, aber noch nicht näher ausgeführt wird, müsste sich dieses wichtigen Themas gesondert annehmen und eigene Schadensdefinitionen entwerfen. Er müsste als eine Art Überbau des Arten- und Naturschutzes fungieren, da mit deren klassischer Ausrichtung allein aufgrund der Rote-Listen-Problematik, wie noch zu erläutern ist, keine befriedigenden Lösungen mehr zu erwarten sind. Ein Vertreter dieser Forderung sei im Folgenden zitiert:

> Nicht Naturschutz, sondern die Erhaltung der gewachsenen Identität der Landschaft sichert den Bestand dieser Lebensräume (Küster 1998, 237).
>
> Schutz verdient hier weniger die ‚Natur' als die in Dynamik gewachsene Identität von Landschaften mit ihren charakteristischen Tier- und Pflanzenarten (Küster 1998, 242).

Diese Landschaften verdanken ihre Existenz dabei zum Teil massivsten Eingriffen, weshalb Küster (1998, 237) vor Missdeutungen des Wortes „nachhaltig" warnt. Frühe Landwirtschaft sei bereits intensiv und nicht im Sinne eines so genannten biologischen Landbaus „nachhaltig" gewesen. Nur zuweilen sei extensiv gewirtschaftet worden, entscheidend war aber vor allem „ein großräumiger Wechsel in der Nutzungsintensität" (Mühlenberg & Slowik 1997, 218). So kann es bezüglich der Kulturlandschaft keinen Zweifel mehr geben, dass eine Nutzung stattfinden muss; das problematische „Wie" bedarf der intensiven Erörterung.

> Die zeitliche Dynamik der Landschaft, d.h. Nutzungswechsel und Nutzungskontinuität, sollte integraler Bestandteil von Nutzungskonzepten sein. (...) [D]ie durch Nutzungsdynamik erzeugten zeitlichen Muster einer Landschaft [spielen] für das Überleben von Populationen häufig eine wichtigere Rolle als alleine das räumliche Muster. Die zeitlichen Muster in der Landschaft tragen ebenfalls zur Erhöhung der Gesamtvielfalt bei (Purtauf et al. 2002, 214).

Vahle (2001) geht gar so weit, ein eigenständiges Konzept einer „Potentiellen Kulturlandschafts-Vegetation (PKV)" zu entwickeln, die er wie folgt definiert:

> Die Potentielle Kulturlandschafts-Vegetation (PKV) ist (...) diejenige Vegetation, die sich in einem Landschaftsraum gerade durch die qualitativ unterschiedlichen Tätigkeiten des Menschen entwickelt. Dabei werden vor allem diejenigen Tätigkeiten ins Auge gefasst, die die Vielfalt von Vegetationstypen erhöhen (a.a.O., 273).

> [Es] sollte nach Wegen gesucht werden, denjenigen ‚Faktor' einzubeziehen, der die arten- und biotopreiche Kulturlandschaft hervorgebracht hat: den Menschen. Denn gerade die Tätigkeiten des Menschen in der historischen Kulturlandschaft wirkten sich differenzierend und bereichernd auf Vegetation und Landschaft aus (...), was die Voraussetzung zur Entstehung oder zumindest starken Ausdehnung vieler gerade im heutigen Sinn besonders schutzwürdiger Biotope war (a.a.O., 274).

Diese PKV sei ein positiv belegter Begriff, der als anstrebenswert gelte und sich von der als sprachlich negativ besetzten „Ersatzgesellschaft" abhebe, dem traditionell positiv belegten Begriff der PNV ebenbürtig. Da Vahle die sich selbst überlassenen Naturschutzgebiete als chancenlos betrachtet, ein hoher Pflegeaufwand nicht finanzierbar sei, und er eine Museumslandschaft als nicht zeitgemäß erachtet, fordert er die Entwicklung von Leitbildern für einen „Naturschutz auf der gesamten Fläche". Der menschliche Einfluss – als ein „natürlicher Faktor" anzusehen – stehe im günstigen Fall für eine „hochkomplexe Ordnung", die einen „traditionellen Kulturgradienten" nachzeichnet, einer dörflichen Kultur, deren historische Beschreibung leider nur fragmentarisch vorliege (a.a.O., 274 ff.).

Solche Ansätze zum Kulturlandschaftsschutz konnten sich umweltrechtlich noch nicht durchsetzen. Die Einteilung in Landschafts- und Naturschutzgebiete sowie in Naturparks, welche durch die Freizeit- und Tourismusbranche zum Naturerlebnis geprägt werden (wie z.T. leider auch die Nationalparks), hat historische Ursprünge. Sie ist nur mit der Entstehung des Bundesnaturschutzgesetzes (BNatSchG) zu verstehen, ein biologischer Sinn ergibt sich daraus nicht. Die Novelle des BNatSchG enthält zwar ein „Entwicklungsgebot", subsumiert aber die wertvolle Kulturlandschaft unter den Naturschutzgebieten, und bleibt so im Rahmen einer traditionellen Schutzgebietsdefinition.

2.6 Zwischenfazit

Eine Definition mit dem Anspruch auf Allgemeingültigkeit lässt sich für den Begriff des „ökologischen Schadens" meines Erachtens nicht verwirklichen. Das zentrale Problem scheint dabei die Interpretation des Begriffs der „Störung" zu sein, die je nach deren Intensität sich positiv oder negativ auf eine Dynamik auswirken kann, deren räumlich/zeitliche Dimension wiederum unklar bleibt. Dabei spielt es zunächst keine Rolle, ob es sich um Naturlandschaft oder Kulturlandschaft handelt.

Die Vielfalt der dynamischen Prozesse in der Vegetationsentwicklung, die Vielfalt der Sukzessionen, deren Stadien nur teilweise vom Menschen angestrebt oder für wertvoll erachtet werden, stellen die Momentaufnahmen der Lebewelt dar, die letztendlich geschützt, und denen Entwicklungsmöglichkeiten zu- oder abgesprochen werden sollen. Letztlich wird also ein „ökologischer Schaden" auf die Bewertung eines bestimmten Sukzessionsstadiums fokussiert, d. h. die Relevanz einer Veränderung von dessen Dynamik, Ablauf und Richtung wird bewertet.

Zentrale Fragen, was „ökologische Schäden" in der Natur- und Kulturlandschaft seien, sind also einerseits die nach dem Ablauf einer Sukzession, andererseits aber die nach der Bewertung der erfolgenden Störungen (inklusive Biotoppflege!) zur Aufrechterhaltung von Sukzessionen und Dynamik:

- Kann ein Schutz der Dynamik, die Ermöglichung der Sukzession wenigstens in den „Naturschutzgebieten" erfolgen? Darf dort anthropogen durch Störungen Einfluss genommen werden?
- Ist das Erzielen eines „status quo" oder die Weiterentwicklung von Biotopen sinnvoll und machbar (Unterbrechung oder Steuerung der Sukzession)?

Diese Fragen sollen im Folgenden anhand von Fallbeispielen aus Naturschutzgebieten erläutert werden. Ein Exkurs zu Neophyten soll darüber hinaus auf eine mögliche „ökologische Schädigung" hinweisen.

Des weiteren sollen Methoden der Effizienzkontrolle pflanzensoziologischer Erfassung und der Molekularbiologie kritisch hinterfragt werden. Wenn – zunächst neutral formuliert – aus naturwissenschaftlicher Sicht Veränderungen nicht überzeugend als problematisch aufgezeigt werden könnten, bliebe eine Bewertung, was ein Schaden sein könnte, vollkommen abstrakt.

- Sind also Veränderungen überhaupt qualitativ und quantitativ als „Problem" erfassbar?

Abschließend soll die rechtliche Komponente erläutert werden:

- Erscheinen die rechtlichen Rahmenbedingungen sinnvoll und ausreichend?

3 Fallbeispiele

3.1 Der Bergrutsch am Hirschkopf bei Mössingen – Schaden als Chance für den Neubeginn!

Die üblicherweise nur im Zentimetermaßstab zu verfolgende Rückverlagerung des Traufs (Kante am Steilabfall) der Schwäbischen Alb wurde 1983 durch den größten Bergsturz des letzten Jahrhunderts nach einem starken Regenfall massiv beschleunigt. Da solche Ereignisse geologisch nicht unüblich sind, erscheint es mir angebracht, sie als natürlich auftretenden „ökologischen Schaden" zu betrachten, der der Natur gleichwohl die Chance eröffnet, dieses Areal (mangels Nutzbarkeit) so einer Sukzession zu überlassen, wie sie „natürlicherweise" eintreten sollte. Nun ist aber selbst bei einem flächenmäßig derartig großen Naturereignis der anthropogene Einfluss unübersehbar. So wurde die Abrisskante durch die Anlage von Forstwegen, die das Eindringen der Wassermassen in den Weißjura ermöglichten, gewissermaßen vorbestimmt.

Nachdem der Bergrutsch zuerst als rein „ökonomischer Schaden" eingestuft und überhastete Aufräumaktionen durchgeführt worden waren, erfolgte eine Unterschutzstellung erst sehr spät. Der weitestgehend naturnahe Sukzessionsprozess im Umfeld der Forste der Schwäbischen Alb kann erst nach diesem erneuten anthropogenen Eingriff wissenschaftlich verfolgt werden (Schumacher 1997). Die Untersuchungen zeigen das Werden, aber auch das Vergehen von Pflanzengesellschaften. Im Sinne eines Prozessschutzes wäre von Interesse, die Entwicklung vollkommen ungestört ablaufen zu lassen. Dagegen steht aber der massive Druck des Wildes (insbesondere riesiger gefütterter und kaum bejagter Wildschweinpopulationen).

Zwischenfazit: Eine durch den Menschen wirklich ungestörte Rückentwicklung ist aufgrund äußerer Einflüsse in Mitteleuropa so gut wie unmöglich. Weitere Pflegemaßnahmen z.B. in Form von Wilddezimierungen sind eigentlich stets nötig, doch herrscht bezüglich der tolerierbaren („natürlichen") Bestandsdichte Unsicherheit. Ein „ökologischer Schaden" träte dann ein, wenn dem Werden und Vergehen einzelner Sukzessionsstadien entgegengewirkt, die Dynamik anthropogen gestört würde. Das Naturschutzgebiet „Hirschkopf" ist von wissenschaftlichem Interesse für ein nur beinahe ohne anthropogene Störungen betroffenes Areal.

3.2 Die „Beurener Heide" bei Hechingen

Die Nutzung gerodeter Hänge am Albtrauf durch Beweidung entspricht einer jahrhundertealten Tradition und führte zur charakteristischen Ausbildung der vertrauten Kulturlandschaft mit ihrem dem Verbiss trotzenden Wacholdergebüsch. Die Beurener Heide bei Hechingen ist dabei ein unter Orchideenliebhabern sehr geschätztes Naturschutzgebiet.

Nach Schlee (1999) konnten etwa 20 Arten von Orchideen für das Gebiet bestätigt werden. Vereinzelt werden für gewisse Ragwurz-Arten Varietäten angegeben, die ihre Verbreitung in Südeuropa haben, was die Ansalbung durch falsche „Liebhaber" nahe legt.

Orchideen werden gerne als Zielarten für eine Ausweisung von Naturschutzgebieten herangezogen, da sie meist sehr auffällig sind und als vollständig geschützte Gattung eine große Anzahl Rote Liste-Arten versprechen. Deshalb führen sie bei Naturschützern stets die Inventarlisten an. Dies mag nicht unbedingt von Nachteil sein, wenn es gilt, insgesamt wertvollen Flächen, wie sie Trockenrasen und -säume durchweg aufgrund ihrer hohen Vielfalt an bedrohten Arten darstellen, eine zügige Unterschutzstellung angedeihen zu lassen. Orchideen genießen einen hohen Stellenwert auch außerhalb der Fachwelt und liefern nebenbei eine formale Rechtfertigung für den Schutz unbekannter und seltenerer Arten. Sie führen aber dann zum Problem, wenn Schutzmaßnahmen für einen Biotop einseitig auf diese Arten ausgerichtet sind. Dies gilt vor allem dann, wenn aufgrund der ausbleibenden traditionellen Pflege die Gebiete verbuschen (der ästhetisch das Landschaftsbild prägende Wacholder ist hierbei nur der markanteste Vertreter; in Frage kommen sämtliche Gebüsch- und Waldarten), vergrasen (insbesondere mit *Arrhenatherum elatius*, dem Glatthafer aus den Wirtschaftswiesen) und versaumen (mit Arten des nitrophilen Saumes und nicht etwa nur mit den Spezialisten der Trockensäume). Hierbei zeigt sich, dass die Phänomene der Vergrasung und Versaumung noch immer zu wenig Eingang in die Literatur gefunden haben (abgesehen von den klassischen Verschiebungen zwischen Aufrechter Trespe (*Bromus erectus*) und Fiederzwecke (*Brachypodium pinnatum*) infolge des Wechselspieles von Mahd und Beweidung; vgl. u.a. Bobbink & Willems 1987; Eckert & Jacob 1997; neuerdings auch verstärkt für Pfeifengras (*Molinia*); vgl. Eberle 1995). Diese Unterrepräsentierung erstaunt umso mehr, als sie auch aus historischen Vegetationsaufnahmen bei einer Neubewertung durchaus ablesbar sind. Sie treten aber gegenüber der auffälligeren und durch relativ simples mechanisches Entfernen beseitigbaren Verbuschung kaum in das Blickfeld und bedürfen noch eingehender wissenschaftlicher Erforschung.

Positive Erfahrungen mit einer Pflegebeweidung in einem der größten Orchideen-Vorkommen Niedersachsens belegen zwar einen quantitativen Rückgang einzelner Arten, insgesamt jedoch eine qualitative Bestandssicherung und befriedigende Offenhaltung der Kulturlandschaft, so dass die Sorgen auch für diese Artengruppe eigentlich unbegründet wären (Rieger 1996). Auch

Haarmann & Pretscher (1993, 107) beobachten Fehlentwicklungen speziell in Orchideen-Naturschutzgebieten. So seien diese teilweise zerstört oder sehr stark gefährdet, obschon sie wie „Kleinodien oder Heiligtümer der Natur" betrachtet und zumindest ein Teil von ihnen „nicht nach objektiv biologischer oder ökologischer Notwendigkeit, sondern aus subjektiv getönten Vorstellungen über Seltenheit, Schönheit oder Gefährdung ausgewiesen" würden. Neuansiedlungen von Orchideen können jedoch gerade an den gestörtesten, jüngst offengelegten Stellen häufig beobachtet werden. In Beuren kann die spektakulärste Varietät der Bienenragwurz bevorzugt an bereits langjährig existierenden Trampelpfaden gefunden werden.

Zwischenfazit: Gerade massive Störungen sind paradoxerweise häufig die letzte Möglichkeit für die im Schutzzweck herausgestellten Arten, um falschen Pflegemaßnahmen zu entgehen. Artenreiche Naturschutzgebiete können gleichwohl einen „ökologischen Schaden" verdeutlichen, weil ihr Artenreichtum nur auf einer Momentaufnahme des Gesellschaftsumbaues beruht. Phänomene der Vergrasung, Versaumung und Verbuschung aufgrund einheitlicher Pflegemaßnahmen sind, sofern großflächig auftretend, auf Dauer Garanten einer Verarmung der Flora und Fauna. Pflegemaßnahmen müssen so kleinräumig sein wie ihre Vegetationseinheiten und sich an den historischen Vorgaben orientieren. Der dadurch erzielte Artenreichtum ist in seiner Dynamik stabil und beruht hauptsächlich auf Randeffekten und Störungen. Eingriffe sind dann keine „ökologischen Schäden", weil alle Sukzessionsstadien erhalten werden.

3.3 Reliktartenproblematik – Naturschutzgebiet „Hirschauer Berg" bei Tübingen

Eines der bekanntesten Naturschutzgebiete Baden-Württembergs findet sich bei Tübingen, wo alte aufgelassene Weinberge wärmegetönten Halbtrockenrasengesellschaften gewichen sind. Dort haben deutschlandweit extrem rare pannonische Steppenelemente überdauert (Wollige Fahnenwicke, *Oxytropis pilosa*; Ungarische Platterbse, *Lathyrus pannonicus*), deren Mikroevolution Gegenstand umfangreicher pflanzensoziologisch-molekulargenetischer Untersuchungen ist (Schlee et al. 2003). Es stellt sich die Frage, wie Reliktpflanzen wirksam geschützt werden können, die nur noch wenige Quadratmeter ursprünglich natürlicher Bedingungen in der Kulturlandschaft vorfinden. Sie lassen sich in diesem Fall nur schwerlich pflanzensoziologisch einordnen, da sie Pioniercharakter besitzen und damit auch Ruderalstandorte besiedeln (z.B. außerhalb ihres Hauptbestandes eurasischer Steppen, Bahngeleise und Straßenränder im Alpenraum und Südeuropa). Bei der Ungarischen Platterbse stellt sich zudem die Frage, wie sich die Ökotypen orientieren, die für ihre Westausbreitung in Südeuropa einen Habitatwechsel von sehr trocken nach sehr nass vollzogen haben. Molekulare Befunde verdeutlichen, dass sich die Reliktarten in einer geologisch-biogeographisch jungen Phase dabei bereits morphologisch und genetisch so deutlich auseinanderentwickelt haben, dass eine Unterscheidung von Unterarten gegeben ist. Das bedeutet, dass letztlich die Erhaltung jeder Population wichtig ist. Ein Austausch von genetischem Material beispielsweise durch *in situ* Konservierungsmaßnahmen in Botanischen Gärten ist wegen der Hybridisierungswahrscheinlichkeit – sogar mit anderen nicht autochtonen Kultivaren – abzulehnen. Eine Vernetzung der Habitate für die ausbreitungsfähige Wollige Fahnenwicke hingegen wäre für die neuen Bundesländer wünschenswert, und eine Schafbeweidung ist ohnedies für beide Arten das kulturgeschichtlich angestammte und wirkungsvollste Mittel für deren Erhaltung.

Zwischenfazit: „Ökologische Schäden“ lassen sich für dieses Naturschutzgebiet dahingehend präzisieren, dass die zunächst den Fortbestand sichernden anthropogenen Einflüsse nicht mehr aufrechterhalten werden und dadurch die „natürliche Dynamik“ schwindet. Diese ist durch die Überwucherung mit mesophilen Saumarten und Neophyten (*Robinia pseudoacacia* aus Nordamerika) stets gefährdet, weshalb der Erhalt der autochtonen Arten betont wurde und zumindest an solchen Reliktstandorten ernst genommen werden muss.

3.4 Exkurs – Neophyten

Meines Erachtens sollten zumindest invasive Neophyten generell als „ökologischer Schaden“ betrachtet werden. Gerade diese invasiven Arten nutzen dynamische Systeme aus oder werden durch eine Störung zunächst in ihrer Vermehrung begünstigt (Eser 1999, 164 ff.; Bornkamm 2002 am Beispiel von Schmalblättrigem Greiskraut, *Senecio inaequidens*; Hartmann & Konold 1995 am Beispiel von Nordamerikanischen Goldruten, *Solidago*-Arten).

Unverständlich bleibt mir demgegenüber, warum Haeupler (2000, 119) folgende – unstrittig stattfindenden – biologischen Ereignisse pauschal als „positive Seiten“ betrachtet:

> Invasoren bringen wie jeder andere Ankömmling auch, neue genetische Ressourcen, können Hybridisierung, Autoploidisierung (neue Umgebung = neuer Stress), Apomixis, d.h. evolutive Prozesse anregen und somit durchaus zur Erhöhung und/oder Aufrechterhaltung der Cormophytendiversität beitragen.

Unreflektiert ließe sich damit problemlos auch die heftig umstrittene Freisetzung gentechnisch-veränderter Organismen befürworten (für kritische Anmerkungen zu Hybridisierungsvorgängen ganz allgemein vgl. Eser 1999, 194 ff.). Kritisch erscheint mir zudem die Positivbesetzung der sicher quantitativen – letztlich nicht notwendigerweise als qualitativ besser empfundenen – Erhöhung der Diversität an sich. Archäophyten freilich, zumal wenn sie als Kulturpflanzen genutzt werden, durchleb(t)en diese Prozesse ebenso wie die von Haeupler (2000, 121) betonten Anökophyten (Heimatlosen), deren Herkunft unbekannt ist. Jedoch verweist er aus gutem Grund auch auf Invasoren aus der schon längst heimischen Flora, deren Zurückdrängen für Reliktarten oder andere Seltenheiten gegebenenfalls gerechtfertigt sein sollte.

Zwischenfazit: Die Aussage „Neophyten sind kein Schaden für die Natur, sondern für die Natur, die wir erhalten wollen“ (Eser 1999, 216) bringt auf den Punkt, dass bislang zwar keine Ausrottung von Arten oder ein endgültiges Erlöschen von Pflanzengesellschaften durch Neophyten dokumentiert werden konnte, gleichwohl negative Auswirkungen attestiert werden, je nach BetrachterIn. Die Definitionen einer „heimischen Art“ und „gebietsfremden Art“ im BNatSchG sind zwar nicht unproblematisch (Herter et al. in Schumacher & Fischer-Hüftle 2003, § 10 Rn 49-55), doch sind m.E. Referenzpunkte einer jeweiligen Artetablierung für den klassischen Naturschutz unabdingbar, der auch bei Etablierung eines Kulturlandschaftsschutzes für bestimmte angeführte Reliktarten auf lange Sicht nicht ganz wegzudenken sein sollte. Die Maßgabe der Kontrolle einer erfolgenden Wiederbesiedlung (a.a.O., Rn 54) dürfte ohnedies auch für Vertreter einer anderen Meinung von Interesse und akzeptabel sein. Zu Recht verweisen Kratsch & Herter in Schumacher & Fischer-Hüftle (2003, § 41 Rn 14-15) auf die Bedeutung regionaler Sippen und Unterarten, welche andernorts als „gebietsfremde Arten“ gelten müssen. Gregor & Matzke-Hajek (2002) verweisen auch auf den Schutz von Apomikten, also den Erhalt von infraspezifischer Variabilität durch deren Würdigung innerhalb der Roten Listen, die diesen Erkenntniszuwachs nicht ausblenden sollten. Schwachpunkt bleibt die Verankerung des Umgangs mit Kulturpflanzen. Deren Schutz ist nicht im BNatSchG verankert (a.a.O., Rn 43), obwohl sie ein unstreitig wichtiger Teil der Kulturlandschaft sind, welche ihrerseits explizit Schutz erfährt (§ 2 Abs. 1 Nr. 14 BNatSchG).

Letztlich lassen sich für alle vorgestellten Naturschutzgebiete Aspekte eines „ökologischen Schadens" intuitiv leicht finden. Dies hat häufig seine Gründe nicht nur in der praktischen Umsetzung falscher Pflegekonzepte, sondern bereits in der unterschiedlichen Wahrnehmung und theoretischen Entwicklung eines Schutzkonzeptes. Möglicherweise kann im Sinne einer Kulturlandschaftsentwicklung Arten- und Biotopschutz vorangebracht werden, wo Pflegekonzepte scheitern:

> Darüber hinaus spricht gegen eine flächenhafte Festschreibung von Pflegemaßnahmen und Nutzungen, dass mehrere Arten und Gesellschaften trotz planmäßiger Pflege verschwinden (...). Stattdessen sind Landnutzungsformen mit einer für den Naturschutz zukunftsweisenden Vielfalt und Dynamik notwendig, die durch Pflegeverordnungen nicht annähernd nachzuahmen sind ... (Vahle 2001, 274).

4 Methodische Problematik

4.1 Biotoperfassung im Naturschutz

Sollen „ökologische Schäden" allgemein definiert und belegt werden, so müssen die naturwissenschaftlichen Methoden, die zur Beschreibung derselben dienen, konsequent und konsistent sein. Im Natur- und Landschaftsschutz wird allen Methoden voran auf die Beschreibung der (Pflanzen-)Gesellschaften (Assoziationen etc.) gesetzt und deren Evolution oder Zusammensetzung einst und jetzt verglichen – um dann festzustellen, dass es sich letztendlich immer schon um Übergangsgesellschaften, Basalgesellschaften oder Rumpfgesellschaften handelte, die über das letzte Jahrhundert hinweg kartiert wurden, und die häufig keine „reinen" Assoziationen im Sinne Braun-Blanquets darstellen, obschon sie beispielsweise dem Homogenitätskriterium entsprechen (zur Problematik der pflanzensoziologischen Einheiten vgl. z.B. Jax 2002, 110 ff; Möller 1993). Eine solche starre Einteilung in Pflanzengesellschaften ist höchst problematisch, weil sie den Blick auf die Umbauten, die Sukzession der Pflanzengesellschaften, verschließt. Fehler können hier an mehreren Stellen gemacht werden. *Entweder* die Forschenden ignorieren die als inhomogen empfundenen Übergänge und kartieren nur wenige homogene aber untypische Flächen innerhalb des betreffenden Areals. Dann verschließt sich jedoch die Sicht auf die für den Naturschutz relevanten „Inseln", die z.T. quantitativ, zumindest aber qualitativ als Initialstadium oder als für erneute Expansion notwendiges Reststadium bedeutsam sind. *Oder* aber alle Flächen werden zwar als homogen kartiert, dann aber bei der syntaxonomischen Zuordnung in offenem Widerspruch zum Geländeeindruck einem künstlichen System von real bereits nicht mehr existenten Pflanzengesellschaften alter (Zürich-Montpellier) Schule einverleibt. Oder aber, und das ist noch fragwürdiger, die Forschenden ergehen sich in Neubeschreibungen von Subvarianten einer Subassoziation — nur um bei deren geringster Fazies-Verschiebung (erkennbar bei einer späteren Neukartierung) eine dramatische Gesellschaftsveränderung für den Naturschutz zu attestieren. Dengler & Berg (2000) fassen die Probleme bei der Klassifikation von Pflanzengesellschaften in exzellenter Weise zusammen. Sie verweisen aber auch auf die Schwierigkeiten alternativer deduktiver Methoden, deren Benennung von Gesellschaften trotz der Zusammenstellung wichtigster Gesellschaftselemente wenig griffig bleibt und sich damit kaum für den Naturschutz mit seinem Schutzkatalog und Roten Listen eignet. Allerdings sind es auch diese Listen selbst, die, notgedrungen nur einen Ausschnitt präsentierend, entweder als zu grober Biotoptypenkatalog (Riecken et al. 1994) oder als zu starres und schwerlich abbildbares Syntaxonomie-Konstrukt (Rennwald 2000) empfunden werden. Blab in Riecken et al. (1994, 9 f.) mahnt daher:

> Biotope sind immer Bestandteil der jeweiligen Landschaft und ihrer kulturhistorischen Entwicklung, außerdem stellen sie nur einen Teil der Gesamtheit eines Ökosystems dar und können somit im Naturhaushalt bestehende Funktionszusammenhänge nur partiell abbilden. Ferner sind Lebensräume stets ‚Individuen' mit ganz spezifischen Eigenschaften, entsprechend muss das Naturschutzhandeln darauf abzielen, auch die gesamte ökologische Bandbreite von Biotopen desselben Typs zu sichern.

Auch Riecken et al. (1994, 22) verweisen auf die hohe Subjektivität solcher Kataloge:

> Die einzuordnenden und zu bewertenden Objekte sind somit Bestandteile eines dynamischen Raum-Zeit-Systems, in dem viele Bestände mehr oder weniger langlebige Übergangssituationen repräsentieren und sich häufig einer konkreten Einordnung entziehen (...). Gleichzeitig unterscheiden sich einzelne Flächen eines Biotoptyps schon aufgrund ihrer unterschiedlichen historischen Entwicklung fast immer bei genauer Analyse ihres Arteninventars und ihrer konkreten Ausprägung. Hieraus resultiert eine begrenzte Anwendbarkeit dieses Instruments in der praktischen Naturschutzarbeit, wenn es darum geht, dynamische Prozesse in der Landschaft zu beschreiben und zu beurteilen. Entsprechend lässt sich auch bei durch Sukzession ineinander übergehenden gefährdeten Biotoptypen aus der Gefährdungseinstufung keine relative Schutzpriorität unmittelbar herleiten. Hierzu bedarf es in jedem Fall der Festlegung regionaler Leitbilder des Naturschutzes (...).

Von Schlee (1999) und Schlee et al. (2003) konnte gezeigt werden, dass die Kartierungsmethode nach Braun-Blanquet an sich noch immer durchaus ihre Berechtigung hat, aber dass in der Auswertung wichtige Veränderungen bei einer Ausrichtung auf naturschützerische Belange vorgenommen werden sollten. Dies geschieht gerade nicht dadurch, dass die pflanzensoziologischen Tabellen auseinandergerissen werden, um syntaxonomisch sauber Assoziationen auszuscheiden; vielmehr werden Aufnahmen zusammengeführt, um die relevanten Übergänge hervortreten zu lassen, was inzwischen mit Hilfe des Computers forciert werden kann (z.B. Datenbanken nach Subal 1997). Die Übergänge gewähren überhaupt erst einen Eindruck von der ökologischen Zusammensetzung und den Umbauten der Biotope und lassen die wesentlichen Elemente der Habitate erkennen. Überlappungen (und daher Mehrfachtabellen) sind dabei nicht ausgeschlossen. Ohne diese Gesamtschau und den eventuell möglichen Vergleich mit historischen Aufnahmen haben wir kein vollständiges Bild von der Vegetation vor der Industrialisierung und Technisierung und der rasanten Nachkriegsentwicklung – und müssten im Naturschutz selbst für die jüngsten Restaurationen von irrigen Voraussetzungen ausgehen.

Synoptische Tabellen, wie sie Korneck et al. (1993) veröffentlichen, zeigen trotz ihrer komprimierten Zusammenschau der Aufnahmen ein hohes Maß dieser Übergänge, wenn man sich auf die hohen Stetigkeiten sogenannter „Begleiter" konzentriert, die beispielsweise für die Trockenrasen einen enorm hohen Prozentwert an Saumarten aufweisen. Damit wird deutlich, wie sehr die von diesen Autoren beschriebenen Pflanzengesellschaften insbesondere von der Nutzungsweise abhängig sind. Auch Kuhn (1937) bietet für die Region der im Abschnitt 3 aufgeführten Fallbeispiele hervorragende historische Vergleiche mit eng auf die (damalige) kulturelle Nutzung ausgelegten Belegaufnahmen. Pflanzengesellschaften haben sich immer schon mehr oder weniger vermischt und im Laufe der Zeit gewandelt, weshalb neue floristische Elemente ein- bzw. abwandern konnten. Diesen historisch wertvollen Tabellen, die teilweise von den Autoren als „ranglose Gesellschaften" bewusst nur grob skizziert wurden, heute Individualbeschreibungen einzelner Aspektkartierungen mit einer angesalbten Orchidee entgegenzusetzen, wird dem Naturschutz daher auf Dauer abträglich sein. Es sind die großen ökologischen Fragestellungen der Nutzung und des damit verbundenen Umbaus im großen Stil aufgrund der genannten Phänomene der Verbuschung, Vergrasung und Versaumung, welche die Veränderungen im Vergleich zu den historischen Aufnahmen evident werden lassen. Ihre Entstehung war ein stets wechselvolles Pendeln zwischen Beweidung, Mahd und Beackerung, weshalb sich die Kompendien hier besonders schwer tun (vgl. Rennwald 1999, 335; Anm. 519).

Die neuerliche Untersuchung an der „Beurener Heide" (Schlee 1999) zeigt beispielsweise, dass durch den Besucherstrom einige Zielarten wieder verschwunden sind (einzige Bestände einer seltenen Orchideen-Art) – Gebiete dieser Art bedürfen auch eines Schutzes vor der Öffentlichkeit.

Wenigstens für die Zukunft sollte daher die moderne Pflanzensoziologie mit Hilfe von Dauerbeobachtungsflächen Vergleichbarkeit und Erfolgskontrolle garantieren. Kosten und Personalintensität setzen hierbei jedoch schnell Grenzen. So bewähren sich die Probeflächen selten als repräsentativer typischer Ausschnitt. Der hohe Zeitaufwand für feine Schätzskalen wie jener nach Londo sind nach meiner Erfahrung (vgl. Schlee 1999) oft nicht notwendig. Auch bei Kaiser et al. (1998, 58) ist ersichtlich, dass sich Fehler bei den Aufnahmen in Gewichtung zu den Auswirkungen für die Braun-Blanquet Skala in etwa die Waage halten, wie überhaupt Witterungseinflüsse und Kartierungserfahrung für die Reproduzierbarkeit der Ergebnisse aus Dauerbeobachtungsflächen die größte Unsicherheit bergen (Quinger 1994, 121).

Behörden können also schwerlich den Erfolg messen. Ein bloßes Durchzählen der Pflanzen, das eine höhere Zahl an Rote Liste-Arten und Biotopen erweisen mag, kann durchaus zu einer kurzfristigen Bestätigung des Schutzzieles führen. Jedoch ist ein Umbau der Pflanzengesellschaften, der möglicherweise gar nicht gewünscht ist, ebenfalls begleitet von einem vorübergehenden Anstieg der Artenvielfalt, der dann jedoch zugunsten von „Allerweltsarten" auch wieder abfällt. Diese setzen sich dann hartnäckig fest und erlauben keine Wiederbesiedlung der Flächen durch bedrohtere Arten. So stellt auch Blab in Riecken et al. (1994, 9) ernüchtert fest:

> Die Bilanzierung des Umfanges der Gefährdung zeigt dabei, dass nahezu alle schutzwürdigen Biotoptypen in Deutschland gefährdet sind (rd. 92%). Besonders alarmierend ist darüber hinaus, dass die kaum oder nicht regenerierbaren Lebensraumtypen von dieser Entwicklung am stärksten betroffen sind, während der überwiegende Anteil der aktuell nicht oder gering(er) gefährdeten Typen über eine vergleichsweise höhere Regenerationsfähigkeit verfügt.

Festzustellen bleibt, dass der „ökologische Schaden", den man durch solch umstrittene Methoden ermittelt hat, allzu leicht zum argumentativen Spielball der Interessenvertreter wird. Dies geschieht umso leichter, als noch ein erhebliches Defizit selbst im Bereich der Grundlagenforschung (Reich 1994, 104 f.) und auch in der Beurteilung der ablaufenden Prozesse gerade im Hinblick auf die Wechselwirkungen mit der Fauna (Blab & Völkl 1994, 296) auszumachen ist. Nach Oertel (1994, 181) seien Effizienzkontrollen letztlich so vielfältig anzugehen wie die Biotope oder Vegetationseinheiten selbst. Auch für die schon angeführte PKV sieht Vahle (2001, 284 f.) das Problem der Vegetationserfassung in der „ausgeräumte[n] Landschaft" als schwieriges, selbst kaum über Sigmeten (Vegetationskomplexe) und nur im historischen Kontext zum Inventar der Dörfer zu lösendes Problem an.

4.2 Molekularbiologische Methodik

Molekulare Detailuntersuchungen sind extrem selten vorzufinden. Ein diffuses Wissen, dass sich Arten differenzieren, weil dies evolutiv stets gegeben sein kann, und das Wissen, dass auch einzelne Allele verschwinden können, verleitet viele Naturschützer zu der Vorstellung, man müsse Biotope vernetzen oder gar eine *ex situ*-Erhaltung einzelner Raritäten forcieren, um ja keine genetische Information zu verlieren. Dabei verkommt die Biodiversität, wie Potthast (1999, 143 f.) befindet, zu einem Schlagwort, und er konstatiert: „Das Fehlen eines theoretischen Konzepts zeigt sich in der eher lexikalisch aufzählenden Liste all dessen, was bio-divers ist – schlichtweg alles. Eine Untersuchung der Kausalzusammenhänge darf aus pragmatischen Gründen aktueller Bedrohung noch zurückstehen".

Gut gemeinte Ansätze des durch die Rio-Konvention ermutigten Naturschutzes lassen schnell vergessen, dass einzelne Arten offenkundig eine Strategie verfolgen, die kleine Populationen durchaus stabil zu erhalten vermag. Nur beispielsweise über den Herbarbefund nachweislich rekonstruierbare Populationen sollten einem Verbund unterstellt werden. Ein ganz extremer Fall von anthropogener Beeinflussung findet sich bei Travis et al. (1996) für eine Tragant-Art (*Astragalus*) am Grand Canyon. Obwohl die Datenlage aufgrund der Methodik nicht überragend gut ist, sondern lediglich ein unbekannter Ausschnitt aus dem Genom der Pflanzen verschiedene Amplifikate für die zu unterscheidenden Populationen liefert (AFLP = Amplified Fragment Length Polymorphism), wie dies gleichermaßen durch einen Pilz oder anderen Schädling auf dem Blattmaterial verursacht werden könnte (Bachmann 1994), wird hier bereits der Anspruch erhoben, diese mutmaßlich verschiedenen Genotypen oder Allele schützen zu müssen. Damit wird jedoch der Schutz der „Biodiversität" zu einem „Allelschutz" atomisiert. Tatsächlich scheint die Strategie bei der Gattung *Astragalus*, immerhin mit rund 2000 Arten eine der größten des Pflanzenreichs, aber offenkundig diejenige zu sein, in einer lebhaften Artbildung zu stecken und vermeintliche Mini-Populationen als Founder-Populationen für eine neue Art zu nutzen (Sanderson & Wojciechowski 1996). Somit ist es fraglich, ob unbedingt die genetische Konsistenz dieser nahe beieinander gelegenen Populationen Ziel des Naturschutzes sein sollte und eine Rettung des selteneren Allels durch Einbringung in die größere Population gerechtfertigt ist. Dann würde zwar das unbekannte Allel in der größeren Population weiterexistieren, aber man hätte eine weitere anthropogen geschaffene Population zu separieren, weil sie selbst eine völlige Neukombination darstellt.

Im Umkehrschluss sollte man generell aber nicht die Gefahr verkennen (Potthast 1999, 214 ff.), vermeintliche oder phänotypisch evident sich unterscheidende Sippen nur auf Grund des letztlich nicht aussagekräftig genug gewählten molekularen Markers als der gängigen und häufigen Sippe angehörig zu verstehen, nur weil wir die Unterschiede (noch) nicht würdigen können. Freilich lassen uns diese tatsächlich großen genetischen Ähnlichkeiten, die bisher ermittelt wurden, aber erkennen, dass unser Artbegriff noch immer ungenau ist, und die Genetik nur ein gewichtiges Merkmal unter vielen für Taxonomen und Systematiker sein kann. Welche genetischen Unterschiede bei der Artbildung zum Tragen kommen, wissen wir in aller Regel nicht. Wir würden sie erst dann herausfinden, wenn wir das gesamte Genom (und dessen Funktion) jeweils von mehreren Individuen einer Population untersucht hätten, was noch Zukunftsmusik ist („Phylogenomics"; Eisen & Fraser 2003). Eine Erfolgskontrolle bei den molekularen Befunden ist somit so gut wie ausgeschlossen, weil die Ressourcen selbst bei Quantensprüngen in der Genetik niemals ausreichen werden, alles nüchtern zu erfassen – und selbst dann nicht die Entscheidung getroffen werden könnte, wie sich welches Allel möglicherweise weiterentwickelt, und welcher als „Datenmüll“ vermeintlich enttarnte Nukleotidabschnitt möglicherweise doch reaktiviert oder anderswo eingebaut wird. Stets aber stünde am Ende die Frage, welche antizipierende Auswahl man treffen müsste – genau dies aber kann niemals das Ziel sein. Da sich Veränderungen, die letztlich zu einer Artbildung führen können, erst mit der Zeit entwickeln und durchsetzen (z.B. durch „concerted evolution“; Dover 1994), muss sich der Forschende ohnedies mit der Retroperspektive begnügen und sollte zumindest bei Wildpflanzen nicht die Rolle des Züchters einnehmen.

5 Umweltrechtliche Analyse

Für eine ausführliche Darlegung der (Nicht-)Verankerung des Rechtsbegriffs des ökologischen Schadens in nationalen Umweltgesetzen sei auf Brand (in diesem Band) verwiesen. Hier soll lediglich noch die für den Natur- und Artenschutz entscheidende Gesetzeslage vertieft werden.

Bei den Fallbeispielen in Abschnitt 3 handelt es sich um Naturschutzgebiete, die großteils zu den hochwertigsten Baden-Württembergs gezählt werden, deren Schutz jedoch unbefriedigend verläuft. Es stellt sich daher die Frage, wie der Schutzgebietsgedanke an sich als eines der wesentlichsten Elemente des klassischen Naturschutzes weiterentwickelt, und wie der in Abschnitt 4 erläuterten methodischen Problematik der Erfassung von „ökologischen Schäden“ von Seiten des Umweltrechts begegnet werden kann.

Da das SRU-Gutachten von 1987 nicht zuletzt wesentliche Grundlage für die Fortschreibung des Umweltrechts war und ist, soll hier vor allem auf die Spezifitäten des Naturschutzrechtes und Bodenschutzrechtes innerhalb des Umweltrechts eingegangen werden. Insbesondere soll eine geplante Kodifikation des Umweltrechts in Form eines Umweltgesetzbuches (UGB) in diesem Zusammenhang analysiert werden, weil dieses seit dem Umweltbericht der Bundesregierung (1976) stete Bemühungen im Umweltrecht erfährt und dank der angestrebten Fokussierung auf den Naturschutz und Bodenschutz einen Hinweis auf einen einheitlichen ökologischen Schadensbegriff liefern sollte. Allemal haben Entwürfe zum UGB die Neufassung des BNatSchG (in der Fassung vom 25.03.2002, BGBl. I S. 1193) und das Zustandekommen des BBodSchG (in der Fassung vom 17.03.1998, BGBl. I S. 502, geändert am 09.09.2001, BGBl. I S. 2331) maßgeblich befördert. Im besonderen Teil des Umweltgesetzbuchs (Jarass et al. 1994, 354 ff.; sogen. Professorenentwurf: UGB-BT) wird die Verankerung des Naturschutzes im allgemeinen Teil (Kloepfer et al. 1991; sogen. Professorenentwurf: UGB-AT) nahegelegt, wo er das „Zentrum des Umweltrechts“ bilden solle. Aktuell (Unabhängige Sachverständigenkommission zum Umweltgesetzbuch beim Bundesministerium für Umwelt, Naturschutz und Reaktorsicherheit 1998; sogen. Kommissionsentwurf: UGB-KomE) aber findet sich dieser Teil des Rechts noch immer nicht „vor die Klammer gezogen“ (Kloepfer 1998, 38 ff.), sondern weiterhin nur als Basis zu Beginn des besonderen Teils des UGB-KomE (a.a.O., 200 ff.). Der Entwurf des UGB-BT argumentiert besonders stark unter Berufung auf das SRU-Gutachten 1987 (Jarass et al. 1994, 355) und stellt – somit weiterhin gültig – fest:

> Das Naturschutzrecht ist bisher nicht hinreichend über seine historischen Wurzeln als Recht eines besonderen Flächen- oder Artenschutzes hinaus zu einem allgemeinen Recht eines umfassenden Naturhaushaltsschutzes entwickelt worden. Die für den allgemeinen Schutz verfügbaren Instrumente sind daher noch zu wenig entfaltet und noch zu wenig mit den anderen Bereichen des Umweltschutzes abgestimmt.

Diese Fixierung auf den Naturhaushalt und die Ökologie ist von Seiten des Naturschutzes lange gefordert worden. Die Konzentration auf Flächen- und Artenschutz, der kohärenter ausfallen müsste und viel zu oft noch getrennt voneinander abläuft, findet seine Wurzeln spätestens im Reichsnaturschutzgesetz vom 24.06.1935, für die neuen Bundesländer im Landeskulturgesetz (LKG) der DDR von 1970 (Kloepfer 1991), bis hin zur vertanen Chance der Schaffung eines einheitlichen Naturschutzgesetzes im Zuge des Beitritts der neuen Bundesländer und der stattdessen erfolgten Verschärfung der naturschutzrechtlichen Situation durch das Investitionserleichterungs- und Wohnbaulandgesetz (Jarass et al. 1994, 14). Schon frühzeitig fordert auch Storm (1985) die ökologische Fortentwicklung des Umweltrechts, insbesondere durch Aufnahme des Querschnittsrechts Bodenschutz, am besten realisiert in einem allgemeinen Umweltgesetz. Auch Kloepfer (1998, 53 Rn 59) vermerkt:

> Nicht wenige Gesetze, die ursprünglich primär andere Zielsetzungen verfolgen, nehmen allmählich eine ‚ökologische Tönung' an (...) Endziel ist eine hinreichende ‚Umweltverträglichkeit' der Rechtsordnung im ganzen, womit freilich nicht die Verdrängung anderer Regelungsaufgaben oder eine doktrinäre ‚Ökologisierung' des Rechts, wohl aber der weitere Abbau oftmals unbedachter und unnötiger umweltfeindlicher Effekte einzelner Regelungen (...) gemeint ist.

Nun ist die naturwissenschaftliche Ökologie-Forschung allerdings eine Disziplin, die wertfrei agieren sollte. Die Entkopplung von „Ökologie“ und „Schaden“ scheint, wie bereits angeführt, wünschenswert, nicht zuletzt weil der Begriff „Schaden“ eine anthropozentrische Betrachtungsweise impliziert. Auch wenn das Wort „Ökologie“ unbefriedigend und teilweise schlicht falsch verwendet wird, so ist insgesamt doch von einer positiven Auswirkung seines Gebrauchs auszugehen. Dies zeigt sich maßgeblich in den Leitgedanken des UGB-AT (Kloepfer 1991, 13), denn angestrebt wird hier

> die rechtliche Verankerung eines medienübergreifenden, ökologischen Ansatzes im Umweltschutz; damit soll der bisherige, primär mediale Ansatz des Umweltschutzes überwunden und eine, den neueren Entwicklungen in Philosophie und den Naturwissenschaften Rechnung tragende ‚ganzheitliche Betrachtungsweise' der Umwelt etabliert werden.

Von der Tendenz her ist es entscheidend, die Konzentration des gültigen Umweltrechts auf einzelne Umweltmedien zu überwinden. Auch der Begriff „ökologischer Schaden“ selbst könnte nur medienübergreifend definiert werden, weshalb man die ökologische Komponente weiter betonen muss; denn die Vernetzung mehrerer Umweltmedien bleibt die Frage der Ökologie. Als die wichtigsten Elemente des Kulturlandschaftsschutzes für die Umsetzung des Natur- und Artenschutzes erscheinen entweder die einzelgesetzlichen oder die in einem UGB zu verwirklichenden Maßgaben der Umweltinformation, des Verbandsklagerechts, der Umweltverträglichkeitsprüfung, des gesetzesunmittelbaren Biotopschutzes (vgl. z.B. Natura 2000; Biotope können „auch ohne einen spezifischen oder konkret nachweisbaren Beitrag zum Artenschutz Elemente des besonderen Naturhaushalts decken (...)“, Kloepfer et al. 1991, 421) und einer zu entwickelnden Umweltleitplanung gegenüber anderen raumbezogenen Planungen (insbesondere BauGB). Dieser wirkt bislang im BNatSchG (§ 2, Abs. 1, Nr. 14) oder im UGB-KomE (§ 247, Abs. 1, Nr. 5) als schutzbedürftig unter vielen ohne seine zentrale Rolle unterbewertet. Nach der Streichung der Landwirtschaftsklausel im Naturschutzrecht besteht die Notwendigkeit, die Aufgaben einer den Schutzzielen dienlichen Land- und Forstwirtschaft klarer zu definieren.

Der nutzende Mensch hat also seine Aufgabe in der Erfüllung der Schutzziele, und schon deshalb ist ein ökozentrischer Ansatz des Gesetzes nicht machbar. Im UGB-KomE findet sich unter

§ 1 Abs. 1: „Zweck des Gesetzbuches ist der Schutz der Umwelt und des Menschen, seiner Gesundheit und seines Wohlbefindens“ (a.a.O., 109), nach Kloepfer (1998, 39) das Eingeständnis, „dass es sich bei den Normen des UGB weithin um technisches Sicherheitsrecht ohne direkten Bezug zum Umweltschutz handelt“. Der Begriff des „ökologischen Schadens“ erscheint folgerichtig dann gebräuchlicher bei der Umwelthaftung und dem Gebot der Beseitigung und Wiedergutmachung ökologischer Schäden, also an der Stelle, wo der handelnde Mensch zur Verantwortung gezogen wird. Dies geschieht jedoch bisher nicht als Legaldefinition im Gesetzesentwurf an sich, sondern ausschließlich in den Begründungen der Kommission (UGB-KomE, 705 ff., § 131). Auch wird festgestellt, dass „ökologische Schäden streng genommen nicht voll ausgleichbar sind“ (UGB-KomE, 898; so bereits Jarass et al. 1994, 405). Eine Erfassung „ökologischer Schäden“ ist in diesem Punkt teilweise dem Zivilrecht entzogen – eine rechtlich kritische Situation, die neuerdings dementsprechend auch negiert wird. Immerhin ist die Ausrichtung des Umweltrechts bis auf wenige Ausnahmen und einschließlich der Staatszielbestimmung Art. 20a Grundgesetz von anthropozentrischer und nicht ökozentrischer Ausrichtung, weshalb ein Schutzanspruch rein öffentlich-rechtlich zu erfolgen hat. Dies gilt jedoch nur dann, wenn die Allgemeinheit betroffen ist (Kloepfer 1994; Wezel 2001, 26 f.). Auch Kokott et al. (2003, 11) sehen die Übertragung von Ansprüchen aus Umweltschäden als schwerwiegendes Problem aufgrund des Bezugs der Haftungsregelung auf Individuen. Als pragmatische Arbeitsdefinition wird von ihnen zunächst ein Oberbegriff gewählt, „der alle Beeinträchtigungen an Naturgütern erfasst – unabhängig von ihrer Zuordnung zu einem Rechtsgutsträger. Erst in einem zweiten Schritt ist dann nach Schädigungsobjekten zu differenzieren.“ Dies geht wie folgt vonstatten:

> Umweltschaden (*Umweltschaden im weiteren Sinn*) [Hervorhebung im Original] bezeichnet jede durch eine Umwelteinwirkung herbeigeführte Schädigung an Individualrechtsgütern und jeden ökologischen Schaden.
>
> Ökologischer Schaden (*Umweltschaden im engeren Sinn*) [Hervorhebung im Original] ist jede erhebliche und nachhaltige Beeinträchtigung der Naturgüter, die nicht zugleich einen individuellen Schaden darstellt. Erfasst sind insbesondere Beeinträchtigungen von Luft, Klima, Wasser, Boden, der Tier- und Pflanzenwelt und ihrer Wechselwirkungen. Eine Beeinträchtigung ist insbesondere dann erheblich, wenn sie Bestandteile des Naturhaushaltes betrifft, die einem besonderen öffentlich-rechtlichen Schutz unterliegen. Sie ist nachhaltig, wenn sie nicht voraussichtlich innerhalb eines kurzen Zeitraumes durch natürliche Entwicklungsprozesse ausgeglichen wird. Diesbezüglich sind zur Vermeidung volkswirtschaftlich unsinniger Maßnahmen Erheblichkeitsschwellen festzulegen (de minimis-Regel).

Hier zeigt sich die Hilflosigkeit der Wissenschaft einerseits und des Umweltrechts andererseits (vgl. Wezel 2001), den Begriff „ökologische Schäden“ zu präzisieren und damit dem modernen Umweltrecht ein Hilfsinstrumentarium angedeihen zu lassen, mit dem Sanktionsmöglichkeiten aufgezeigt werden können, die dann der Politik ein ökologisch sinnvolleres Handeln ermöglichen würden. Dies ist ein ernstes Problem und wird die gesellschaftliche Akzeptanz und Notwendigkeit der Beseitigung „ökologischer Schäden“ nicht eben steigern. Wenigstens sollte eine allgemeine Diskussion um diese Problematik aufrechterhalten werden, bis zumindest eine monetäre Einstufung der „ökologischen Schäden“ von der rezenten Gesellschaft angemessen verstanden wird.

Die herrschende Auffassung der Umweltrechtler, dass eine Naturalrestitution als Ausgleich für „ökologische Schäden“ naturwissenschaftlich nicht nachvollziehbar, juristisch jedoch möglich sei, weil der Begriff „Naturalrestitution“ ohnedies nicht den exakt ursprünglichen Zustand, sondern nur einen „ökologisch gleichartigen oder gleichwertigen Zustand“ meint (Wezel 2001, 53 ff.), widerspricht einem tieferen Verständnis der Sukzessionslehre und wird stets weitere Konflikte im Naturschutz schaffen – dann nämlich, wenn die Wiederherstellung von Ausgangszuständen nicht zum Erfolg führt, und durch die Stufenlösung andere Schadensausgleichskonzepte zum Tragen kommen, Ausgleichsflächen ökologisch „aufgewertet" werden, und damit andere Biotope der Zerstörung preisgegeben sind. Verstärkt wird es dann zu anthropozentrisch kontrovers ausgerichteten Bewertungen von Pflanzengesellschaften und einzelnen Organismen kommen.

Es stellt sich die Frage, ob eine einheitliche Definition für „ökologische Schäden" zwingend für eine Kodifikation eines UGB ist, und ob sie überhaupt über die Begründung hinaus in den Gesetzestext aufgenommen wird. Zu erwarten wäre dann im positiven Falle ein definitorischer Schwerpunkt auf der Umwelthaftung – einem rein anthropozentrischen Gesichtspunkt. Eine Ansammlung mehrerer Definitionen, wie sie m.E. für die Aspekte des Naturschutzes allein schon gefunden werden kann, verbietet sich bei der Umsetzung in geltendes Recht durch die juristische Maxime des Zirkelverbots und des Verbots der Mehrfachdefinition in der Gesetzgebungstechnik (Kloepfer et al. 1991, 114).

6 Fazit

Es ist meines Erachtens nicht möglich, den Begriff „ökologischer Schaden" so zu definieren, dass er im Naturschutz allgemein angewandt werden kann. Intuitiv kann aber aus praktischen Erwägungen heraus für einzelne Elemente des Arten- und Biotopschutzes ein „ökologischer Schaden" dann attestiert werden, wenn methodisch weitgehend sicher eine Störung von Dynamik oder Sukzessionsabläufen in dokumentierbaren Raum- und Zeitdimensionen auszumachen ist.

Die in Kapitel 4 erfolgte Methodenkritik mündet letztlich in einer Unsicherheit. So soll ein Ausbau des Naturschutzgedankens auch auf Ereignisse ausgedehnt werden, die nicht absehbar sind. Im Sinne eines Prozessschutzes sollten alle Vorgänge eines dynamischen Systems abgepuffert werden können, ohne dass eine spezielle Anpassung durch Mensch oder Natur im einzelnen vorzunehmen wäre (Scherzinger 1990; Potthast 2000). Ob dies gelingt, oder ob allein die Deutung, was als gelungen gelten darf, stimmig ist, entscheidet dann auch darüber, ob nun ein „ökologischer Schaden" vorliegt oder nicht. Grundsätzlich steht und fällt die Diskussion um den „ökologischen Schaden" mit einer (meist noch zu findenden) naturschützerischen Zielsetzung. Deren Erreichen oder Verfehlen stellt (subjektiv) einen „ökologischen Schaden" dar. Die Argumentation läuft analog der des Prozessschutzes.

> Der Schutz der Natur bezieht sich mithin auf natürliche *Prozesse* und darüber hinaus auf ein Potential für *zukünftige* Veränderung unter der Prämisse des Natürlichen (Potthast 2000, 69 f.; Hervorhebungen im Original).
>
> (...) Kriterien zur differenzierten Analyse anthropogener Systeme (...) sollten sich weder instrumentell noch moralisch normativ an einem letztlich obsoleten ‚Naturzustand' orientieren, sondern an der Prozesshaftigkeit der Wechselwirkungen zwischen Menschen und nichtmenschlichen Bestandteilen ökologischer Systeme, in denen sich menschliche Zwecksetzungen und ökologisches Funktionieren mitnichten per se ausschließen (Potthast 2000, 79).

Daraus folgt, dass der anthropozentrische und der ökozentrische Ansatz auf dieser Ebene der Wechselwirkungen nicht mehr sauber trennbar sind.

Das unter Punkt 5 abgehandelte Naturschutzrecht mit seinem ambivalenten Verhältnis zwischen anthropozentrischem und dezent-ökozentrischem Ansatz scheitert aus dem gleichen Grund, und so ist auch von der juristischen Warte aus eine Definition des „ökologischen Schadens“ noch nicht einheitlich.

Unter Punkt 3 wurde an ausgewählten Naturschutzgebieten das Versagen von Pflegemaßnahmen dargelegt. Der Zustand der Naturschutzgebiete gibt allgemein großen Anlass zur Sorge (Haarmann & Pretscher 1993, 253ff). Davon ausgehend, dass 10% Vorrangflächen für den Naturschutz in einem Biotopverbundsystem (BNatSchG; Jarass 1994, 13 f.) geschaffen werden sollen, deren Perspektive sich dann, angesichts gar keiner, nicht ausreichender oder sogar falscher Pflege verschlechtern und keineswegs einem Entwicklungsgebot nachkommen würde, lässt sich befürchten, dass der juridisch erzielte verhalten-ökozentrische Ansatz im Gerangel um richtige Durchführungen sein Ziel nicht findet und letztlich zu einer Verschlechterung der ohnedies ernsten Situation führt. Mit der Sicherstellung für den Naturschutz allein ist es nicht getan. Die Sicherstellung vor Verbauung oder vor der Beanspruchung durch andere raumbezogene Leitplanungen ist zwar vorrangiges Gebot, denn hier entstünde der eigentliche primäre und unwiederbringliche Schaden. Dort allerdings, wo eine solch drastische Eliminierung nicht zu erwarten ist, ist einer Schaffung von Akzeptanz bei der Fortführung traditioneller Nutzung der Vorzug zu geben. Dieses oft notwendige *mehr* an Nutzung muss verwirklicht werden (Küster 1998; Schmahl & Schlee 2004). Traditionelle Nutzung (z.B. durch Vertragsnaturschutz mit Landwirten) muss als Schutzzweck nicht nur formuliert, sondern vor allem regelmäßig kontrolliert werden. Ein „ökologischer Schaden“ träte eben dann ein, wenn sich der Zustand des Schutzgebietes von diesem Schutzzweck entfernt, oder dieser nicht mehr erreicht werden kann. Somit muss das Entwicklungsgebot stets oberste Maxime sein. Förderprogramme für Gewässerränder, Ackerrandstreifen und Brachen z.B. waren stets von – leider zeitlich begrenztem – Erfolg gekrönt.

Wichtigstes Bindeglied zwischen allen Pflanzengesellschaften sind gerade solche Übergangs- oder Saumgesellschaften – Säume gleich welcher physiognomischen Ausrichtung. Im Grenzbereich ökologisch gravierendster Gradienten zeigen sie stets ein verändertes Arteninventar aber auch das Vermitteln von Arten zwischen verschiedenen Gesellschaften, die damit ein größeres Areal einnehmen können (Wilmanns 1988). Der Austausch von Natur- und Kulturlandschaft muss über sie erfolgen. Säume schaffen Kleinräumigkeit und erhöhen die Zahl an ökologischen Randeffekten zur Steigerung der Arten- und Biotopvielfalt und vernetzen ökologisch unterschiedlich ausgestattete Standorte, auch „ökologisch geschädigte“. Sie stehen im Gefälle der verschiedenen Sukzessionsrichtungen. Saumhabitate sind die Gesellschaften, über die der Mensch im bewaldeten Mitteleuropa Fuß fasste und von denen er auch künftig die Vielfalt zu erwarten hätte. Sie zu zerstören ist der eigentliche „ökologische Schaden“!

Danksagung: Thomas Potthast und den anonymen GutachterInnen danke ich für die zahlreichen Anregungen zum Prozessschutz und die kritischen Hinweise zum Manuskript.

7 Literatur

Bachmann, Konrad 1994: Transley Review No. 63. Molecular markers in plant ecology. New Phytologist 126 (3), 403-418.

Blab, Josef & Wolfgang Völkl 1994: Voraussetzungen und Möglichkeiten für eine wirksame Effizienzkontrolle im Naturschutz. In: Josef Blab, Eckhard Schröder & Wolfgang Völkl (Hrsg.), Effizienzkontrollen im Naturschutz – Referate und Ergebnisse des gleichnamigen Symposiums vom 19.-21. Oktober 1992 (= Schriftenreihe für Landschaftspflege und Naturschutz, Bundesamt für Naturschutz; 40). Kilda, Greven, 291-300.

Bobbink, Roland & Jo H. Willems 1987: Increasing dominance of *Brachypodium pinnatum* (L.) Beauv. in chalk grasslands – a threat to a species-rich ecosystem. Biological Conservation 40, 301-314.

Böhmer, Hans J. 1997: Zur Problematik des Mosaik-Zyklus-Begriffes. Natur und Landschaft 72 (7/8), 333-338.

Bornkamm, Reinhard 2002: On the phytosociological affiliations of an invasive species *Senecio inaequidens* in Berlin. Preslia 74, 395-407.

Brand, Verena 2004: Der „Schaden für die Umwelt" und seine Definitionen in verschiedenen nationalen Umweltgesetzen – Implikationen für das Gentechnikrecht. In diesem Band, 145-158.

Connell, Joseph H. 1978: Diversity in tropical rain forests and coral reefs. High diversity of trees and corals is maintained only in a nonequilibrium state. Science 199, 1302-1310.

Connell, Joseph H. & Ralph O. Slayter 1977: Mechanisms of succession in natural communities and their role in community stability and organization. The American Naturalist 111 (982), 1119-1144.

Dengler, Jürgen & Christian Berg 2000: Klassifikation und Benennung von Pflanzengesellschaften – Ansätze zu einer konsistenten Methodik im Rahmen des Projekts ‚Rote Liste der Pflanzengesellschaften von Mecklenburg-Vorpommern'. In: Erwin Rennwald (Hrsg.), Verzeichnis und Rote Liste der Pflanzengesellschaften Deutschlands – Mit Datenservice auf CD-ROM – Referate und Ergebnisse des gleichnamigen Fachsymposiums in Bonn vom 30.06.-02.07.2000. Schriftenreihe für Vegetationskunde 35, Bundesamt für Naturschutz, Bonn-Bad Godesberg, 17-47.

Dover, Gabby 1994: Concerted evolution, molecular drive and natural selection. Current Biology 4 (9), 777-783.

Drury, William H. & Ian C. T. Nisbet 1973: Succession. Journal of the Arnold Arboretum 54 (3), 331-368.

Eberle, Georg M. 1995: Das Pfeifengras *Molinia arundinacea* Schrank – Eine Problempflanze auf Pflegeflächen? Berichte der Bayerischen Botanischen Gesellschaft zur Erforschung der heimischen Flora 65, 81-86.

Eckert, Georg & Helmut Jacob 1997: Reduktion von *Brachypodium pinnatum* (L.) Beauv. in Kalkmagerrasen – Ein Beitrag zur Verbesserung der Beweidbarkeit basiphiler Wacholderheiden der Schwäbischen Alb. Natur und Landschaft 72 (4), 193-198.

Eisen, Jonathan A. & Claire M. Fraser 2003: Phylogenomics – Intersection of evolution and genomics. Science 300, 1706-1707.

Ellenberg, Heinz 1995: Allgemeines Waldsterben – ein Konstrukt? Bedenken eines Ökologen gegen Methoden der Schadenserfassung. Naturwissenschaftliche Rundschau 48 (3), 93-96.

Ellenberg, Heinz 1996: Vegetation Mitteleuropas mit den Alpen in ökologischer, dynamischer und historischer Sicht. 5. Aufl, Ulmer, Stuttgart.

Eser, Uta 1999: Der Naturschutz und das Fremde – Ökologische und normative Grundlagen der Umweltethik. Campus, Frankfurt am Main.

Eser, Uta & Thomas Potthast 1999: Naturschutzethik – Eine Einführung für die Praxis. Nomos, Baden-Baden.

Fenaroli, Luigi 1970: Note illustrative della carta della vegetazione reale d'Italia. Collana verde 28, Ministero Agricoltura e Foreste – Direzione generale per l'economia montana e per le foreste, Roma.

Fischer, Anton 1999: Sukzessionsforschung – Stand und Entwicklung. Berichte der Reinhold-Tüxen-Gesellschaft (RTG) 11, 157-177.

Grabherr, Georg & Karl Reiter 1999: Aktuelle Aspekte der Vegetationskartierung, der Fernerkundung und geographischer Informationssysteme. Berichte der Reinhold-Tüxen-Gesellschaft (RTG) 11, 353-366.

Gregor, Thomas & Günter Matzke-Hajek 2002: Apomikten in roten Listen – Kann der Naturschutz einen Großteil der Pflanzenarten übergehen? Natur und Landschaft 77, 64-71.

Haarmann, Knut & P. Pretscher 1993: Zustand und Zukunft der Naturschutzgebiete in Deutschland – Die Situation im Süden und Ausblicke auf andere Landesteile. Schriftenreihe für Landschaftspflege und Naturschutz 39, Bundesforschungsanstalt für Naturschutz und Landschaftsökologie, Bonn-Bad Godesberg.

Haeupler, Henning 2000: Biodiversität in Zeit und Raum – Dynamik oder Konstanz? Berichte der Reinhold-Tüxen-Gesellschaft (RTG) 12, 113-129.

Hartmann, Elisabeth & Werner Konold 1995: Späte und Kanadische Goldrute (*Solidago gigantea* et *canadensis*) – Ursachen und Problematik ihrer Ausbreitung sowie Möglichkeiten ihrer Zurückdrängung. In: Reinhard Böcker et al. (Hrsg.), Gebietsfremde Pflanzenarten – Auswirkungen auf einheimische Arten, Lebensgemeinschaften und Biotope; Kontrollmöglichkeiten und Management. ecomed, Landsberg, 93-104.

Heusinger, Friedrich 1831: Vollstaendiger Unterricht über den Futterbau auf benarbtem Boden oder Anleitung gutes und reichliches Futter auf Wiesen und Huthrasen zu gewinnen: mit einer Anzeige der an den Wiesen, Rasen und dem Futter, waehrend eines jeden Monats, vorzunehmenden Arbeiten. Nach den besten neuesten Verfahrensarten und eigenen Erfahrungen bearbeitet von Friedrich Heusinger (Mit drey Kupfertafeln). In: Carl W. E. Putsche (Hrsg.), Ein integrirender Theil der Allgemeinen Encyklopädie der gesammten Land- und Hauswirthschaft der Deutschen, Bd. 11. Baumgärtners Buchhandlung, Leipzig.

Jarass, Hans D. et al. 1994: Umweltgesetzbuch – besonderer Teil (UGB-BT); Forschungsbericht 101 06 044/01-08. Berichte / Umweltbundesamt 4/94, Erich Schmidt, Berlin.

Jax, Kurt 2002: Die Einheiten der Ökologie – Analyse, Methodenentwicklung und Anwendung in Ökologie und Naturschutz. Theorie in der Ökologie 5, Peter Lang, Frankfurt am Main.

Kaiser, Thomas, Verena Baier, Ilona Grünewald & S. Haas 1998: Erfassungsdefizite bei Vegetationsaufnahmen mesophiler Laubwälder in Abhängigkeit vom Aufnahmezeitpunkt. Tuexenia 18, 51-61.

Kloepfer, Michael 1994: Zur Geschichte des deutschen Umweltrechts. Schriften zum Umweltrecht 50, Duncker & Humblot, Berlin.

Kloepfer, Michael 1998: Umweltrecht. 2. Aufl. Beck, München.

Kloepfer, Michael, Eckard Rehbinder & Eberhard Schmid-Assmann 1991: Umweltgesetzbuch – allgemeiner Teil (UGB-AT); Forschungsbericht 10106028 01 03. Berichte / Umweltbundesamt 7/90, Erich Schmidt, Berlin.

Kokott, Juliane, Axel Klaphake & Simon Marr 2003: Ökologische Schäden und ihre Bewertung in internationalen, europäischen und nationalen Haftungssystemen – eine juristische und ökonomische Analyse. Unter Mitarbeit von Peter Beyer & Ute Beckert – Umweltforschungsplan des Bundesministeriums für Umwelt, Naturschutz und Reaktorsicherheit (Forschungsbericht 201 18 101). Berichte / Umweltbundesamt 3/2003, Erich Schmidt, Berlin.

Korneck, Dieter, Theo Müller & Erich Oberdorfer 1993: Sand- und Trockenrasen, Heide- und Borstgrasgesellschaften, alpine Magerrasen, Saum-Gesellschaften, Schlag- und Hochstauden-Fluren. In: Erich Oberdorfer (Hrsg.), Süddeutsche Pflanzengesellschaften, Teil II. 3. Aufl, Gustav Fischer, Jena/Stuttgart und New York.

Kuhn, Karl 1937: Die Pflanzengesellschaften im Neckargebiet der Schwäbischen Alb. Rau, Öhringen.

Küster, Hansjörg 1998: Geschichte des Waldes – Von der Urzeit bis zur Gegenwart. Beck, München.

Möller, Hans 1993: „Pflanzengesellschaft" als Typus und als Gesamtheit von Vegetationsausschnitten – Versuch einer begrifflichen Klärung. Tuexenia 13, 11-21.

Mühlenberg, Michael & Jolanta Slowik 1997: Kulturlandschaft als Lebensraum. Quelle und Meyer, Wiesbaden.

Oertel, Gunnar 1994: Effizienzkontrollen in Naturschutz und Landschaftsplanung. In: Josef Blab, Eckhard Schröder & Wolfgang Völkl (Hrsg.), Effizienzkontrollen im Naturschutz – Referate und Ergebnisse des gleichnamigen Symposiums vom 19.-21. Oktober 1992. Schriftenreihe für Landschaftspflege und Naturschutz 40, Bundesamt für Naturschutz, Kilda, Greven, 181-186.

Pignatti, Sandro & Andrea Ubrizsy-Savoia 1989: Early use of the succession concept by G. M. Lancici in 1714. Vegetatio 84, 113-115.

Potthast, Thomas 1999: Die Evolution und der Naturschutz – Zum Verhältnis von Evolutionsbiologie, Ökologie und Naturethik. Campus, Frankfurt am Main.

Potthast, Thomas 2000: Funktionssicherung und/oder Aufbruch ins Ungewisse? Anmerkungen zum Prozeßschutz. In: Kurt Jax (Hrsg.), Funktionsbegriff und Unsicherheit in der Ökologie – Beiträge zu einer Tagung des Arbeitskreises „Theorie" in der Gesellschaft für Ökologie vom 10. bis 12. März 1999 im Heinrich-Fabri-Institut der Universität Tübingen in Blaubeuren. Theorie in der Ökologie 2, Peter Lang, Frankfurt am Main, 65-81.

Purtauf, Tobias, Jens Dauber, Sabine Hasseck & Volkmar Wolters 2002: Erhalt der Biodiversität einer marginalen Region unter Landnutzungswandel. In: Horst Korn & Ute Feit (Bearb.), Treffpunkt Biologische Vielfalt II – Aktuelle Forschung im Rahmen des Übereinkommens über die biologische Vielfalt vorgestellt auf einer wissenschaftlichen Expertentagung an der Internationalen Naturschutzakademie Insel Vilm vom 23. bis 27. Juli 2001. Bundesamt für Naturschutz, Bonn-Bad Godesberg, 209-215.

Quinger, Burkhard 1994: Methoden und Erfahrungen bei der Dauerflächenbeobachtung von Magerrasen-Renaturierungsflächen im bayerischen Alpenvorland. In: Josef Blab, Eckhard Schröder & Wolfgang Völkl (Hrsg.), Effizienzkontrollen im Naturschutz – Referate und Ergebnisse des gleichnamigen Symposiums vom 19.-21. Oktober 1992. Schriftenreihe für Landschaftspflege und Naturschutz 40, Bundesamt für Naturschutz, Kilda, Greven, 113-123.

Reich, Michael 1994: Dauerbeobachtung, Leitbilder und Zielarten – Instrumente für Effizienzkontrollen des Naturschutzes? In: Josef Blab, Eckhard Schröder & Wolfgang Völkl (Hrsg.), Effizienzkontrollen im Naturschutz – Referate und Ergebnisse des gleichnamigen Symposiums vom 19.-21. Oktober 1992. Schriftenreihe für Landschaftspflege und Naturschutz 40, Bundesamt für Naturschutz, Kilda, Greven, 103-111.

Rennwald, Erwin 2000: Verzeichnis und Rote Liste der Pflanzengesellschaften Deutschlands – Mit Datenservice auf CD-ROM – Referate und Ergebnisse des gleichnamigen Fachsymposiums in Bonn vom 30.06.-02.07.2000. Schriftenreihe für Vegetationskunde 35, Bundesamt für Naturschutz, Bonn-Bad Godesberg.

Riecken, Uwe, Ulrike Ries & Axel Ssymank 1994: Rote Liste der gefährdeten Biotoptypen der Bundesrepublik Deutschland. Schriftenreihe für Landschaftspflege und Naturschutz 41, Bundesamt für Naturschutz (BfN), Institut für Biotopschutz und Landschaftsökologie, Bonn-Bad Godesberg.

Rieger, Walter 1996: Ergebnisse elfjähriger Pflegebeweidung von Halbtrockenrasen. Natur und Landschaft 71 (1), 19-25.

Sanderson, Michael J. & Martin F. Wojciechowski 1996: Diversification rates in a temperate legume clade – Are there „so many species" of *Astragalus* (Fabaceae)? American Journal of Botany 83 (11), 1488-1502.

Scherzinger, Wolfgang 1990: Das Dynamik-Konzept im flächenhaften Naturschutz – Zieldiskussion am Beispiel der Nationalpark-Idee. Natur und Landschaft 65 (6), 292-298.

Schlee, Matthias 1999: Studien zur jüngeren Vegetationsentwicklung der „Beurener Heide" bei Hechingen. Tübingen, Univ., Dipl. (http://w210.ub.uni-tuebingen.de/dbt/volltexte/2003/788/).

Schlee, Matthias, Wilhelm Sauer & Vera Hemleben 2003: Molekulare und pflanzensoziologische Analyse von pontisch-pannonischen Reliktarten aus wärmebegünstigten Saum-Gesellschaften Süddeutschlands und benachbarter Gebiete. Nova Acta Leopoldina NF 87 (328), 379-387.

Schmahl, Reiner & Matthias Schlee 2004: Blaikenbildung im Hochgebirge – Ein Plädoyer für die Renaturierung der Almen. Naturschutz in Recht und Praxis. Interdisziplinäre Online-Zeitschrift für Naturschutz und Naturschutzrecht 3 (3). (http://www.naturschutzrecht.net/Online-Zeitschrift/Nrpo_04Heft3.pdf).

Schreiber, Karl-Friedrich 1995: Renaturierung von Grünland – Erfahrungen aus langjährigen Untersuchungen und Managementmaßnahmen. Berichte der Reinhold - Tüxen-Gesellschaft (RTG) 7, 111-139.

Schumacher, Anke 1997: Die Vegetationsentwicklung auf dem Bergrutsch am Hirschkopf (Baden–Württemberg) – Sukzession auf Kalkschutt- und Mergelrohböden. Forstwissenschaftliches Centralblatt 116, 232-242.

Schumacher, Jochen & Peter Fischer-Hüftle 2003: Bundesnaturschutzgesetz Kommentar. Kohlhammer, Stuttgart.

SRU [Der Rat von Sachverständigen für Umweltfragen] 1987: Umweltgutachten 1987 (=Bundestags-Drucksache 11/1568).

Storm, Peter-Christoph (1985): Umweltrecht wohin? Zeitschrift für Rechtspolitik 1985(1), 18-21.

Subal, Wolfgang 1997: FLOREIN, Interaktives Programm zur Bearbeitung floristischer Daten, Version 5.0. Zentralstelle für die Floristische Kartierung Deutschlands (Hrsg.). (http://www.biologie.uni-regensburg.de/Botanik/Florkart/).

Tomaselli, Ruggero 1970: Note illustrative della carta della vegetazione naturale potenziale d'Italia (prima approssimazione). Collana Verde 27, Ministero Agricoltura e Foreste – Direzione generale per l'economia montana e per le foreste, Roma.

Travis, Steven E., Joyce Maschinski & Paul Keim 1996: An analysis of genetic variation in *Astragalus cremnophylax* var. *cremnophylax*, a critically endangered plant, using AFLP markers. Molecular Ecology 5 (6), 735-745.

Unabhängige Sachverständigenkommission zum Umweltgesetzbuch beim Bundesministerium für Umwelt, Naturschutz und Reaktorsicherheit 1998: Umweltgesetzbuch (UGB-KomE) – Entwurf d. Unabhängigen Sachverständigenkommission zum Umweltgesetzbuch beim Bundesministerium für Umwelt, Naturschutz und Reaktorsicherheit. Bundesministerium für Umwelt, Naturschutz und Reaktorsicherheit (Hrsg.). Duncker & Humblot, Berlin.

Umweltbericht 1976. Bundestags-Drucksache 7/5684, 23 ff.

Vahle, Hans-Christoph 2001: Das Konzept der potentiellen Kulturlandschafts-Vegetation. Tuexenia 21, 273-292.

Vahle, Hans-Christoph & Jörg Dettmar 1988: „Anschauende Urteilskraft" – Ein Vorschlag für eine Alternative zur Digitalisierung der Vegetationskunde. Tuexenia 8, 407-415.

Weish, Peter 1992: Kultur- und Naturlandschaften – Konzepte zu ihrer Erhaltung. In: Herbert Franz (Schriftltg.), Die Störung der ökologischen Ordnung in den Kulturlandschaften. Veröffentlichungen der Kommission für Humanökologie / Österreichische Akademie der Wissenschaften 3, Verlag der Österreichischen Akademie der Wissenschaften, Wien, 215-226.

Wezel, Heike 2001: Die Disposition über den ökologischen Schaden – unter Berücksichtigung öffentlich-rechtlicher Aspekte. Schriften zum Umweltrecht 112, Duncker & Humblot, Berlin.

Wilmanns, Otti 1988: Säume und Saumpflanzen – Ein Beitrag zu den Beziehungen zwischen Pflanzensoziologie und Paläobotanik. In: Landesdenkmalamt Baden-Württemberg, Der prähistorische Mensch und seine Umwelt – Festschrift für Udelgard Körber-Grohne zum 65. Geburtstag, zusammengestellt von Hansjörg Küster. Forschungen und Berichte zur Vor- und Frühgeschichte in Baden-Württemberg 31, Konrad Theiss, Stuttgart, 21-30.

Nutzerorientierte Bewertung von ökologischen Schäden – Risikoabschätzung von Klimafolgen am Beispiel eines Küstenökosystems

Dietmar Kraft, Jürgen Meyerdirks & Stefan Wittig

Institut für Ökologie und Evolutionsbiologie, Abt. Aquatische Ökologie,
Universität Bremen, Postfach 330440, 28334 Bremen
dkraft@uni-bremen.de – meyerdir@uni-bremen.de – swittig@uni-bremen.de

Abstract

Ecological values for the calculation of possible ecological damage are an important part of an interdisciplinary, integrative risk management. In principle the classical definition of risk as a product of amount of damage and the probability of occurance, can be applied for ecological systems to calculate the ecological risk. However, it is necessary to specify ecological values to calculate the ecological damage. Using the ecosystem foreland, the derivation of ecological values is exemplified. From the point of view of user-requirements, a specific risk exists if a disturbed system is no longer suitable for the former use. It appears that individual structures of the foreland fulfill specific functions within this system. Ecological values can be derived from these functions. In order to illustrate these functions and to access them for an evaluation, we regarded them for the different perspectives of users. Using nature conservation as an example, we carried out a valuation of the foreland. By unifying evaluations in a matrix of values, we developed a common ecological value. Changes in the values can then be measured and charged with the probability of entrance to an "ecological risk". Thus, a concept of ecological damage term has to consider human and social yardsticks and values. The process of evaluation requires a detailed interdisciplinary discussion.

Keywords: Ecological risk, ecological status quo, ecological damage, ecological values, ecological functions, conservational assessment, risk-assessment, climate impact, use values

Schlüsselwörter: Ökologisches Risiko, ökologischer Status quo, ökologische Schäden, ökologische Werte, ökologische Funktionen, naturschutzfachliche Bewertung, Risikobewertung, Klimafolgen, Nutzungswert

1 Einleitung

Als Element eines präventiven, den Klimawandel berücksichtigenden Küstenschutzmanagements, ist die Bewertung ökologischer Schäden wesentlicher Bestandteil einer integrierten Risikoabschätzung.

Das Teilprojekt Ökologie des interdisziplinären Verbundvorhabens KRIM (Klimawandel und präventives Risiko- und Küstenschutzmanagement an der deutschen Nordseeküste) bearbeitet die Auswirkungen einer Klimaänderung auf die ökologischen Systeme und bewertet deren Relevanz vor dem Hintergrund einer Risikoabwägung (Schuchardt & Schirmer 2003; Kraft et al. 2002). Schwerpunkt der Untersuchungen des interdisziplinär besetzten Doktorandenkollegs „Lebensraum Nordseeküste" des Zentrums für marine Umweltwissenschaften ist die Nutzung des Lebensraums Küste und die nachhaltige Entwicklung der Küstenlandschaft. Ein Thema beschäftigt sich – in enger Abstimmung mit KRIM – mit der Analyse der Klimasensitivität von Gebieten mit besonderer Bedeutung für Natur und Landschaft (Meyerdirks 2003).

Die vorliegende Arbeit konzentriert sich auf die Beschreibung und Definition der von den Autoren zur Analyse eines ökologischen Risikos verwendeten Methoden und Begriffe. In Anbetracht der Vielfalt methodischer Ansätze und ideologisch anmutender Bewertungen scheint eine konkrete Festschreibung der verwendeten gedanklichen Konstruktionen unerlässlich. Dabei ist es Ziel dieser Arbeit, einen ausgewählten Bewertungsansatz in einer Fallstudie durchzuspielen und exemplarisch eine Bewertungsmethode umzusetzen. Die Anwendung der methodischen Instrumentarien wird, um die Definitionen zu erläutern, am Beispiel des Küstenökosystems (Deich-)Vorland und unter Berücksichtigung der ausgewählten Nutzerperspektiven Landwirtschaft, Naturschutz, Küstenschutz und Landschaftserleben dargestellt. Entsprechend der Zielsetzung wird nicht der Anspruch erhoben alle Perspektiven und Aspekte einer ökologischen Bewertung vollständig zu berücksichtigen.

2 Untersuchungsgebiet und verwendetes Instrumentarium

Das methodische Instrumentarium ist auf die charakteristischen ökologischen Strukturen des Vorlandes der deutschen Nordseeküste im Bereich des Wattenmeers des Jade-Weser-Raums zugeschnitten. Das Untersuchungsgebiet weist inklusive der bedeichten Flussunterläufe mehr als 350 km Küstenlinie auf. Die Landschaft wird wesentlich durch landwirtschaftliche Nutzung, natürliche Dynamik und durch Küstenschutzbauwerke, insbesondere die Deiche, geprägt (Kraft et al. 1999).

Die Untersuchung konzentriert sich auf die Risikoabschätzung der für den Küstenraum charakteristischen, natürlichen bzw. naturnahen Biotope, einschließlich der landwirtschaftlichen Nutzflächen. Als Untersuchungsebene wurden Biotoptypen, also in wesentlichen Eigenschaften gleiche Lebensräume und deren Lebensgemeinschaften, gewählt (Drachenfels 1994). Die Bewertung erfolgt somit auf einer naturschutzfachlichen Bearbeitungsebene. Weitgehend unberücksicht bleiben dabei Prozesse, Stoffflüsse und die Eigenschaften von Populationen und Individuen.

3 Definitionen und methodisches Vorgehen

Eine interdisziplinäre Perspektive zeigt, dass sich jede Fachdisziplin charakteristische Begrifflichkeiten und Definitionen aneignet, um mit dem Risikobegriff umzugehen (Banse & Bechmann 1998). Das (natur-)wissenschaftliche Risikokonstrukt innerhalb des Projektes KRIM folgt z.B. einer „klassischen" Risikodefinition, nachdem das Ausmaß eines Risikos von den möglichen Folgen (d.h. dem Schaden) und der Eintrittswahrscheinlichkeit abhängig ist (Schirmer et al. 2003).

Die Begriffsbestimmungen erfolgen vor dem inhaltlichen Bedarf, handlungsorientiert heutige und zukünftige Risikosituationen zu bewerten und zu managen. Je nach Fragestellung können unterschiedliche Begriffsdefinitionen, aus denen sich dann auch unterschiedliche Bewertungskriterien ergeben, als zweckmäßig erachtet werden. Für die vorliegende Abhandlung steht nicht die sozialwissenschaftliche Analyse von Nutzerinteressen und den daraus ableitbaren Konflikt- und Risikodiskursen im Vordergrund, sondern eine pragmatische Verbindung zwischen naturwissenschaftlich beschreibbaren ökologischen Charakteristika und anthropogene Werten und Schäden. Im Folgenden werden die wesentlichen Begriffe stichwortartig definiert.

3.1 Definitionen

3.1.1 Ökologische Strukturen und Funktionen

Funktionen sind für einen Nutzer verwertbare Eigenschaften, die sich aus ökologischen Strukturen ableiten lassen.

Ökologischen Strukturen lassen sich durch den charakteristischen Aufbau von Lebensräumen und den dort vorkommenden Lebensgemeinschaften beschreiben. In wesentlichen Eigenschaften gleiche Habitate und ihre Zönosen werden in den Biotoptypen (BTT) zusammengefasst. Biotoptypen eignen sich zur Erfassung, Darstellung und Bearbeitung ökologischer Strukturen auf landschaftsökologischer Ebene. Die landschaftsökologischen Informationen können differenziert und flächenscharf erfasst und z.B. in einem Geo-Informationssystem (GIS) abgebildet werden. Ihre Korrelation mit Standorteigenschaften wie Topographie, Bodenart, Überflutungsfrequenz, Nutzung etc. sind umfangreich beschrieben (z.B. Drachenfels 1994). Sie sind zudem hinreichend differenziert, um die Folgen klimatischer Veränderungen und Nutzungsänderungen anzuzeigen.

Zudem lassen sich aus den Strukturen der BTT Eigenschaften ableiten, die wir als ökologische Funktionen bezeichnen. Funktionen stellen von der Natur bzw. den ökologischen Systemen bereitgestellte nutzbare Eigenschaften der ökologischen Strukturen dar.

3.1.2 Ökologische Werte

Ökologische Werte resultieren aus der Inanspruchnahme von durch ökologische Systeme bereitgestellten Funktionen.

Die Eigenschaften und Funktionen ökologischer Strukturen und Prozesse werden von unterschiedlichen Nutzern durch geeignete Bewirtschaftung zugänglich gemacht oder durch reine Inanspruchnahme in Funktion genommen. Dabei erfüllen einzelne Bestandteile einer Landschaft spezifische Funktionen, die sich den von uns ausgewählten Nutzergruppen bzw. -perspektiven zuordnen lassen. Die Ansprüche an Funktionen sind abhängig von der Sichtweise und der Wertschätzung des Nutzers. Dieser nimmt eine Bewertung vor und definiert somit für sich „ökologische“ Werte. Ökologische Werte in diesem Sinne entstehen somit durch eine Inwertnahme durch einen Nutzer bzw. durch die Bewertung aus einer Nutzerperspektive; sie sind explizit anthropogen.

In Abhängigkeit von den jeweilig genutzten Eigenschaften können die nutzungsabhängigen Funktionen („use values“) in Regulations-, Nutzungs-, Produktions- und Informationsfunktionen typisiert werden (z.B. nach IPCC 2001). Diese Funktionstypisierung soll, an eine ökonomisch orientierte Bewertung angelehnt, ökologische Strukturen einer integrierten Bewertung zugänglich machen.

Zusätzlich können ökologische Werte auch aus nutzungsunabhängigen Funktionen („non-use values“) abgeleitet werden, die hier auf Grund des methodischen Ansatzes jedoch nicht einbezogen werden (vgl. Breckling & Potthast in diesem Band).

3.1.3 Ökologischer Schaden

Ökologischer Schaden ist die Beeinträchtigung eines aus ökologischen Funktionen ableitbaren ökologischen Wertes.

Schäden sind für einen Nutzer unerwünschte Ereignisse. Sie schränken den Nutzen einer wertgebenden Funktion ein. Die Festlegung eines Schadens hängt von den zugrundliegenden ökologischen Werten ab, die aus realisierbaren Funktionsansprüchen resultieren. Die ökologischen Werte werden in gesellschaftlichen Entscheidungsprozessen normativ festgelegt. Der Schaden, den ein zerstörerisches Ereignis in einem Lebensraum verursacht, ist nicht „einfach“ die Summe der ökonomischen Werte. Ein ökologischer Schadensbegriff beinhaltet zusätzlich weitere menschliche bzw. gesellschaftliche Normen und Werte (z.B. Schutzwerte, Erholungswerte etc.). Diese werden aus den zu Grunde liegenden Datenquellen (s.u.) übernommen. Die Bewertung des Ausmaßes eines Schadens ist demnach nutzerabhängig und ist deshalb letztendlich Bestandteil einer Konsensfindung zwischen den erwähnten Nutzerperspektiven.

3.1.4 Nutzen und Nutzerperspektiven

Die Nutzerperspektiven werden aus den Funktionen abgeleitet. Der Nutzen resultiert aus der Erfüllung von Ansprüchen an die Funktionen.

Die Definition und Abgrenzung der Nutzerperspektiven leitet sich aus den identifizierten Funktionen und Funktionstypen ab. Es lassen sich charakteristische Gruppen (Küstenschützer, Landwirte, Naturschützer) bilden, die sich dadurch auszeichnen, dass sie gemeinsame Ansprüche an einzelne oder mehrere Funktionen stellen. Zum Teil konkurrieren sie untereinander um Ressourcen (hier v.a. Räume) – es kommt zur Ausbildung von für Küstenregionen typischen (Raum-) Konflikten.

3.1.5 Ökologisches Risiko

Risiko ist das Produkt aus Schaden und Eintrittswahrscheinlichkeit

In Anlehnung an die klassische technische Risikodefinition, setzt auch ein ökologisches Risiko einen Schaden und eine Wahrscheinlichkeit seines Eintretens voraus. Das schadensverursachende Ereignis kann hier z.B. eine Sturmflut mit Deichbruch oder der beschleunigte Meeresspiegelanstieg sein, der im Sinne der oben dargestellten Definition zu ökologischen Schäden führt. Das schadenauslösende Ereignis tritt mit einer bestimmten Wahrscheinlichkeit ein und hat dabei bestimmte Auswirkungen mit entsprechenden Folgen für die ökologischen Strukturen und Eigenschaften. Es kommt zu ökologischen Anpassungsreaktionen und dynamischen Veränderungen, welche die Landschaft in typischer Weise beeinflussen (CPSL 2001). Der Zusatz „ökologisch“ beschreibt dabei solche Veränderungen, die die Integrität von ökologischen Systemen betreffen, wie z.B. in deren Diversität.

Ökosysteme haben jedoch keine innewohnenden Werte. Es lassen sich deshalb nicht unmittelbar Schäden und damit Risiken ableiten. Werden jedoch Nutzungsansprüchen an die Landschaft gerichtet, bestehen sehr wohl spezifische Risiken, falls diese Ansprüche negativ beeinflusst werden (siehe oben).

Risiko ist das Resultat von Abwägungen zwischen Nutzen und Schaden aus Sicht der ausgewählten Nutzer. Diese Abwägungen setzen Entscheidungsalternativen voraus, wobei dem Bewertungsprozess letztlich moralische und politische Kriterien zugrunde liegen (Breckling & Müller 2000; Eser 2000). Die Bewertung eines Risikos als akzeptabel oder inakzeptabel ist somit das Resultat einer Güterabwägung zwischen den Nutzerinteressen. Eine ökologische Risikodefinition muss also auf menschliche bzw. gesellschaftliche Maßstäbe und Werte aus den verschiedenen Nutzerperspektiven zurückgreifen, die die Strukturen und Funktionen der ökologischen Systeme und ihre Änderungen abbilden und somit einer Risikobewertung zugänglich machen.

3.2 Methodisches Vorgehen

Nachfolgend werden die wesentlichen Schritte einer handlungsorientierten Risikoanalyse dargestellt. Als erster Schritt wurde eine umfangreiche Analyse der wesentlichen ökologischen Strukturen in Form einer Beschreibung des Status quo (Kraft et al. 1999) durchgeführt. Diese diente einerseits der Inventarisierung der vorhandenen Lebensgemeinschaften und ihrer Wechselwirkungen untereinander und mit ihrer Umwelt. Andererseits konnte hier die Qualität und Quantität der vorhandenen Daten abgeschätzt werden. Diese waren wesentliches Auswahlkriterium für die anschließend zu betrachtenden Strukturen. Vor dem Hintergrund eines anwendungsorientierten, interdisziplinären Projektes, wurde der Anspruch auf vollständige Betrachtung aller ökologischen Strukturen dem Ziel einer gemeinsamen Risikobewertung nachgeordnet.

Entsprechend wurden im nächsten Schritt, der Funktionsanalyse, vornehmlich solche Funktionen berücksichtigt, deren Nutzen auf Basis der vorhandenen Daten, der gewählten Bearbeitungsebene und für die ausgewählten Nutzer nach unserem Dafürhalten von Bedeutung sind.

In der Status quo-Analyse wurden als wichtigste Nutzer „Landwirtschaft“, „Naturschutz“, „Küstenschutz“ und „Landschaftserleben“ herausgearbeitet, aus deren „Sicht“ die Funktionen der ökologischen Strukturen bewertet werden, und die in typischer Weise ihre Ansprüche formulieren und durchsetzen.

Die Tabelle 1 stellt am Beispiel der Salzwiesen des Vorlandes die Analyse der Nutzungsansprüche der verschiedenen Nutzerperspektiven und deren Funktionen schematisch dar.

Nutzerperspektiven	Strukturen (Beispiele)	Eigenschaft: Nutzen (Beispiele)	Funktion (Beispiele)
Küstenschutz	Obere/untere Salzwiese mit charakteristischer Bewuchshöhe und -dichte	Reduzierung der hydrodynamischen Deichbelastung: morphologische Stabilität	Regulationsfunktion
Naturschutz	Obere/untere Salzwiese mit charakteristischer Biodiversität	Präsenz von Arten, Biotopen und Prozessen: ökologische Vielfalt	Informationsfunktion
Landwirtschaft	Obere/untere Salzwiese mit charakteristischer Nährstoffverteilung	Biotisches Ertrags-potenzial: Wiese / Weide	Produktionsfunktion
Landschaftserleben	Obere/untere Salzwiese mit charakteristischem Aussehen	Vielfalt und Eigenart: Erholung	Nutzungsfunktion

Tabelle 1: Funktionsanalyse am Beispiel der Biotope obere/untere Salzwiese.

Unter Verwendung der oben genannten Funktionen werden den einzelnen Biotoptypen des Vorlandes nutzerspezifische Funktionswerte zugeordnet. Diese beruhen auf einer differenzierten Analyse verschiedener für die jeweilige Nutzerperspektive benötigten Funktionen. Die anschließende Bewertung erfolgt hier ausschließlich durch die Festschreibung eines Nutzungsanspruchs. Unterschiedliche und individuelle Nutzungsansprüche z.B. einzelner Landwirte oder Erholungssuchender bleiben dabei unberücksichtigt.

Aus der Sicht des Küstenschutzes spielt die Regulationsfunktion der Deichvorländer bei der Reduzierung von Wellen- und Strömungsenergie sowie bei der Erhaltung der morphologischen Stabilität eine wichtige Rolle. Aus der Sicht des Naturschutzes hat die Landschaft eine Informationsfunktion, die in der Präsenz von Arten, Biotopen und ökologischen Prozessen besteht. Ihre Erhaltung ist außerdem notwendige Voraussetzung für eine zukünftige Nutzung. Die Produktionsfunktion der ökologischen Systeme wird von der Landwirtschaft durch die Nutzung des natürlichen Ertragspotenzials in charakteristischer Weise benötigt. Aus der Nutzerperspektive des Landschaftserlebens, der z.B. die Erholung der in der Region lebenden Menschen wie auch von Besuchern und Urlaubern zuzuordnen ist, erfüllt die Landschaft eine Nutzungsfunktion durch die Bereitstellung von Räumen, die sich durch Vielfalt, Eigenart und Schönheit auszeichnen.

Letztlich geht es dabei also eher nicht um einzelne Personen, sondern um Diskursvarianten und -strategien, die sich v.a. in den Konflikten widerspiegeln.

3.3 Räumliche Zuordnung

Unterschiedliche räumliche Betrachtungsebenen spielen besonders bei der Zusammenführung der Werte eine wichtige Rolle. Die Biotoptypen als kleinräumigste Betrachtungsebene liegen flächendeckend vor. Die Funktionsansprüche der einzelnen Nutzer lassen sich jedoch z.T. nur übergeordneten räumlichen Ebenen sinnvoll zuordnen (Abb. 1; siehe hierzu z.B. Leser 1991; Wiegleb 1996). Als größte räumliche Untersuchungseinheit werden verschiedene Fokusflächen analysiert. Es handelt sich um Landschaftsausschnitte, die u.a. bezüglich ihrer Küstenschutzelemente oder Salzwiesentypen repräsentative Küstensituationen darstellen (Rückseitenwatt, Abtragungsküste etc.). Die Landschaftsausschnitte gliedern sich in Raumausschnitte, d.h. Bereiche die bezüglich eines landschaftsökologischen Kriteriums (z.B. Nutzung, Diversität; Abb. 1) gleiche Charakteristika aufweisen. Neben der Funktionszuweisung für einzelne Biotoptypen können der Landschaft somit auch auf größerer Maßstabsebene nutzerspezifische Funktionen zugeordnet werden (Tab. 2). Das Vorhaben ein großes, zum Teil sehr heterogenes Untersuchungsgebiet einer flächenhaften Bewertung zu unterziehen erfordert eine Größenanpassung der verwendeten Untersuchungseinheiten an die zu bewertenden Funktionen. Diese Größeneinteilung folgt in erster Linie methodischen Ansprüchen wie z.B. Abgrenzungsgenauigkeit und Datenverfügbarkeit.

räumlicher Bezug / **Nutzerperspektive**	***Biotoptypen* des Vorlands**	***Raumausschnitt* mit ähnlichen Eigenschaften: Vorlandabschnitte**	***Landschaftsausschnitt* mit naturräumlichen Grenzen: Vorlandtypen**
Küstenschutz	Erosionsschutz Energietransmission Sedimentation	Breite und Morphologie	Exposition, Sommerdeiche, Inseln, 2. Deichlinie
Naturschutz	Schutzgüter (Arten, Habitate)	Minimumareale, naturraumtypische Prozesse	Biotopvernetzung, unzerschnittene Räume
Landwirtschaft	Ertragspotential	Entfernung zum Hof	Bodeneigenschaften
Landschaftserleben	Naturnähe	Vielfalt, Eigenart	Erreichbarkeit

Tabelle 2: Räumliche Zuordnung von Funktionen (Beispiele).

Der Begriff Biotoptyp wird hier als ein abstrahierter Typus verstanden, der verschiedene in wesentlichen Eigenschaften übereinstimmende, vegetationstypologisch und/oder landschaftsökologisch definierte und im Gelände wieder erkennbare Ausschnitte (Biotope) zusammenfasst (Drachenfels 1994).

Zahlreiche für die naturschutzfachliche Bewertung relevante Kriterien (Naturnähe, Vorhandensein landschaftstypischer Strukturen und Prozesse) lassen sich nur auf einer höheren räumlichen Integrationsebene beurteilen (Abb. 1, Raumausschnittsebene). In der praktischen Landschaftsplanung werden solche, in der Landschaft als Einheit ablesbaren und homogen zu bewertenden Bereiche als Landschaftsbildeinheiten (Bastian & Schreiber 1999; Köhler & Preiß 2000) oder Landschaftsbildräume (Ott et al. 1998) bezeichnet.

Die Aggregation der Funktionswerte auf Raumausschnittsebene (Abb. 1) erlaubt beispielsweise die Ausweisung größerer zusammenhängender Flächen mit vergleichsweise geringer Belastung. Derartige „unzerschnittene Räume“ von ausreichender Größe besitzen naturschutzfachlich u.a. einen hohen funktionalen Wert für die Biotopvernetzung. Die auf der Raum- und Landschaftsausschnittsebene getroffenen Bewertungen werden in einem weiteren Schritt mit den BTT-spezifischen Bewertungen aggregiert, so dass eine regional differenzierte Bewertung der jeweiligen BTT möglich wird.

Die räumliche Betrachtungsebene ist für verschiedenen Nutzer nicht zwingend gleich, sondern hängt von den bereitgestellten Funktionen ab.

Aus Sicht des Küstenschutzes lassen sich Vorlandbereiche anhand unterschiedlicher Stabilitätszustände ihres morphologischen Profils oder der Exponiertheit gegenüber Wellen in charakteristische Raumausschnitte unterteilen und anhand ihrer Funktionalität bewerten.

Für den Naturschutz spielen auf der Raumausschnittsebene solche Kriterien wie Nutzung und Diversität, für den Landschaftsausschnitt räumliche Unzerschnittenheit oder Biotopverbund eine funktionsgebende Rolle. Entsprechende Ausschnitte lassen sich auch für die Landwirtschaft und das Landschaftserleben beschreiben (siehe Tab. 2).

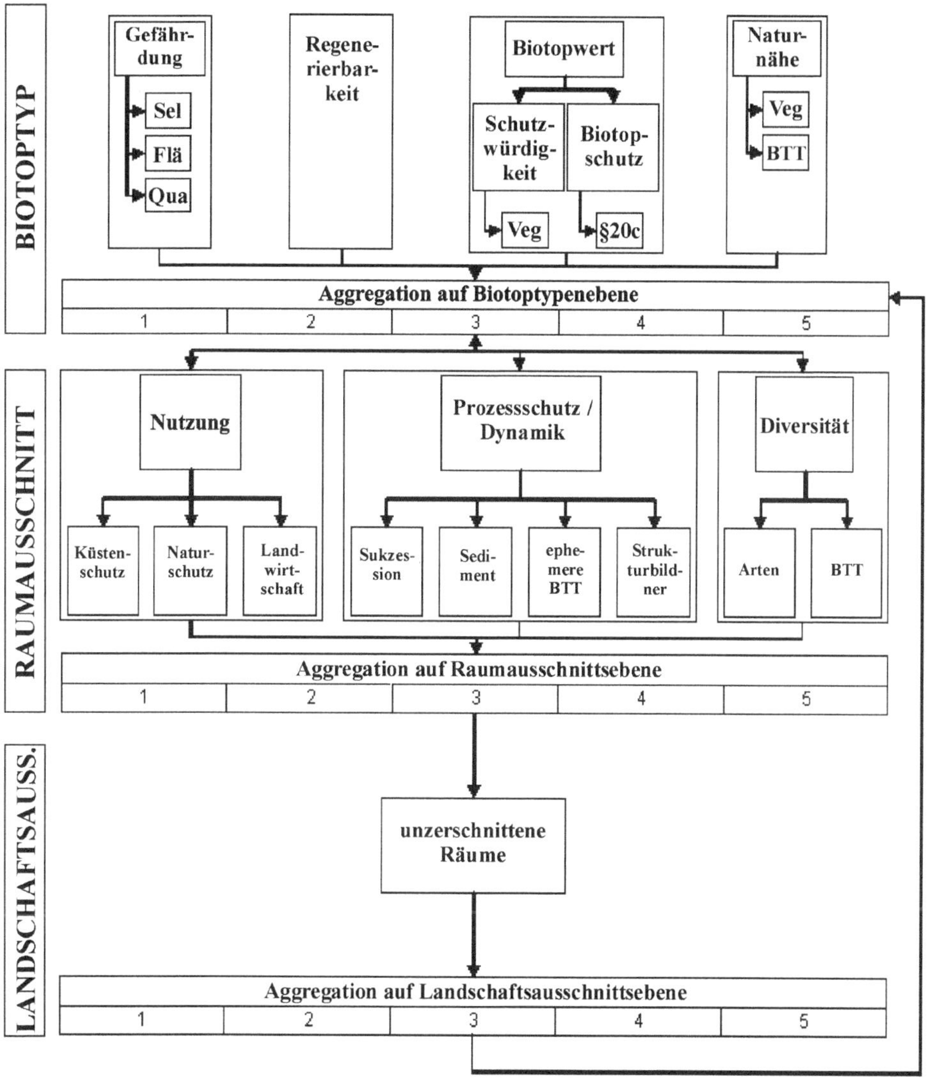

Abbildung 1: Bewertungsschema naturschutzfachlich bedeutender Räume im norddeutschen Küstengebiet. BTT: Biotoptyp, Flä: Flächenverlust, Qua: Qualitätsverlust, Sel: Seltenheit, Veg: Vegetation, § 20c: BNatSchG.

4 Ein Fallbeispiel – Nutzerperspektive Naturschutz

Nachfolgend werden, exemplarisch für die Beschreibung des Ist-Zustandes und konzentriert auf die Nutzerperspektive „Naturschutz", die Ergebnisse der nutzungsabhängigen Bewertung ökologischer Werte dargestellt. Neben der Funktionsanalyse spielen dabei die räumlichen Bezugsebenen sowie die Transformationen und Aggregationen der Bewertungskriterien, eine wichtige Rolle.

Auf dem Deichvorland aber auch im gesamten angrenzenden Wattenmeer spielt der Naturschutz als Nutzung eine wichtige Rolle. Die einzigartige Artenzusammensetzung im Wattenmeer und deren internationale Bedeutung waren der Anlass für die Unterschutzstellung in Form von Nationalparken.

4.1 Wertzuweisung

Wie auch andere Nutzer, verwendet der Naturschutz zur Beurteilung eines Sachverhaltes rechtlich und fachlich legitimierte Wertmaßstäbe. Es handelt sich somit um normative Wertbestimmungen, die selektiv auf die Bedürfnisse des Bewertenden abgestimmt sind. Ziel der Funktionsanalyse ist die Ermittlung der Ansprüche an die ökologischen Funktionen aus der Sicht des Naturschutzes. Eine Wertzuweisung erfolgt hierbei über die Beurteilung, inwieweit die nutzerrelevanten Funktionsansprüche in einem Gebiet erfüllt werden können. Dies ist dann gegeben, wenn der Untersuchungsraum Strukturen und Eigenschaften (Indikatoren) besitzt, die in der Lage sind zur Funktionserfüllung beizutragen. Das Vorhandensein eben dieser Schutzgüter (Tab. 3) führt zu einer Inwertsetzung im Sinne der aus der Sicht des Naturschutzes formulierten Funktionsansprüche an die ökologischen Systeme.

Funktion (Naturschutzziel)	Wert (Schutzgut)	Anspruch (Kriterium)	Struktur / Eigenschaft (Indikator)	Raumebene
Leistungs- und Funktionsfähigkeit des Naturhaushaltes	naturraumtypische Biotope, Strukturen, Biozönosen, Prozesse und Dynamik	Gefährdung	Seltenheit, Flächenverlust, Qualitätsverlust	BTT
		Nutzung	Landwirtschaft, Küstenschutz, Naturschutz (Nationalparkzonierung)	RAus
		Schutzwürdigkeit	Schutzwürdigkeit von Vegetationseinheiten, Biotopschutz	BTT
		Biotopschutz	geschützte Biotope nach § 20c BNatSchG	BTT
		Naturnähe	Naturnähe der Vegetation, Nutzung der BTT	BTT
		Regenerierbarkeit	Regenerationsfähigkeit	BTT
		unzerschnittene Räume	Flächengröße, Hemerobiegrad	LAus
		naturraumtypische Prozesse/Strukturen	Gradient der Sukzessionsstadien, Gradient der Sedimentausprägungen, ephemere BTT, strukturbildende Arten	RAus
Genetische Diversität und Artenvielfalt	seltene, gefährdete Arten	Diversität	Artbezogene Schutzgebietsausweisungen für Robben und Vögel, Anzahl BTT	RAus

Tabelle 3: Zuordnung von Bewertungskriterien zu Schutzgütern und Funktionen für die Nutzerperspektive Naturschutz. Systematische Aufstellung der Kriterien und Indikatoren siehe Abb. 1. BTT=Biotoptyp, RAus=Raumausschnitt, LAus=Landschaftsausschnitt.

Neben allgemeinen rechtlichen (IUCN 1994, BNatSchG 2002) und auch fachlichen Ansprüchen (Plachter 1995) des Naturschutzes wurden zur besseren Anpassung an den Untersuchungsraum auch landschafts- und habitatbezogene Leitbilder für das nordwestdeutsche Tiefland (Finck et al. 1997) bzw. die Wattenmeerregion (CWSS 1995) verwendet. Sie sind in besonderer Weise geeignet, da sie eine flächenhafte Bearbeitung auf Biotoptypebene ermöglichen und die hohe naturräumliche Dynamik des Untersuchungsgebietes berücksichtigen.

Naturschutzrelevante Schutzgüter weisen bezüglich ihrer Struktur (Artebene bis Biozönose) und ihrer räumlichen Ausdehnung eine erhebliche Heterogenität auf. Dies führt häufig zu Überschneidungen und Differenzierungsschwierigkeiten bei der Festlegung der Bewertungskriterien. Zur besseren Abgrenzung wurden drei räumliche Bearbeitungsebenen (Biotoptyp, Raumausschnitt, Landschaftsausschnitt, Abb. 1) festgelegt. Das vorliegende Bewertungssystem und die in ihm enthaltenen Zuordnungen sind ein Resultat der Funktionsanalyse. Nach der Identifikation der für den Raum wichtigsten Funktionen der ökologischen Systeme für den Naturschutz (Naturschutzziele) wurden im Rahmen einer umfangreichen Literatur- und Datenrecherche die zur Funktionserfüllung nötigen Indikatoren und Kriterien zusammengestellt (Tab. 3). Ausgewählt wurden diese zunächst bezüglich ihrer Repräsentanz und Aussagefähigkeit für die primäre Untersuchungseinheit, den Biotoptyp.

Die dargestellten Zuordnungen (Abb. 1) bilden ein auf den norddeutschen Küstenraum und die Untersuchungseinheiten (Biotoptyp, Raumausschnitt, Landschaftsausschnitt) abgestimmtes Bewertungssystem, das durch seine Kriterien- und Indikatorenauswahl geeignet ist, die Inwertsetzung im Sinne der naturschutzfachlichen Funktionsansprüche abzubilden. Weitere für den Naturschutz relevante Kriterien wie die Nutzungsfähigkeit der Naturgüter, das Vorhandensein bestimmter Nutzungsformen oder kulturhistorische Landschaftselemente berühren maßgeblich Bereiche anderer Nutzeransprüche (v.a. Tourismus, Landwirtschaft). Aus diesem Grund werden diese Kriterien in Form der eigenständigen Nutzerperspektive Landschaftserleben bearbeitet.

4.1.1 Anforderungen an die Bewertungskriterien

Die ausgewählten Bewertungskriterien müssen in der Lage sein, die aktuellen und zukünftigen Zustände abzubilden und den formulierten Naturschutzzielen des Untersuchungsraumes entsprechen. Jedes dieser Kriterien kann u. U. durch eine Anzahl von verschiedenen Indikatoren beschrieben werden (Tab. 3). Über deren jeweilige Eignung entscheiden Aussagefähigkeit, Validität, Verfügbarkeit und die inwiefern sie einer späteren Aggregation zugänglich sind (Bernotat et al. 2002).

Im konkreten Fall heißt das: Welche Kriterien, Indikatoren und Erhebungsmethoden sind geeignet, die Klimasensitivität der Küstenbiozönosen in entsprechender Form abzubilden? Um die Anbindung der ermittelten Wertmaßstäbe (Abb. 1, Tab. 3) an die vor Ort herrschenden ökologischen Bedingungen zu ermöglichen, wurden im Rahmen einer Systemanalyse die klimasensiblen Parameter und ihre zu erwartenden Reaktionsspannweiten erhoben (Wittig & Meyerdirks 2002).

Stehen für jedes Bewertungskriterium eine ausreichende Anzahl von Indikatoren bereit, ist es möglich, durch die Formulierung von Zuordnungsvorschriften (Plachter 1994; Bernotat et al. 2002) jedem Bewertungsobjekt einen Wert zuzuweisen (Abb. 1, Tab. 3). Die regelhafte Verknüpfung von Sachinformationen (Systemanalyse) und Wertmaßstäben ermöglicht letztlich die Bildung eines Werturteils. Diese Wertmaßstäbe sind dann erreicht, wenn die aus der Funktionsanalyse abgeleiteten Ansprüche des Naturschutzes an die ökologischen Funktionen erfüllt werden. Das ist umso mehr der Fall, je besser die Ausprägung des Schutzgutes im Sinne der Kriterien und Indikatoren bewertet wird.

Zur Benennung der Klimasensitivität des Untersuchungsraumes ist es nötig die Bewertung des aktuellen Standes mit einem potenziellen Untersuchungsgebiet des Zielzeitraumes 2050 zu vergleichen. Dieses „Modelluntersuchungsgebiet 2050“ ist ein Produkt der Sensitivitätsanalyse und beruht auf verschiedenen Entwicklungsszenarien. Um die Klimasensitivität ermitteln zu können ist es unerlässlich, dass für beide Bezugszeitpunkte das gleiche Bewertungsschema zur Anwendung kommt. Um dies gewährleisten zu können, muss in beiden Fällen von den gleichen normativen Rahmenbedingungen (Leitbilder) ausgegangen werden.

4.1.2 Transformation und Aggregation von Kriterien

In eine Bewertung sollten möglichst mehrere Kriterien und Indikatoren eingehen, um die Gefahr einer Fehleinschätzung zu vermeiden, wie dies bei der Zugrundelegung nur eines wertbestimmenden Kriteriums zu befürchten ist. Derartige voneinander unabhängige Parameter sind nicht ohne weiteres mathematisch verknüpfbar. Wird eine umfassende Beurteilung gerade größerer, durch eine Vielzahl von Kriterien beschriebener Flächen angestrebt, wird man um eine quantifizierende Synopse nicht herumkommen (Plachter 1994). Dazu ist eine geeignete Transformation und Aggregation der Werte unerlässlich (vgl. Abb. 2).

Angestrebt ist zunächst die naturschutzfachliche Bewertung der einzelnen Kriterien. Die so erzielten Ergebnisse werden dann innerhalb einer räumlichen Ebene (Biotoptyp, Raumausschnitt, Landschaftsausschnitt) zu einem Gesamtwert aggregiert. Dabei bestimmen sowohl Zuordnungsvorschriften als auch die Skalierung der Daten, welche Aggregationsmethode verwendet wird.

Bei der naturschutzfachlichen Bewertung von Biotoptypen liegen die verwendeten Indikatoren zumeist verbalargumentativ vor. Solche Ausgangsdaten lassen lediglich eine ordinale Skalierung zu, die dann eine Aggregation mit ebenfalls ordinal skalierten Daten anderer Kriterien zu einem gemeinsamen Wert ermöglichen. Vorteil derartiger Verflechtungsmatrizen ist ihre flexible Einsetzbarkeit ohne die Verwendung hochkomplexer mathematischer Formeln, die gerade bei ordinal skalierten Daten oft nicht zulässig sind oder eine nicht vorhandene Genauigkeit vortäuschen (Bastian & Schreiber 1999). Jede Aggregation ist dabei fachlich zu begründen und ausreichend zu dokumentieren. Im vorliegenden Fall wurde eine fünfstufige, am häufigsten Teilwert ausgerichtete Aggregationsmethode gewählt (Tab. 4). Skalierungen sollten eine ungerade Anzahl von Wertstufen besitzen, um eine neutrale Einstufung zu ermöglichen. Mehr als fünf Wertstufen führen in den meisten Fällen zu keiner weiteren sinnvollen Differenzierung und sind deshalb wenig hilfreich (Bernotat et al. 2002). Die Anwendung der für die Biotoptyp-Ebene erarbeiteten Aggregationsmatrix führte zu einer ausreichend differenzierten und sich über die ganze Spannweite der Bewertungskategorien erstreckende Verteilung der bewerteten BTT.

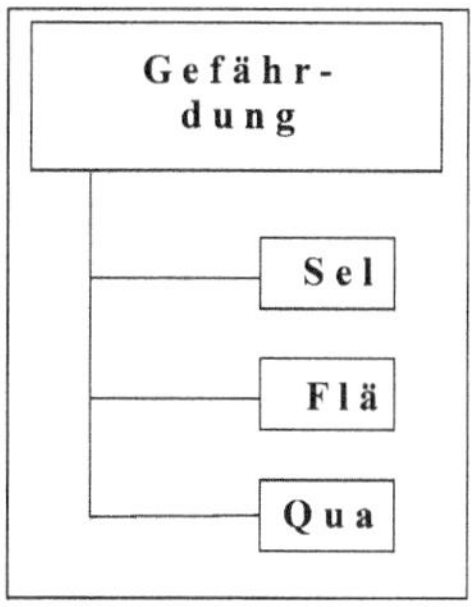

=

Rote Liste der gefährdeten Biotoptypen Niedersachsen

KAT	ERLÄUTERUNG
0	vollständig vernichtet
1	von vollständiger Vernichtung bedroht bzw. sehr stark beeinträchtigt
2	stark gefährdet bzw. stark beeinträchtigt
3	gefährdet bzw. Beeinträchtigt
P	potenziell aufgrund von Seltenheit gefährdet
S	schutzwürdig
+	Zusatz +
-	Zusatz -

Transformiert

RL	ORDINAL
0	0
1	1
2	2
3	3
P	2
S	4
0-1	0-1
1-2	1-2
2-3	2-3
0-3	0-3
1-3	1-3
2(d)	2
2d	3
3(d)	3
3d	4
Sd	5
S(d)	4

Aggregiert

ORDINAL	MATRIX
0	1
1	1
1-2	2
2	2
2-3	2
3	2
4	3
5	3
-	3

Abbildung 2: Transformation und Aggregation von Werten auf Basis einer Roten Liste. Sel=Seltenheit, Flä=Flächenverlust, Qua=Qualitätsverlust.

Hohe Funktionswerte weisen demnach solche Bereiche auf, die über eine hohe Präsenz von Arten, Biotopen und Prozessen verfügen und somit im Sinne der Bewertungskriterien einen hohen naturschutzfachlichen Wert repräsentieren. Diese Funktionswerte lassen sich durch ihren Raumbezug zu flächigen Werteinheiten für verschiedene Bezugsgrößen (Gemeinde, Watteinzugsgebiet) hochrechnen.

Vorteilhaft ist außerdem die Möglichkeit der Darstellung verschiedener räumlicher Betrachtungsebenen in jeweils geeigneten Maßstabsbereichen (Bastian 1997). Dieser Vorteil kommt insbesondere bei der Darstellung der Bewertung auf Raumausschnittsebene und Landschaftsausschnittsebene zum tragen. Hier werden wie auf der Biotoptypebene die Einzelindikatoren der Kriterien (Nutzung, Prozessschutz, Diversität) zunächst zu einem Wert aggregiert. Es kommen ebenfalls an der Häufigkeit der Teilwerte orientierte Bewertungsmatrizen zum Einsatz. In einem weiteren Schritt werden die Kriterien für den Raumausschnitt zu einem Wert aggregiert, der dann wiederum mit den bereits auf der Biotoptypenebene ermittelten Funktionswerten mittels Bewertungsmatrix verrechnet wird. In gleicher Weise wird mit dem Landschaftsausschnitt verfahren. Diese Vorgehensweise erlaubt die BTT-genaue Abbildung der auch auf größerem räumlichen Maßstab angewandten Kriterien und ermöglicht so eine umfassende naturschutzfachliche Beurteilung.

Kriterien **Gefährdung (a)** **Regeneration (b)** **Biotopwert (c)** **Naturnähe (d)**				**Aggregation**	**Funktionswert Naturschutz**	
(a)	(b)	(c)	(d)			
1 1 1 1 1	1 1 1 1 1	1 1 1 2 2	1 2 3 2 3	• mindestens zwei Kriterien sehr hoch und • nicht zwei Kriterien gering bewertet	1	sehr hoch
1 1 1	1 2 2	3 2 2	3 2 3	• mind. ein Kriterium sehr hoch und • wenn zwei Kriterien gering dann die anderen sehr hoch	2	hoch
1 1 2 2	2 3 2 2	3 3 2 2	3 3 2 3	• nicht zwei Kriterien sehr hoch und • wenn kein Kriterium hoch dann nur ein Kriterium niedrig bewertet	3	mittel
2 3	2 3	3 3	3 2	• kein Kriterium sehr hoch und • mindestens ein Kriterium mittel bewertet	4	gering
3	3	3	3	• alle Kriterien gering bewertet	5	ohne/ sehr gering

Tabelle 4: Aggregationsmatrix für die Biotoptypen (BTT).

5 Resümee

Abschätzung und Bewertung der Auswirkungen klimabedingter Veränderungen in ökologischen Systemen gewinnen für gesellschaftliche Entscheidungsprozesse zunehmend an Bedeutung. Neben dem naturwissenschaftlichen Aspekt der Auswirkungen auf ökologische Strukturen, Prozesse und Wechselwirkungen, spielen bei einer handlungsorientierten, integrativen Klimafolgenforschung mit dem Ziel eines vermeidungsorientierten Managements die sozioökonomischen Konsequenzen des Klimawandels eine wichtige Rolle. Eine rein naturwissenschaftlich „objektive" Darstellung der Auswirkungen greift bei der Formulierung von Handlungsoptionen für Entscheidungsträger zu kurz. Vielmehr müssen Veränderungen, die Auswirkungen auf Funktion bzw. Funktionsfähigkeit von ökologischen Strukturen haben, vor dem Hintergrund gesellschaftlicher Handlungsnotwendigkeiten bewertbar gemacht werden.

Ziel des hier beschriebenen interdisziplinären Verbundprojekts ist eine integrative Risikobewertung. Es soll und kann deshalb nicht darum gehen, alle potenziellen Nutzer mit ihren Funktionsansprüchen zu beschreiben und auf allen ökologischen Ebenen Veränderungen der Werte bzw. Schäden zu analysieren. Vielmehr steht die Erarbeitung geeigneter und handhabbarer Methoden im Vordergrund. Hierfür ist die Analyse der Werte und Bewertungen der verschiedenen Nutzer Voraussetzung. Die so identifizierten Nutzeransprüche ermöglichen die Definition eines Schadens, der dann eintritt, wenn die Funktionsansprüche aus der Sicht des Nutzers beeinträchtigt werden.

Diese Herangehensweise kann und soll nicht erschöpfend alle Aspekte von ökologischen Schäden und damit verbundenen Werten behandeln. Vielmehr steht eine anwendungsorientierte Definition zur Beurteilung der Konsequenzen einer Klimaänderung im Vordergrund. Auf Grund der Abwägung unterschiedlicher Interessen und der daraus resultierenden Konflikte, erfordert gerade eine Risikobewertung die exakte Definition des (ökologischen) Schadens und der zugrundeliegenden Werte. Die Bewertung, welche Schäden als groß angesehen werden und ob die damit verbundenen Wertverluste noch akzeptabel sind, wird letztlich in politischen Diskussionsprozessen ausgehandelt und entschieden. Die Formulierung von Zukunftsbildern (Szenarien) kann diesen Abwägungsprozess methodisch antizipieren, um die Spannweiten unterschiedlicher Bewertungen und die daraus resultierenden Schäden abschätzen zu können.

Diskussionswürdig ist nach wie vor die arithmetische Verknüpfung der identifizierten Werte, die notwendig ist, um einen Gesamtwert zu erhalten. Die Festlegung, wie solche Werte „verrechnet" werden, ohne dass es z.B. zu Doppelbewertungen kommt, ist mehr als ein mathematisches Problem, sondern beinhaltet subjektive Gewichtungen. Eine mögliche Verknüpfung der Werte ist die Ausweisung von Konfliktpotenzialen zwischen den Interessen der einzelnen Nutzer, die v.a. durch die Konkurrenz um Räume und deren Funktionen gekennzeichnet sind. Wird z.B. ein bestimmter Raum von mehreren Nutzern hoch bewertet, ist das Konfliktpotenzial dann sehr hoch, wenn sich diese Ansprüche gegenseitig ausschließen, sehr gering dagegen, wenn sie sich ergänzen oder aufheben. Die Bewertung des Konfliktpotenzials von Funktionen ist über eine einfache Addition in einer „Wertekarte" darstellbar.

Die Monetarisierung ökologischer Werte stellt eine weitere mögliche Lösung dieses Verrechnungsproblems dar. Die identifizierten Werte werden in Geldwerte umgewandelt und summiert. Bisher ist jedoch mit den Methoden der neoklassischen Ökonomie („total economic value") nur ein Teil der ökologischen Funktionen und Leistungen ad hoc zu monetarisieren. Da einerseits die Umrechnung in Geldwerte eine in der Gesellschaft akzeptierte Methode ist, anderseits nicht-ökologische Geldwerte, wie z.B. die Kosten für die Anpassungen der Deiche, mit den durch die ökologischen Systeme bereitgestellten vergleichbar werden, erscheint eine monetäre Bewertung für Teilbereiche der ökologischen Leistungen und Funktionen sinnvoll.

Da die Beurteilung solcher komplexen Fragestellungen über eine rein naturwissenschaftliche Betrachtungsweise hinausgeht, kann der integrative Ansatz der hier beschriebenen Forschungsprojekte wichtige Impulse zur Lösung dieser Problematik beisteuern. In diesem Zusammenhang steht auch die Entwicklung eines „Decision Support Systems" (DSS, Kraft 2003), in dem interdisziplinäres Expertenwissen über computerbasierte Regeln so zu verknüpfen ist, dass die komplexe Struktur sowohl ökologischer als auch gesellschaftlicher Prozesse und Wechselwirkungen zu nachvollziehbaren und transparenten Kompartimenten (Teilsystemen) verdichtet wird.

6 Literatur

Banse, Gerhard & Gotthard Bechmann 1998: Interdisziplinäre Risikoforschung – Eine Bibliographie. Westdeutscher Verlag, Opladen.

Bastian, Olaf 1997: Gedanken zur Bewertung von Landschaftsfunktionen – unter besonderer Berücksichtigung der Habitatfunktion. NNA-Berichte, Jg. 97 (3), 106-125.

Bastian, Olaf & Karl-Friedrich Schreiber 1999: Analyse und ökologische Bewertung der Landschaft. 2. Aufl. (1. Aufl. 1994), Spektrum Akademischer Verlag, Heidelberg, Berlin.

Bernotat, Dirk, Jürgen Jebram, Dietwald Gruehn, Thomas Kaiser, Rudolf Krönert, Harald Plachter, C. Bückriem & Arnd Winkelbrandt 2002: Gelbdruck „Bewertung". In: Harald Plachter, Dirk Bernotat, Rainer Müssner & Uwe Rieken (Hrsg.), Entwicklung und Festlegung von Methodenstandards im Naturschutz. Schriftenreihe für Landschaftspflege und Naturschutz, Bundesamt für Naturschutz, Bonn - Bad Godesberg, Heft 70, 357-407.

BNatSchG 2002: Gesetz über Naturschutz und Landschaftspflege – Bundesnaturschutzgesetz vom 25. März 2002, BGBl. I Nr. 22 vom 3.4.2002, Deutscher Taschenbuch Verlag, München.

Breckling, Broder & Felix Müller 2000: Der Ökologische Risikobegriff – Einführung in eine vielschichtige Thematik. In: Broder Breckling & Felix Müller (Hrsg.), Der ökologische Risikobegriff. Beiträge zu einer Tagung des Arbeitskreises Theorie in der Ökologie in der Gesellschaft für Ökologie vom 4.-6. März 1998, Peter Lang, Frankfurt am Main, 1-15.

Breckling, Broder & Thomas Potthast 2004: Der ökologische Schadensbegriff — eine Einführung. In diesem Band, 1-15.

CPSL 2001: Final Report of the Trilateral Working Group on Coastal Protection and Sea Level Rise. Wadden Sea Ecosystem No. 13. Common Wadden Sea Secretariat (CWSS), Wilhelmshaven, Germany.

CWSS 1995: Ministerial Declaration of the seventh Trilateral Governmental Conference on the Protection of the Wadden Sea. Leuwarden, November 30, 1994, http://www.waddensea-secretariat.org/tgc/MD-Leeuwarden.html.

Drachenfels, Olaf von 1994: Kartierschlüssel für Biotoptypen in Niedersachsen. Naturschutz und Landschaftspflege in Niedersachsen, Niedersächsisches Landesamt für Ökologie, Hannover, Heft A/4.

Eser, Uta 2000: Zur Relevanz des ökologischen Risikobegriffs für das politisch-gesellschaftliche Handeln. In: Broder Breckling & Felix Müller (Hrsg.), Der ökologische Risikobegriff. Beiträge zu einer Tagung des Arbeitskreises Theorie in der Ökologie in der Gesellschaft für Ökologie vom 4.-6. März 1998, Peter Lang, Frankfurt am Main, 181-190.

Finck, Peter, Ulf Hauke, Eckard Schröder, Ralf Forst & Gerhard Woithe 1997: Naturschutzfachliche Landschafts-Leitbilder – Rahmenvorstellungen für das Nordwestdeutsche Tiefland aus bundesweiter Sicht. Schriftenreihe für Landschaftspflege und Naturschutz, Bundesamt für Naturschutz, Bonn - Bad Godesberg, Heft 50/1.

IPCC 2001: Intergovernmental Panel on Climate Change – Third Assessment Report of Climate Change – Impacts, Adaption and Vulnerability (Working Group II). Kap. 6, Cambridge University Press, 343-379.

IUCN 1994 (Hrsg.): „Richtlinien für Management-Kategorien von Schutzgebieten“, Nationalparkkommission mit Unterstützung des WCMC, IUCN, Gland, Schweiz und Cambridge, Großbritannien, FÖNAD, Grafenau.

Köhler, Babette & Anke Preiß 2000: Erfassung und Bewertung des Landschaftsbildes. Informationsdienst Naturschutz Niedersachsen 1/2000, NLÖ, 3-60.

Kraft, Dietmar 2003: Aufbau eines Entscheidungsunterstützungssystems für das Küstenzonenmanagement – Konzeption und Entwicklung eines DSS aus küstenökologischer Sicht. In: Hauke Reuter, Broder Breckling & Arend Mittwollen (Hrsg.), Gene, Bits und Ökosysteme. GfÖ Arbeitskreis Theorie in der Ökologie 2002, Peter Lang, Frankfurt/M, 121-136.

Kraft, Dietmar, Susanne Osterkamp & Michael Schirmer 1999: Die ökologische Situation der Unterweser und ihrer Marsch als Ausdruck der naturräumlichen Situation und der Nutzung. In: Bremer Beiträge zur Geographie und Raumplanung, Heft 35, 129-152.

Kraft, Dietmar, Stefan Wittig & Michael Schirmer 2002: DSS im präventiven Risiko- und Küstenschutzmanagement. In: Tim Peschel, Jadranka Mrzljak & Gerhard Wiegleb (Hrsg.), Landschaft im Wandel – Ökologie im Wandel. Verhandlungen der Gesellschaft für Ökologie 32, Verlag die Werkstatt, Göttingen, 464.

Leser, Hartmut 1991: Landschaftsökologie – Ansatz, Modelle, Methodik, Anwendung. Ulmer Verlag, Stuttgart.

Meyerdirks, Jürgen 2003: Lebensraum Wattenmeer in Gefahr? Naturschutz und Klimawandel an der Nordseeküste. In: Ingo Heidbrink (Hrsg.), Konfliktfeld Küste – ein Lebensraum wird erforscht. Hanse-Wissenschaftskolleg Delmenhorst, Hanse-Studien 3, BIS-Verlag, Oldenburg, 63-95.

Ott, Stefan, Christina von Haaren & Ulrich Kraus 1998: Handlungsanleitung zur Anwendung der Eingriffsregelung in Bremen. Institut für Landschaftspflege und Naturschutz und Planungsbüro Mitschang, Homburg/Saar, Hannover.

Plachter, Harald 1994: Methodische Rahmenbedingungen für synoptische Bewertungsverfahren im Naturschutz. Zeitschrift für Ökologie und Naturschutz, Jg. 94 (3), 87-106.

Plachter, Harald 1995: Der Beitrag des Naturschutzes zu Schutz und Entwicklung der Umwelt. In: Karl-Heinz Erdmann & Hans G. Kastenholz (Hrsg), Umwelt und Naturschutz am Ende des 20. Jahrhunderts. Springer, Berlin/Heidelberg, 197-254.

Schirmer, Michael, Bastian Schuchardt, Bernhard Hahn, Sander Bakkenist & Dietmar Kraft 2003: KRIM – Climate change, risk constructs and coastal defence. DEKLIM German Climate Research Programme – Statusseminar Proceedings, S. 269-273.

Schuchardt, Bastian & Michael Schirmer 2003: Ansatz und Ziel des interdisziplinären Forschungsvorhabens „Klimawandel und präventives Risiko- und Küstenschutzmanagement an der deutschen Nordseeküste“ (KRIM). In: Achim Daschkeit & Horst Sterr (Hrsg.), Aktuelle Ergebnisse der Küstenforschung. 20. AMK-Tagung Kiel, Berichte Forschungs- und Technologiezentrum Westküste d. Univ. Kiel 28, Büsum, 31-42.

Wiegleb, Gerhard 1996: Leitbilder des Naturschutzes in Bergbaufolgelandschaften am Beispiel der Niederlausitz. Verhandlungen der Gesellschaft für Ökologie 25, 305-320.

Wittig, Stefan & Jürgen Meyerdirks 2002: Küstenökologische Aspekte des Klimawandels. In: Tim Peschel, Jadranka Mrzljak & Gerhard Wiegleb (Hrsg.), Landschaft im Wandel – Ökologie im Wandel. Verhandlungen der Gesellschaft für Ökologie 32, Verlag die Werkstatt, Göttingen, 464.

Chemischer Pflanzenschutz – Gedanken zum ökologischen Schadensbegriff

Christoph Künast

BASF Aktiengesellschaft, Agrarzentrum Limburgerhof, Postfach 120, 67114 Limburgerhof
christoph.kuenast@basf-ag.de

Abstract

Crop protection products may have side effects on non-target organisms. In the regulatory process, acceptability of side-effects needs to be assessed based on scientific data and defined acceptability criteria. Extrapolating this procedure may give advice to the definition of the term "ecological damage". Accordingly, it is proposed to include in the definition: measurable effects; adverse changes; consideration of dynamics in a cultural landscape; focus on longterm effects; defined criteria based on threshold values or probabilistic approaches.

Keywords: Assessment of side effects, measurable effects, adverse changes, long-term effects, dynamics of cultural landscapes

Schlüsselwörter: Bewertung von Nebenwirkungen, messbare Effekte, schädlicher Einfluss, Langzeiteffekte, Dynamik in Kulturlandschaften

Chemischer Pflanzenschutz wird seiner Zweckbestimmung nach in landwirtschaftlichen Kulturen eingesetzt: Insektizide wirken gegen Schadinsekten, Herbizide gegen Unkräuter, Fungizide gegen Schadpilze. Unabhängig von dieser erwünschten Wirkung auf Zielorganismen ist aber unstrittig, dass Pflanzenschutzmittel Nebenwirkungen auf Nicht-Zielorganismen haben können, und zwar sowohl auf Kulturflächen („in crop") als auch außerhalb („off crop", etwa durch windverdriftete Spritznebel). Diese grundsätzliche Situation führt dazu, dass im Rahmen einer Zulassung Nebenwirkungen einer systematischen Betrachtung unterzogen werden müssen. Dies gilt sowohl in Bezug auf eine quantifizierende Beschreibung der Effekte wie in Bezug auf eine an Kriterien gebundene Bewertung derselben. Im Prinzip kann dieser Bewertungsprozess nicht nur Pflanzenschutzmittel, sondern jegliche Landwirtschaft und in weiterem Sinn jede anthropogene Interaktion mit einem Ökosystem betreffen. Somit können Entscheidungsabläufe, die bei der Bewertung der Nebenwirkungen von Pflanzenschutzmitteln praktiziert werden, Hinweise darauf geben, wie der ökologische Schadensbegriff bestimmt werden kann.

In der für die Pflanzenschutzmittelzulassung relevanten Gesetzgebung wird der Schadensbegriff vermieden, statt dessen wird auf eine Differenzierung zwischen Daten- und Bewertungsebene, auf der Bewertungsebene zwischen „vertretbaren" und „nicht vertretbaren Auswirkungen" fokussiert. Dazu zwei Kernaussagen:

> Insbesondere müssen die Daten über den Wirkstoff ... ausreichen, um ... eine Bewertung der Kurz- und Langzeitgefährdung der nicht zu den Zielgruppen gehörenden Arten, Populationen, Lebensgemeinschaften bzw. der beteiligten Prozesse zu ermöglichen (Richtlinie 91/414/EWG 1991).

> ... lässt ein Pflanzenschutzmittel zu, wenn [es] keine sonstigen nicht vertretbaren Auswirkungen, insbesondere auf den Naturhaushalt sowie auf den Hormonhaushalt von Mensch und Tier, hat (Erstes Gesetz zur Änderung des Pflanzenschutzgesetzes 1998).

Ein Kriterium für die Zulassung ist also, dass „nicht vertretbare Auswirkungen" unterbleiben müssen, keineswegs aber das Fehlen von Auswirkungen generell gegeben und belegt sein muss.

Statt des Begriffs des „ökologischen Schadens" werden also Daten und Bewertung, vertretbare und nicht vertretbare Auswirkungen betrachtet. Generell liegt eine Datenbasis vor, auf deren Grundlage an Hand von Kriterien festgelegt wird, welche Auswirkungen „vertretbar" und welche „nicht vertretbar" sind. Auch wenn dieser Prozess aufwendig ist und durchaus unterschiedliche Sichtweisen erlaubt, vermeidet er den Terminus „Schaden". Das kann darin begründet sein, dass dieser Begriff zwei Elemente verbindet – zum einen ein deskriptives (es tritt eine Auswirkung ein), zum anderen ein normatives (der Begriff belegt einen Nachteil). Gerade diese Kombination - beschreibendes und bewertendes Element in einem Begriff – erschwert aus meiner Sicht eine griffige allumfassende Definition. Dies gilt vor allem, weil die fachliche Beschreibung mit wissenschaftlichen Methoden erfolgt, während auf der Ebene der Bewertung Konsensdefinitionen, Annahmen, auch gesellschaftliche Rahmenbedingungen (Wie viel Risiko ist vertretbar? Wie wird der Vorsorgegedanke umgesetzt?) einfließen. Wenn man die gedankliche Nähe von „Schaden" und „nicht vertretbare Auswirkungen" auf ökologischer Ebene aber erlaubt, dann ergibt sich ein Ansatz zu Rahmenbedingungen für eine Definition: messbare Effekte, Nachteile für ein Ökosystem und die Überschreitung eines Schwellenwerts. Qualitätsziele können hier wichtige Instrumente darstellen, sollen aber nicht im Sinn von Ausschlusskriterien, sondern als Element einer möglichen nachgeordneten Analyse (z. B. einer Nutzen-Risiko-Analyse) verwendet werden.

Meines Erachtens gibt es gute Gründe, den Schadensbegriff nicht ausschließlich auf die engen Grenzen zu beziehen, wie sie ursprünglich vom Sachverständigenrat für Umweltfragen gesetzt wurden: „Veränderungen, die über das normale Schwankungsmaß der betroffenen Populationen oder Ökosysteme hinausgehen und sich oft nur über größere Zeiträume manifestieren. Weiterhin sind solche Effekte als Schäden zu klassifizieren, die entweder überhaupt nicht oder erst Jahrzehnte nach der menschlichen Einwirkung rückgängig gemacht werden können" (SRU 1987).

1. Viele schützenswerte Elemente einer Kulturlandschaft sind Folge langfristiger und tiefgreifender menschlicher Eingriffe. Dies gilt für Landschaftselemente ebenso wie für Arten und Lebensgemeinschaften. Wenn langfristige und tiefgreifende Effekte aber per se eine negative Bewertung (Schaden) implizieren, ist die Verknüpfung mit der Schutzwürdigkeit nur schwerlich herzustellen.

2. Das Element der Dynamik, das einer Kulturlandschaft und ihren Arten und Lebensgemeinschaften inhärent ist, besteht letztendlich aus einer Vielzahl von langfristigen „ökologischen Effekten". Der derzeitige Zustand der Kulturlandschaft (mit positiven oder negativen Aspekten) kann als zeitliches Integral einer Vielzahl langfristiger Effekte gesehen werden.

3. Schließlich ist die Landwirtschaft, die über 50% der Fläche in Deutschland nutzt, ihrem Wesen nach eine ökologische Beeinflussung eines ursprünglichen Zustands, nämlich zu Gunsten von Nutztieren bzw. Nutzpflanzen. Dies impliziert auch langfristige Veränderungen – etwa bei der Versorgung mit oder dem Mangel an Nährstoffen für Pflanzen. Landwirtschaftliche Methoden – auch der Einsatz von Pflanzenschutzmitteln gehört dazu – entwickeln sich zudem weiter, und damit ändern sich auch die von ihnen geprägten Lebensgemeinschaften. Hier muss vermieden werden, dass diese Änderungen allein auf Grund der Begriffsdefinition als Schaden bezeichnet oder in die Nähe des Schadens gerückt werden.

Bereits das „normale" Schwankungsmaß wirft also Fragen auf (Berücksichtigt diese Norm sich ändernde menschliche Einflüsse? Wenn nein, ist sie in Deutschland schwerlich anwendbar.). Analoges gilt für die Einstufung solcher Effekte als Schäden, die nicht rückgängig zu machen sind. Es ist unstrittig, dass gerade langfristige Effekte besonders kritisch zu betrachten sind, aber angesichts sich ändernder Nutzungsformen in einer Kulturlandschaft dürfen sie nicht von vornherein negativ belegt werden. Es erscheint umgekehrt plausibler, ökologische Schäden nicht im Bereich kurzfristiger, reversibler Effekte zu sehen. „Schäden" sollten vielmehr eine Teilmenge der langfristigen Effekte sein, die aber, gebunden an Kriterien wie z.B. Schwellenwerte oder probabilistische Betrachtungen (Hart 2001), festzulegen sind.

Des Weiteren stellt sich die Frage, ob flächen- bzw. nutzungsbezogene Aussagen in einer Definition sinnvoll sind. Die Differenzierung zwischen „in crop" und „off crop" ist in terrestrischen Lebensräumen (z.B. bei Nicht-Zielpflanzen) festgeschrieben (EPPO Standards PP3/13(1) 2003). Es erscheint einerseits durchaus sinnvoll, auch den ökologischen Schaden flächenbezogen zu betrachten (Bodenbearbeitung im Maisacker ist kein Schaden, kann es aber z.B. in einer Magerwiese sein).

Als zentraler Schwachpunkt erscheint mir, dass das ursprüngliche Konzept des Sachverständigenrates für Umweltfragen in hohem Maß statisch ist und nicht der realen und oft gewünschten Dynamik einer Kulturlandschaft entspricht – einer nutzungsbedingten Dynamik, die in vielen Fällen auch aus der Sicht des Naturschutzes positiv bewertet wird. Das bedeutet nicht, dass damit jeglicher Dynamik Tür und Tor zu öffnen wäre. Statt dessen plädiere ich für eine ökologische Schadensdefinition, die sich an folgenden Kriterien orientieren sollte:

- messbare Effekte
- Nachteile für ein Ökosystem (zu definieren)
- kein grundsätzlicher Widerspruch zu nutzungsbedingter Dynamik, einschließlich ihrer Folgen für die Lebensgemeinschaften einer Kulturlandschaft
- Beschränkung auf langfristige Effekte (kurzfristige reversible Effekte sollten ausgeschlossen werden)
- ein an Schwellenwerte beziehungsweise probabilistische Betrachtungen sowie an Qualitätsziele gebundener Begriff der Vertretbarkeit, der jeweils an konkrete Szenarien anzupassen ist.

Literatur:

EPPO Standards PP3/13(1) 2003. EPPO [European and Mediterranean Plant Protection Organization] Bulletin 33, 147-149.

Erstes Gesetz zur Änderung des Pflanzenschutzgesetzes 1998. Bundesgesetzblatt 1998, I (28), 950-995.

Hart, Andy (Hrsg.) 2001: Probabilistic risk assessment for pesticides in Europe. Central Science Laboratory, York (UK).

Richtlinie 91/414/EWG 1991: Richtlinie des Rates vom 15. Juli 1991 über das Inverkehrbringen von Pflanzenschutzmitteln (91/414/EWG). In: Jörg-Rainer Lundehn (Bearb.) 1996, Rechtliche Regelungen der Europäischen Union zur Prüfung und Zulassung von Pflanzenschutzmitteln und Wirkstoffen. Berichte der Biologischen Bundesanstalt für Land- und Forstwirtschaft, Heft 20.

SRU [Der Rat von Sachverständigen für Umweltfragen] 1987: Umweltgutachten 1987. Kohlhammer, Stuttgart/Mainz.

Der „Schaden für die Umwelt“ und seine Definitionen in verschiedenen nationalen Umweltgesetzen – Implikationen für das Gentechnikrecht*

Verena Brand

Forschungsstelle für Europäisches Umweltrecht, Universität Bremen, Universitätsallee GW 1, 28359 Bremen
verbrand@uni-bremen.de

Abstract

The paper opens with a general introduction to the legal meanings of the terms "hazard" and "danger" and their respective development. Furthermore a detailed description of the term "damaging environmental impact" in various German environmental laws is given. Thereafter, an illustration of how German jurisdictions deal with the problem of substantiating this term within different environmental laws is made. The individual environmental laws are discussed with regard to their implications for German biotechnology law. Final remarks are made upon the general difficulty of jurisdiction in the field of environmental and technology law.

Keywords: Environmental impact, damage, biotechnology law, judging

Schlüsselwörter: Umwelteinwirkungen, Schaden, Gentechnikrecht, Beurteilung

1 Einleitung

Der Begriff der schädlichen Einwirkungen in § 16 II des deutschen Gentechnikgesetzes (GenTG, Fassung vom 16.08.2002) dient als Maßstab für die Behörde, die vor der Wahl steht, eine Vermarktungsgenehmigung (Inverkehrbringensgenehmigung) für einen gentechnisch veränderten Organismus (GVO) zu erteilen oder abzulehnen. Jedoch werden nicht nur die „schädlichen Einwirkungen“ als Maßstab herangezogen. § 16 II GenTG setzt voraus, dass der GVO keine „nach dem Stand der Wissenschaft im Verhältnis zum Zweck des Inverkehrbringens unvertretbaren schädlichen Einwirkungen auf die in § 1 Nr. 1 bezeichneten Rechtsgüter“ bewirkt. Der Text beschäftigt sich mit der Frage, ob die Auslegung besonders des Schadensbegriffs im Gentechnikrecht durch die Auslegung ähnlicher Begriffe in anderen umweltrelevanten Gesetzen bereichert werden kann. Dabei wird der Fokus auf die Genehmigung des Inverkehrbringens von GVO bzw. Stoffen gelegt. Das Inverkehrbringen, anders als Laborarbeiten mit GVO oder deren Ausbringung im Rahmen von begrenzten Freisetzungsversuchen, ist darauf angelegt, weitgehend unkontrolliert stattzufinden.[1] Dadurch, dass sich die Genehmigung nur an den richtet, der

---

* Der Beitrag wurde im Rahmen eines Forschungs- und Entwicklungsprojekts des Umweltbundesamtes zur „Risikobewertung im Gentechnikrecht“ entwickelt.

1 Abgesehen von bestehenden Kennzeichnungspflichten für das Produkt sind Verwendungsbeschränkungen im Gespräch, aber noch nicht in geltendes Recht umgesetzt worden.

den GVO vermarkten will, und der Käufer/Verwender bisher noch keinen Beschränkungen oder Pflichten nach Gentechnikrecht unterliegt, sind bei der Genehmigungserteilung auch Schäden in den Blick zu nehmen, die aufgrund eben dieses Kontrollverlustes entstehen. Zu denken wäre hier besonders an eine durch gentechnisch verändertes Saatgut bedingte Verringerung der biologischen Vielfalt.

Der Text beschäftigt sich nicht mit haftungsrechtlichen Fragestellungen, deren Behandlung den Rahmen der hier versuchten Begriffsklärung sprengen würde. Zu verweisen ist hier auf die Arbeiten von Godt (1997), Kadner (1995) und Wezel (2001).

2 Schaden für die Umwelt – Vielfalt der Definitionen und Reaktionen

Allgemein gesagt ist ein Schaden der Eintritt eines unerwünschten Ereignisses. Ob ein Schaden vorliegt oder nicht, hängt also wesentlich davon ab, in welchem Kontext das Ereignis betrachtet wird. Das Recht hat in unserer Gesellschaft eine erhebliche Definitionsmacht, welche mittels des Umwelt- und Technikrechts auch in den Bereich biologischer Fragestellungen übergreift.

Der Begriff „ökologischer Schaden“ hat eine vorwiegend zivilrechtliche Geschichte. In den einzelnen Umweltgesetzen des Öffentlichen Rechts werden statt dessen Begriffe wie „schädliche Einwirkungen auf die Umwelt“, „schädliche Umwelteinwirkungen“, „umweltgefährlich“, „schädliche Auswirkungen“ oder „schädliche Veränderungen“ gebraucht. Da sich der Aufsatz vornehmlich mit den Definitionen des Öffentlichen Rechts auseinandersetzt, soll im Folgenden statt „ökologischer Schaden“ der Begriff des „Schadens für die Umwelt“ gebraucht werden.

Je nachdem, wie weit der potentiell schädigende Vorgang bereits fortgeschritten ist, sind juristisch unterschiedliche Handlungsmöglichkeiten denkbar. Dabei kommt es darauf an, ob sich bereits eine Gefahr zum Schaden verdichtet hat oder nur die Möglichkeit eines Schadens besteht (Risiko).

Gefährlich ist eine Situation, wenn auf der Grundlage hinreichenden Wissens prognostiziert werden kann, dass ein nicht unerheblicher Schaden mit einiger Wahrscheinlichkeit in naher Zukunft eintreten wird (BVerwGE Bd. 28, 315, 13.12.1967 - IV C 146.65; BVerwGE Bd. 45, 57, 26.02.1974 - I C 31.72). Um eine Gefahr erkennen zu können, muss sowohl die Kenntnis von Umständen als auch die Erfahrung über die Wahrscheinlichkeit des Eintritts eines schädigenden Geschehensablaufs vorliegen (Di Fabio 1991, 354). Im Gegensatz dazu liegt bei einem Risiko entweder die Sachlage nicht eindeutig fest oder ist die Eintrittswahrscheinlichkeit des Schadens gering oder der mögliche Schaden selbst gering. Das Risiko ist vor allem durch die die Sachlage kennzeichnenden Unsicherheiten und Ungewissheiten geprägt (Kapteina 2000, 72). Riskant ist somit eine Situation, in der bei ungehindertem Ablauf eines Geschehens ein Zustand oder ein Verhalten möglicherweise zu einem Schaden führen wird (Appel 1996, 228). Als „Gefahrenschwelle“ wird eine Sachlage bezeichnet, in der die Behörde normalerweise rechtlich dazu verpflichtet ist, tätig zu werden. Im Bereich der Risikoregulierung sind Maßnahmen zur Vorsorge angesiedelt und je nach gesetzlicher Ausgestaltung auch obligatorisch. Vorsorgemaßnahmen unterliegen, stärker als Maßnahmen der Gefahrenabwehr, der Möglichkeit der Relativierung durch Abwägung (Meier 2000, 27).

Je nach Inhalt (Definition) und Ausprägung (Gefahr oder Risiko) wird der Schaden für die Umwelt folglich unterschiedlich gehandhabt.

Im Öffentlichen Recht bedient sich der Umweltschutz der Instrumente des Planungs- und Ordnungsrechts. Mittels des Planungs- und Ordnungsrechts ist es schwierig, dem Verursacher Restitutionskosten für Umweltschäden unmittelbar anzulasten. Ausnahmen bilden hier allerdings die Eingriffsregelung im Naturschutzrecht (Godt 1997, 38-40) und die Rückgriffsmöglichkeit auf den Verursacher im Bodenschutzrecht.

2.1 Der Schadensbegriff im Immissionsschutzrecht

Im Immissionsschutzrecht werden in § 3 Abs. I Bundesimmissionsschutzgesetz (BImSchG, Fassung vom 18.09.2002) schädliche Umwelteinwirkungen als „Immissionen, die nach Art, Ausmaß oder Dauer geeignet sind, Gefahren, erhebliche Nachteile oder erhebliche Belästigungen für die Allgemeinheit oder die Nachbarschaft herbeizuführen“ definiert. Dabei werden Immissionen gem. § 3 Abs. II BImSchG als „(...) auf Menschen, Tiere und Pflanzen, den Boden, das Wasser, die Atmosphäre sowie Kultur- und sonstige Sachgüter einwirkende Luftverunreinigungen, Geräusche, Erschütterungen, Licht, Wärme, Strahlen und ähnliche Umwelteinwirkungen“ festgelegt. Mit der Aufzählung der unterschiedlichen Objekte wiederholt § 3 Abs. II die auch schon in § 1 aufgezählten Schutzgüter des BImSchG. Dort ist auch das Vorsorgeprinzip verankert, wenn es in § 1 zweiter Halbsatz heißt, Schutzzweck des Gesetzes sei es auch, „(...) dem Entstehen schädlicher Umwelteinwirkungen vorzubeugen.“ Das Vorsorgeprinzip gilt dabei uneingeschränkt für alle Anwendungsbereiche des BImSchG (Führ 2003, § 1 Rn 52).

Bei § 3 Abs. I müssen die Tatbestandsmerkmale „Geeignetheit“, „Erheblichkeit“, „Nachteile“ und „Belästigungen“ ausgelegt werden. Mit dem Tatbestandsmerkmal der Eignung spricht das Gesetz den Kausalverlauf und die prognostische Bewertung desselben an. Bei der Frage nach der Eignung wird eine Prognose über die „dispositionelle Gefährlichkeit“ der schädlichen Umwelteinwirkung getroffen (Darnstädt 1983, 156). Dabei sollen im Rahmen dieser Prognose die Wirkungsmöglichkeiten festgestellt werden, die sich aus einer bestimmten Immissionsart ergeben. Für diese Immissionsart sollen im konkreten Verwaltungsverfahren typische Geschehensabläufe betrachtet werden (Petersen 1993, 104 f.).

Als weiteres wesentliches Merkmal für das Vorliegen eines Schadens im immissionsschutzrechtlichen Sinn gilt die Erheblichkeit. Fraglich ist in diesem Zusammenhang, welcher Maßstab der Erheblichkeit zugrunde gelegt werden kann. Letztendlich wird sie an der „Unzumutbarkeit“ gemessen. Die Erheblichkeit wird als ein Tatbestandsmerkmal aufgefasst, mit dessen Hilfe konfligierende Interessen ausgeglichen werden können (Petersen 1993, 65 f.). In diesem Sinne lässt sich auf das Interesse eines repräsentativen, verständigen Bürgers an einem vor Umweltgefahren geschützten Lebensraum verweisen, wobei die Einbindung dieses Bürgers in spezielle örtliche und zeitliche Verhältnisse mit berücksichtigt werden muss (Feldhaus 2002, § 3 Rn 10).

Der Begriff der „Nachteile“ umfasst bezüglich der Pflanzen und Tiere z.B. auch Beeinträchtigungen von physiologischen Leistungen, die eine Beeinträchtigung der Funktionsfähigkeit von Ökosystemen erwarten lassen (Feldhaus 2002, § 3 Rn 8). Das Merkmal der „Belästigung“ bezieht sich hauptsächlich auf das Wohlbefinden der Menschen (Feldhaus 2002, § 3 Rn 9).

Insgesamt wird betont, dass die Definitionen, die den Schaden zu umschreiben versuchen, wertbestimmte Begriffe seien, die sich einer exakten Beschreibung entziehen würden (Feldhaus 2002, § 3 Rn 6). Daraus folgt, dass der Schadensbegriff im Immissionsschutzrecht, der sich an einer fallbezogenen Erheblichkeit orientiert, auch inhaltlichen Änderungen zugänglich ist.

Die Rechtsprechung zum Immissionsschutzrecht orientiert sich an allgemeinen Verwaltungsvorschriften (Technischen Anleitungen, wie zum Beispiel der TA-Luft und der TA-Lärm). In diesen Verwaltungsvorschriften werden Grenzwerte und das Verfahren zur Ermittlung derselben einheitlich bindend festgelegt. Auch ist der Stand der Wissenschaft entscheidend dafür, ob Grenzwerte in unzulässiger Weise überschritten wurden. Die ältere Rechtsprechung gewährt der Behörde bei der Frage, ob die Genehmigungsvoraussetzungen erfüllt sind oder nicht, keinen Entscheidungsspielraum (BVerwG DVBl. 1978, 591, 592, 17.02.1978 - 1 C 102.76). In der jüngeren Rechtsprechung wird dies hingegen offen gelassen (Verwaltungsgericht Hessen, Urteil vom 31.05.1990, 8 R 3118/89). Grenzwerte zur Bestimmung eines Schadens für die Umwelt, wie sie im Immissionsschutzrecht üblich sind, haben den Vorteil, dass eine behördliche Entscheidung schnell, einheitlich und nachvollziehbar getroffen werden kann. Sie eignen sich allerdings nur bedingt für eine Aussage über die tatsächliche Schädigung der Umwelt. Es kann zwar gesagt werden, dass bei Überschreiten der Grenzwerte eine Umweltschädigung wahrscheinlich ist, es wird jedoch keine Aussage über das Ausbreitungs- und Umwandlungspotential von Schadstoffen und den Einzelfall getroffen. Trotz der Grenzwerte ist deshalb nicht gesichert, dass keine Verschlechterung des Umweltzustandes eintritt (Godt 1997, 176).

Im Gegensatz zum Immissionsschutzrecht müssen vom Gentechnikrecht irreparable Schäden stärker berücksichtigt werden. Durch Immissionen treten irreparable Schäden seltener auf. In der Regel geht die Belastung hier nach kurzer Zeit zurück, wenn die belastende Aktivität eingestellt wird. Dementsprechend kann eine Behörde z.B. bei der Zulassung einer Anlage damit rechnen, dass später gewonnene Erkenntnisse in ausreichender Weise durch nachträgliche Anordnungen berücksichtigt werden können. Im gentechnischen Bereich hingegen besteht die Möglichkeit, dass die einmal in die Umwelt ausgebrachten Organismen weiterhin dort verbleiben und sich eventuell sogar ausbreiten.

Im Immissionsschutzrecht wird zur Ermittlung der Schädlichkeit von Immissionen eine Dosis-Wirkungs-Beurteilung vorgenommen. Es wird untersucht, ab welcher Menge und unter welchen Rahmenbedingungen ein Stoff bei einem Rezeptor Wirkungen hervorruft (Petersen 1993, 233). Diese Beurteilungsmethode ist problematisch, weil nur diejenigen Wirkungen eines Stoffes bekannt werden, nach denen gesucht wird, und weil nur der Stoff beurteilt wird, von dessen Auftreten man ausgeht. Die Kumulation von Stoffen und die Kombinationswirkung (Beyersmann 1986, 65), wie sie auch in der Gentechnologie vorkommen können (z.B. „gene-stacking"), können mit der zur Grenzwertgewinnung herangezogenen Methode der Dosis-Wirkungs-Beziehungen nicht ausreichend berücksichtigt werden. Die Vielfalt möglicher Wirkungsbeziehungen zwischen GVO und den unterschiedlichen ökologischen Wirkungsebenen wird also von dem Modell der Dosis-Wirkungs-Beziehungen nicht erfasst.

2.2 Der Schadensbegriff im Recht der Chemikalienregulierung

Im Gesetz zum Schutz vor gefährlichen Stoffen (ChemG, Fassung vom 20.06.2002) legt § 3a Abs. II die Bedeutung des Terminus „umweltgefährlich" fest. „Umweltgefährlich sind Stoffe oder Zubereitungen, die selbst oder deren Umwandlungsprodukte geeignet sind, die Beschaffenheit des Naturhaushaltes, von Wasser, Boden oder Luft, Klima, Tieren, Pflanzen oder Mikroorganismen derart zu verändern, dass dadurch sofort oder später Gefahren für die Umwelt herbeigeführt werden können." Hier wird der Naturhaushalt besonders berücksichtigt. Des Weiteren legt § 1 ChemG den Zweck des Gesetzes: „(...), den Menschen und die Umwelt vor schädlichen Einwirkungen gefährlicher Stoffe und Zubereitungen zu schützen, insbesondere sie erkennbar zu machen, sie abzuwenden und ihrem Entstehen vorzubeugen“ fest. Durch § 1 ChemG wurde auch im Chemikalienrecht das Vorsorgeprinzip zum Schutz von Mensch und Umwelt in das Gesetz eingefügt (Bundestagsdrucksache 8/3319, 16). Die Bezeichnung „schädliche Einwirkungen“ in § 1 ChemG impliziert die vorhandenen Kenntnisse über ökologische Wechselwirkungen. Außerdem wird davon ausgegangen, dass die Umwelt an sich Schutzgegenstand ist. Hier wird also von einer anthropozentrischen Sichtweise Abstand genommen (Winter 1994, 913 u. 919). Auffällig an dieser Legaldefinition ist der weite Anwendungsrahmen, der u.a. auch Mikroorganismen umfasst, weiterhin der Einbezug der Umwandlungsprodukte und die Ausdehnung des Anwendungsbereiches des Gesetzes auf sofortige und spätere Gefahren (Schiwy et al. 2002, § 3a, 5).

Für Chemikalien besteht auf Grund der Eigenarten der einzelnen Stoffe die Möglichkeit, ihre Schädlichkeit durch Ermittlung und Gegenüberstellung von voraussichtlichen Dosis-Wirkungs-Grenzwerten (predicted no effect concentration, PNEC) und voraussichtlicher realer Belastung (predicted environmental concentration, PEC) zu ermitteln (vgl. Ahlers 2000, 72). Im gentechnischen Bereich hingegen ist ein solcher Vergleich von Dosis-Wirkungs-Grenzwerten mit realen Belastungen wegen der Komplexität und Unberechenbarkeit der Wirkungsweise der gentechnisch veränderten Organismen kaum möglich. Üblicherweise wird bei der Ermittlung der Schädlichkeit der Chemikalie auch zwischen stoffimmanenten Eigenschaften und Expositionsbedingungen unterschieden. Diese Unterscheidung ist für die Gentechnik jedoch nur bedingt brauchbar, weil die organismusimmanenten Eigenschaften sich schwerlich unabhängig von den Ausbringungsbedingungen bestimmen lassen (vgl. Di Fabio 1994, 138 f.). Da es sich bei GVO um lebende, ausbreitungsfähige Einheiten handelt, die unter komplexen Umweltbedingungen wirken, können Expositionsfragen nicht in vergleichbarer Weise wie bei Chemikalien erörtert werden.

Auch für die Bewertung von Chemikalien wurde Kritik an diesem Verfahren der Bewertung und Ermittlung schädlicher Einwirkungen laut, und zwar an der Stelle, wo es um die Ermittlung und Bewertung der Dosis-Wirkungs-Beziehung als vorherrschender Methode geht. Vor allen Dingen zeitlich verzögerte Veränderungen und indirekte Prozesse, die die Chemikalie auf einer komplexeren Ökosystemebene auslösen könne, würden durch das Konzept der klassischen Toxikologie mit dem Verfahren der Dosis-Wirkungs-Beziehung nur unzureichend erfasst (Rieß et al. 1995, 174). Auch bezögen die gesetzlich festgelegten Testmethoden meistens nur die Ebene des Organismus oder die der Laborpopulationen ein. Dadurch würde das Schutzgut der Umwelt nicht ausreichend erfasst (Rieß et al. 1995, 181). Als Methoden, die den Grad der Prognoseunsicherheit senken sollen, werden Freiland- und Multi-Spezies-Methoden vorgeschlagen, um Untersuchungen, die auf unterer Komplexitätsebene durchgeführt wurden, zu verifizieren und das Wissen über das Verhalten der Chemikalie in der Umwelt zu erhöhen (Rieß et al. 1995, 191). Das Schutzgut der Umwelt, welches ebenso von komplexen Wechselwirkungen bestimmt wird, würde durch diese Methoden, die mehrere Parameter beinhalten, angemessen einbezogen (Smolka & Weidemann 1995, 131 f.). Wird im Rahmen einer Risikobewertung im Gentechnikrecht also an die Methoden der Chemikalienprüfung angeknüpft, sollte aufgrund der analogen Problematik ebenso darauf geachtet werden, dass die umfangreicheren Analysen der Multi-Spezies-Tests durchgeführt werden.

2.3 Der Schadensbegriff im Pflanzenschutzrecht

Das Pflanzenschutzgesetz (PflSchG, Fassung vom 25.11.2003) ist erlassen worden, um Pflanzen, insbesondere Kulturpflanzen sowie Pflanzenerzeugnisse vor Schadorganismen zu schützen und wiederum (unter anderem) den Naturhaushalt vor den Gefahren der Pflanzenschutzmittel zu bewahren (§ 1 Nr. 4 PflSchG). In § 2 Abs. VI PflSchG wird der Naturhaushalt als aus den Bestandteilen „(...) Boden, Wasser, Luft, Tier- und Pflanzenarten sowie das Wirkungsgefüge zwischen ihnen“ bestehend definiert. Zwar ist im Gesetzestext nur von Gefahren für den Naturhaushalt die Rede, das BVerwG hat mit seiner Formel, dass unvertretbare Auswirkungen „mit an Sicherheit grenzender Wahrscheinlichkeit ausgeschlossen sein müssen“ (BVerwG NVwZ-RR 1990, 134, 136, 10.11.1988 - 3 C 19/87) aber auch das Vorsorgeprinzip zum Schutzgehalt des PflSchG gemacht. Von Interesse ist weiterhin die Begrifflichkeit des § 15 PflSchG, der die Zulassung von Pflanzenschutzmitteln regelt. Damit diese Zulassung erteilt werden kann, muss verschiedentlich geprüft werden, ob keine unvertretbaren oder schädlichen Auswirkungen vorliegen. Speziell § 15 Abs. I Nr. 3 e) PflSchG enthält die Vorgabe, dass Pflanzenschutzmittel „keine sonstigen nicht vertretbaren Auswirkungen, insbesondere auf den Naturhaushalt und den Hormonhaushalt von Mensch und Tier“ haben dürfen. Damit ist die Genehmigungsvoraussetzung im Wortlaut der zum Inverkehrbringen von GVO im Gentechnikrecht vergleichbar. Auch hier sichert eine „Vertretbarkeitsklausel“ die Möglichkeit der Behörde, Schäden bzw. Auswirkungen mit anderen Belangen abzuwägen. Auch die Rechtsprechung zum Pflanzenschutzrecht richtet sich nach dem Stand der Wissenschaft. Ob die wissenschaftlich ermittelten schädlichen Auswirkungen eines Pflanzenschutzmittels vertretbar sind, und es genehmigt werden darf, wird im Rahmen der „Vertretbarkeitsklausel“ durch eine Risiko-Nutzen-Abwägung bestimmt, in die vom Einzelfall abhängige Kriterien einfließen. Ein Pflanzenschutzmittel soll erst dann zugelassen werden, wenn „unvertretbare schädliche Auswirkungen mit an Sicherheit grenzender Wahrscheinlichkeit“ ausgeschlossen werden können. Dabei behält sich in diesem Rechtsbereich das Gericht vor, die Entscheidung der Behörde voll zu überprüfen (BVerwG NVwZ-RR 1990, 134, 136). Unterschiedliche Abwägungsposten erleichtern den Behörden im pflanzenschutzrechtlichen Bereich die Abwägung von Risiken und Nutzen bei der Frage der Vertretbarkeit von Auswirkungen des Mittels. Dabei wird hier in der Abwägung eine größere Gesamtschau vorgenommen, die auch Veränderungen der Landwirtschaftsweisen betrachtet und bei der darauf geachtet wird, dass diese sich nicht nachteilig verändern. Inwieweit die Landwirtschaftsweisen als schutzwürdig zu werten sind, wird aber z.B. im Gentechnikrecht bisher nicht thematisiert.

2.4 Der Schadensbegriff im Bodenschutzrecht

Im Bundesbodenschutzgesetz (BBodSchG, Fassung vom 09.09.2001) ist § 2 Abs. III BBodSchG die einschlägige Norm, die schädliche Bodenveränderungen definiert. „Schädliche Bodenveränderungen im Sinne dieses Gesetzes sind Beeinträchtigungen der Bodenfunktionen, die geeignet sind, Gefahren, erhebliche Nachteile oder erhebliche Belästigungen für den einzelnen oder die Allgemeinheit hervorzurufen.“ § 2 Abs. III BBodSchG knüpft in seiner Definition der schädlichen Bodenveränderungen an die Struktur des § 3 Abs. I BImSchG an. Wiederum werden die oben beim Immissionsschutzrecht schon erläuterten Begriffe der Geeignetheit, der Beeinträchtigung, der erheblichen Nachteile oder der erheblichen Belästigungen zu Parametern. Des weiteren wird in § 2 BBodSchG mittels einer sehr detaillierten Legaldefinition ausgeführt, was als „Boden“ (§ 2 Abs. I BBodSchG) und „Bodenfunktionen“ (§ 2 Abs. II BBodSchG) gilt. Dabei bestimmen sich „Böden“ in der Hauptsache nach den Funktionen, die sie erfüllen. Die Festlegung der Bodenfunktionen ist für die Bestimmung der schädlichen Veränderungen eine gesetzliche Besonderheit. Die Konzentration auf die Bodenfunktionen trägt der Tatsache Rechnung, dass eine einheitliche, allgemeingültige Bestimmung des Bodens sowohl naturwissenschaftlich als auch rechtlich nicht gegeben werden kann. Vielmehr wird „Boden“ innerhalb des rechtlichen Rahmens je nach Regelungszusammenhang eine andere Bedeutung erfahren, und auf naturwissenschaftlichem Gebiet der Boden von Fläche zu Fläche variieren. Vom Gesetz wird also in erster Linie der funktionale Aspekt der Böden betrachtet (Frenz 2000, § 2 Rn 3-5). Der Schutzzweck ist hier nicht wie in anderen Umweltgesetzen die Erhaltung eines vorgestellten statischen Zustandes des Schutzguts, sondern seiner Dynamik. Bei der Bestimmung der Bodenfunktionen ergibt sich das Problem, dass insbesondere der gleichzeitige Erhalt der natürlichen Funktionen des Bodens und der Nutzungsfunktionen für den Menschen ein großes Konfliktpotential aufweist, welches nur am Einzelfall orientiert beschrieben und bewältigt werden kann. Insbesondere können hier ökologische Funktionen von Böden (Raum für Wasser- und Nährstoffkreisläufe) in Konflikt mit der Funktion als Rohstofflager oder Standort für Land- und Forstwirtschaft treten.

Aus der dynamischen Konzeption des Schutzzweckes im Bodenschutzsgesetz ergeben sich Querverbindungen zum Schutzgut der Umwelt in ihrem Wirkungsgefüge im Gentechnikrecht. Maßstäbe für die Prüfung der Schädlichkeit von Einwirkungen im GenTG könnten ebenso an die natürlichen Funktionen des Bodens nach BBodSchG anknüpfen. Die Tatsache, dass das BBodSchG neben den natürlichen auch die Nutzungsfunktionen des Bodens im Auge hat, kann für das Verständnis der gentechnischen Risiken bereichernd sein, so z.B. bei der Risiko-Nutzen-Abwägung. Speziell bei gentechnisch verändertem Saatgut hat die Ausbringung von GVO nicht nur Auswirkungen auf die naturnahe Umwelt, sondern auch und sogar in besonderem Maße auf die Landeskultur, bzw. die Wirtschaftsweisen. Inwieweit diese Landeskultur ebenfalls als schützenswert angesehen wird, wird im Gentechnikrecht bisher jedoch kaum thematisiert.

2.5 Der Schadensbegriff im Naturschutzrecht

Im Bundesnaturschutzgesetz (BNatSchG, Fassung vom 25.03.2002) kommt der Begriff des Schadens ebenfalls nicht ausdrücklich vor. § 18 Abs. I BNatSchG impliziert den Schaden jedoch, wenn dort von Eingriffen die Rede ist, die als „Veränderungen der Gestalt oder Nutzung von Grundflächen oder Veränderungen des mit der belebten Bodenschicht in Verbindung stehenden Grundwasserspiegels, die die Leistungs- und Funktionsfähigkeit des Naturhaushaltes (...) erheblich beeinträchtigen können“ definiert werden. Der Begriff des „Naturhaushaltes“ wird dabei in Anlehnung an § 2 Abs. I Nr. 6 PflSchG (Verwaltungsgericht Darmstadt, Natur und Recht 1991, 390, 394, 28.11.1990 - II/3 E 530/87) als Boden, Wasser, Luft, Klima, Pflanzen- und Tierwelt und deren Wirkungsgefüge angesehen. Das Naturschutzgesetz zeichnet sich dadurch aus, dass hier ganz ausdrücklich die Begriffe „Wirkungsgefüge“ und „Naturhaushalt“ betont werden. Das Wirkungsgefüge wird dadurch geprägt, dass funktionelle Einheiten (Ökosysteme) untereinander ihre energetischen, stofflichen und informatorischen Abhängigkeiten und Selbstregulierungsmechanismen bilden (Louis 2000, 109). Die Leistungsfähigkeit des Naturhaushaltes wird dadurch gewährleistet, dass ein Ökosystem bestimmte Regulationsfunktionen übernehmen kann, die an der ökologischen Funktionsfähigkeit seines natürlichen Systems und nicht am Nutzen für den Menschen orientiert sind (Louis 2000, § 1 Rn 11). Dabei sind ebenso Funktionen zu beachten, die nicht in dem Moment erfüllt werden müssen, in dem die Leistungsfähigkeit überprüft wird (potentielle Funktionen des Naturhaushaltes; Eissing & Louis 1996, 488). Eine Beeinträchtigung der Gestalt oder Nutzung von Grundflächen oder des mit der belebten Bodenschicht in Verbindung stehenden Grundwasserspiegels wird gemäß § 18 Abs. I BNatSchG dann angenommen, wenn eine negative Veränderung der Leistungsfähigkeit des Naturhaushaltes aufgrund menschlicher, aber nicht unbedingt unmittelbarer (Gassner et al. 1996, § 8 Rn 7) Einwirkungen stattgefunden hat (Louis 2000, § 8 Rn 14). Zur Beurteilung dieser Beeinträchtigung werden im Naturschutzrecht mehrere Punkte untersucht: Als Kriterien können die Bedeutung der fraglichen Fläche für die Leistungsfähigkeit des Naturhaushaltes, auch in Wechselwirkung mit anderen Flächen, die Größe, Dauer und Intensität des Eingriffs und die Sensibilität des betroffenen Schutzgutes (Louis 2000, § 8 Rn 16) ins Auge gefasst werden. Als Beeinträchtigung von Tieren und Pflanzen wird auch die Isolation von Populationen betrachtet, welche durch Verhinderung des großräumigen Genflusses die Entwicklungsmöglichkeiten von Arten einschränken kann. Die naturwissenschaftliche Diskussion über die Erhaltung des Genflusses ergab für den Naturschutz, dass die Schaffung von naturräumlichen Verbundstrukturen zumindest auch gefährdeten Arten die Möglichkeit gibt, ihr Überleben zu sichern. Die Verhinderung solcher Verbundstrukturen ist somit naturschutzrechtlich als Beeinträchtigung anzusehen.

Weiterhin setzt die Definition eines Eingriffs im Sinne des § 18 Abs. I BNatSchG die Erheblichkeit und Nachhaltigkeit der Beeinträchtigung voraus. Als erheblich wird eine negative Veränderung dann angesehen, wenn sie erkennbar ist und eine wesentliche Störung der Funktionen des Naturhaushaltes darstellt. Unter Nachhaltigkeit i.S.d. Eingriffsregel kann man die Dauer der Beeinträchtigung verstehen (Louis 2000, § 8 Rn. 21). Im begrenzten Umfang kann die Definition eines Eingriffs in den Naturhaushalt gemäß BNatSchG Anregungen für die Bewertung einer schädlichen Einwirkung auf die Umwelt in ihrem Wirkungsgefüge im Gentechnikrecht liefern. Komplexe Wirkungszusammenhänge und die Tatsache der Reproduktionsfähigkeit lebender Organismen müssen auf dem einen wie anderen Gebiet berücksichtigt werden. Für die Wirkungen und Wechselwirkungen im gentechnischen Bereich müsste allerdings das Visier des Rasters der Eingriffsregelung verfeinert werden.

2.6 Der Schadensbegriff im Recht der Umweltverträglichkeitsprüfung

Die Umweltverträglichkeitsprüfung (UVPG, Fassung vom 18.06.2002) ist Teil verwaltungsbehördlicher Verfahren. Sie umfasst die Ermittlung, Beschreibung und Bewertung der unmittelbaren und mittelbaren Auswirkungen eines Vorhabens (z.B. Bau einer Anlage oder Straße) auf: „(...)

1. Menschen, Tiere und Pflanzen,
2. Boden, Wasser, Luft, Klima und Landschaft,
3. Kulturgüter und sonstige Sachgüter sowie
4. die Wechselwirkungen zwischen den vorgenannten Schutzgütern“ (§ 2 Abs. I UVPG).

Auswirkungen von dieser Art kommen infolge von Einwirkungen auf die Umweltgüter zustande (Peters 1996, Einleitung Rn 13). Zur Konkretisierung dieser Prüfungspunkte dient die Allgemeine Verwaltungsvorschrift zur Ausführung des Gesetzes über die Umweltverträglichkeitsprüfung (UVPVwV vom 18.09.1995, GMBl., 671). Dort werden Bewertungskriterien für die Ermittlung der Auswirkungen exemplarisch aufgeführt. Insbesondere Punkt 0.3. der UVP-VwV ist hier einschlägig. Dort werden mehrere Aspekte aufgezählt: „0.3. Auswirkungen auf die Umwelt (...) sind Veränderungen der menschlichen Gesundheit oder der physikalischen, chemischen oder biologischen Beschaffenheit einzelner Bestandteile der Umwelt oder der Umwelt insgesamt, die von einem Vorhaben (...) verursacht werden.“ Der Zeitpunkt der Ermittlung bezieht sich gemäß Punkt 0.5.1.2. UVP VwV auf den Zustand der Umwelt zum Zeitpunkt der Prüfung, es sei denn, es sind Entwicklungen zu erwarten, die zum Zeitpunkt der Vorhabensverwirklichung aktuell sein werden. Diese werden dann schon im Voraus in die Umweltverträglichkeitsprüfung einbezogen. Die Aussagen des Ermittlungsteils der Umweltverträglichkeitsprüfung sind nach Art, Umfang, Häufigkeit und gegebenenfalls Eintrittswahrscheinlichkeit der Umweltauswirkungen unterteilt. Auch auf diesem Gebiet werden wieder die „Wechselwirkungen“ definiert. Zu dem Begriff „Wechselwirkungen“ zwischen den umweltrelevanten Schutzgütern, die § 2 Abs. I Nr. 4 UVPG nennt, wird von Studien aus der Verwaltungspraxis die folgende Definition angeboten: „Unter Wechselwirkungen sind erhebliche Auswirkungsverlagerungen und Sekundärauswirkungen zwischen verschiedenen Umweltmedien und auch innerhalb dieser (zu) verstehen, die sich gegenseitig in ihrer Wirkung addieren, verstärken, potenzieren aber auch vermindern bzw. aufheben können. Die Wirkungen lassen sich anhand bestimmter Pfade verfolgen, aufzeigen und bewerten oder sind bedingt als Auswirkungen auf das Gesamtsystem bzw. als Gesamtergebnis darstellbar“ (Rassmus et al. 2001, S. 36). Von Schaden lässt sich dann sprechen, wenn, je nach Einzelfall, die Auswirkungen erheblich sind, z.B. infolge einer Störung der Wechselwirkungen. Die Behörde, die die Umweltverträglichkeitsprüfung durchführt, bewertet also auch gleichzeitig die Auswirkungen auf die Umwelt. Ob und auf welche Art und Weise diese Bewertung dann im Genehmigungsverfahren berücksichtigt wird, richtet sich gem. § 12 UVPG nach Maßgabe der Gesetze, die für das Genehmigungsverfahren einschlägig sind. Die Umweltverträglichkeitsprüfung dient somit im Genehmigungsverfahren zur Optimierung der Lösung von Konfliktsituationen (Peters 1996, Einleitung Rn 20).

Nach Rechtsprechung zur Umweltverträglichkeitsprüfung prüft das Gericht, ob die Bewertungen und Erkenntnisse über Umweltauswirkungen des Vorhabens in einer dem Gesetzeszweck entsprechenden Weise von der Behörde bewertet und berücksichtigt worden sind (BVerwGE 98, 339, 363). In einem entscheidenden Urteil wurde judiziert, dass übergreifende Umweltstandards und saldierende Maßstäbe zwar für die Bewertung der Umweltauswirkungen eines Vorhabens eine Hilfestellung sein können. Gesetzlich zwingend vorgeschrieben ist die Beachtung der Standards und saldierender Maßstäbe allerdings nicht (BVerwGE 98, 339, 364, 08.06.1995 - 4 C 4.94). Der Prüfumfang des Gerichts ist im Recht der Umweltverträglichkeitsprüfung mithin größer als im Gentechnikrecht, wo die Entscheidung der Behörde nur begrenzt der richterlichen Kontrolle unterliegt.

Die allgemeine Umweltverträglichkeitsprüfung kann mit der Umweltverträglichkeitsprüfung, wie sie nach dem Gentechnikgesetz in Verbindung mit den Leitlinien der Europäischen Kommission (Leitlinien der Kommission zur Ergänzung des Anhanges II der Richtlinie 2001/18/EG, Amtsblatt der EU, L 200, S. 22 aus 2002) durchzuführen sein wird, verglichen werden, um Anhaltspunkte dafür zu bekommen, wo die Prüfung anzusetzen hat, d.h. welche Problemzonen in den Blick genommen werden sollten. Ausserdem könnte die Definition der Wechselwirkungen im Recht der Umweltverträglichkeitsprüfung auch für die Konkretisierung des Begriffes der Umwelt in ihrem Wirkungsgefüge im GenTG fruchtbar gemacht werden (vgl. Godt 1997, 178), indem dort auch die Anknüpfungspunkte in den Blick genommen werden.

2.7 Der Schadensbegriff im Gentechnikgesetz

Der § 16 Abs. II Gentechnikgesetz (GenTG, Fassung vom 16.08.2002) bestimmt, wie oben schon erwähnt, die Zulassungsvoraussetzungen für das Vermarkten eines gentechnisch veränderten Organismus (GVO). Danach dürfen vom GVO keine schädlichen Auswirkungen auf die Schutzgüter des § 1 Nr. 1 verursacht werden. Das Gesetz schützt in § 1 Nr. 1 GenTG unter anderem die Umwelt in ihrem Wirkungsgefüge. Damit wird das funktionelle Zusammenwirken aller natürlichen Faktoren wie Boden, Wasser, Klima, Tier- und Pflanzenwelt hervorgehoben (vgl. Lemke 2003, 136). Dies ist unter zweierlei Gesichtspunkten wichtig: Mit der Erwähnung des Wirkungsgefüges wird anerkannt, dass das Charakteristische an der Einbringung von GVO nicht so sehr im Eingriff in bestimmte Zielorganismen (Tier, Pflanze) liegt, sondern in der Veränderung der Wechselwirkungen zwischen ihnen und zwischen ihnen und den physikalisch-chemischen Bedingungen. Zugleich wird anerkannt, dass die Umwelt ein Wirkungsgefüge verschiedener Integrationsebenen darstellt (Hirsch & Schmitdt-Didczuhn 1991, § 1 Rn 19). Diese Sichtweise hat besondere Folgen für die rechtliche Definition einer schädlichen Auswirkung eines GVO.

In der Rechtsprechung zum Gentechnikrecht wird den Urteilen die Einschätzung der Genehmigungsbehörde zugrunde gelegt. Diese entscheidet schon im Genehmigungsverfahren, ob ein Risiko vorhanden ist und ob dieses vertretbar ist oder ob es zu einem Schaden führt. Das Gericht prüft lediglich, inwiefern die Entscheidung der Behörde Ermittlungs- und Bewertungsdefizite aufweist oder willkürlich war (Oberverwaltungsgericht Berlin, Urteil vom 09.07.1998 - 2 S 9.97) und inwiefern gentechnikspezifische Schäden verursacht wurden (Verwaltungsgericht Berlin, Beschluß vom 12.09.1995 - 14 A 255.95). Ein Schaden im gentechnikrechtlichen Sinne liegt z.B. vor, wenn spezifische Gefahren und Risiken der Gentechnik verwirklicht wurden und wenn diese erheblich sind. Was als spezifisch angesehen werden kann, richtet sich nach dem Stand der Wissenschaft und nach den Gegebenheiten des Einzelfalls. Die Bestimmung eines Schadens richtet sich nach der von der Behörde vorzunehmenden Risikobewertung, die auch wiederum vom Stand der Wissenschaft abhängig ist (Verwaltungsgericht Baden-Württemberg, 04.05.2001 - 10 S 2786/99). Die Rechtsprechung legte bislang folgendes fest:

Als erheblich wurden Einwirkungen dann bezeichnet, wenn sie sich „als toxische Wirkungen, die Bildung toxischer Stoffwechselprodukte, pathogene Wirkungen für andere als den Zielorganismus, Veränderung von Energie- und Stofffließgleichgewichten, die Verdrängung anderer Arten, die Übertragung von gentechnisch übermittelten negativen Eigenschaften auf andere Arten oder entsprechend gravierende Eingriffe in die evolutionär eingespielte Interaktion der Gene" darstellen. Ein gentechnikrechtlicher Schaden liegt hingegen noch nicht vor, wenn eine bloße Auskreuzung von Trans-Genen in andere Kulturpflanzen zu beobachten ist (Verwaltungsgericht Berlin, 12.09.1995 - VG 14 A 255.95). Diese Interpretation des Schadensbegriffs im Gentechnikrecht ist für den Fall, dass ein GVO in besonders geschützte Naturräume auskreuzt, problematisch, da dort aufgrund der möglichen Wirkungsweisen allein schon das Vorhandensein eines GVO schädliche Einwirkungen auf die einzelnen Organismen verursachen könnte (Lemke 2003, 137).

3 Urteilsfindung der Gerichte im Umwelt- und Technikrecht

Die Bewertung der Tatbestände durch die Behörde und auch durch Gerichte verweist bewusst auf gesellschaftliche Entscheidungen, die nicht allein naturwissenschaftlich zu begründen sind (Godt 1997, 171). Die Rechtsprechung der Gerichte muss die Entscheidungen am Gesetzestext orientieren, darf aber auch gleichzeitig den Einzelfall nicht aus dem Auge lassen. Die Formel vom Stand der Wissenschaft spielt im Umwelt- und Technikrecht in der Genehmigungspraxis und der Rechtsprechung eine wesentliche Rolle, weshalb sie näher erläutert werden soll. Der Stand der Wissenschaft wird von der Summe der aktuellen Erkenntnisse der Wissenschaft bestimmt (vgl. Bundesverfassungsgericht 49, 89, 136, 08.08.1978 - 2 BvL 8/77). Hinzu kommt noch, dass der Stand der Wissenschaft in Rechnung stellen muss, dass auch naturwissenschaftliches Wissen umstritten sein kann und eine demokratisch legitimierte Instanz die Vorsorge und Gefahrenabwehr durch Entscheidung sicherstellen muss (Lohse 1994, 113). Die Entscheidung über den Stand der Wissenschaft im konkreten Fall basiert dann auf den naturwissenschaftlichen Erkenntnissen, bezieht aber z.B. Alternativen oder Zielvorstellungen wertend ein (Murswiek 1985, 378). Mit dem Bundesverwaltungsgericht kann außerdem davon ausgegangen werden, dass nur Schäden nicht in die Entscheidung einbezogen werden sollten, die mit an Sicherheit grenzender Wahrscheinlichkeit ausgeschlossen sind (BVerwGE 81, 12, 15, 15.12.1988 - 5 C 9.85). Zusätzlich ist die Genehmigungsbehörde verpflichtet, neueste und auch abweichende wissenschaftliche Erkenntnisse, die noch keinen Eingang in die Praxis gefunden haben müssen, in ihre Entscheidung einzubeziehen, um zu gewährleisten, dass der „Stand der Wissenschaft“ möglichst aktuell ist (Verwaltungsgericht Freiburg, Zeitschrift für Umweltrecht, Jg. 2000, 216, 217, 23.06.1999 - 1 K 1599/98). Wie der entscheidungserhebliche „Stand der Wissenschaft“ beschaffen ist, wird im Umwelt- und Technikrecht nur in den seltensten Fällen vom Gericht selbst auf der Grundlage von Sachverständigengutachten entschieden. Statt dessen wird so verfahren, dass die Behörde oder ein speziell mit der Begutachtung betrautes Gremium (z.B. die Zentrale Kommission für Biologische Sicherheit) festlegt, welche Erkenntnisse als „Stand der Wissenschaft“ eine behördliche Entscheidung beeinflussen. Das Gericht prüft dann nur noch, ob die Behörde bei ihrer Beurteilung der Frage nach einem Schaden willkürlich gehandelt hat oder grobe Ermessensfehler unterlaufen sind. Vielfach sind auch behördlich festgelegte Grenzwerte, in denen die Erkenntnisse der Wissenschaft konzentriert sein sollen, für das Vorkommen eines schädlichen Stoffes in der Umwelt als Maßstab für die Gerichte bei ihrer Urteilsfindung von Bedeutung.

4 Schlussbemerkung

Eine endgültige Definition des Begriffes „Schaden für die Umwelt“ ist rechtlich nicht möglich. Zusammenfassend kann man sagen, dass ein „Schaden für die Umwelt“ die Beeinträchtigung des kollektiven Interesses am Erhalt der Umwelt darstellt (Godt 1997, 56). Diese Beeinträchtigungen werden, wie oben dargestellt, in der gesamten Rechtsprechung zu umweltrechtlichen Thematiken mittels einer Prüfung dahin gehend bestimmt, ob sie „erheblich“, „geeignet“, „nachteilig“ oder „vertretbar“ sind. Erst durch einen so konkretisierten, festgestellten Schaden entsteht eine Haftungsbeziehung zwischen individuell Verantwortlichen und „der Allgemeinheit“. Die Schwierigkeit besteht darin, zu ergründen, was die „Beeinträchtigung eines kollektiven Interesses, eines Allgemeininteresses“ ist (Godt 1997, 57), und wie Interessenkonflikte ausgeglichen werden können, letztlich also darin, ein Urteil zu fällen bzw. eine Entscheidung zu treffen. Dabei spielen, wie oben dargestellt, die Methoden der Ermittlung, deren Umfang und Bewertung eine entscheidende Rolle, aber auch die Fähigkeit der Entscheidungsträger, den Sachverhalt von möglichst vielen Seiten zu betrachten und zu einem Ergebnis zu kommen.

Speziell bezüglich des Einsatzes von Gentechnologie als relativ neuer Technologie, kann man noch nicht mit Gewissheit sagen, wo Schäden, insbesondere Schäden für die Umwelt, auftreten können. Das hat auch mit dem Erkenntnisproblem zu tun, wonach bei ungewissen Sachlagen ein Schaden immer erst dann als solcher identifizierbar ist, wenn er aufgetreten ist. Es hat sich gezeigt, dass die Kategorien aus oben genannten stoffbezogenen Umweltgesetzen nicht so einfach auf das Gentechnikrecht übertragen werden können. Besonders das Konzept von Grenzwerten im Immissionsschutzrecht und Chemikalienrecht ist aufgrund der Unberechenbarkeit der Wirkungsweisen eines lebenden (gentechnisch veränderten) Organismus für die Feststellung einer Schädlichkeit nicht geeignet. Aus den die Umwelt beschreibenden Normen, wie dem Naturschutzrecht und dem Recht der Umweltverträglichkeitsprüfung oder dem Bodenschutzrecht, können jedoch Anhaltspunkte gewonnen werden, auf die bei der Suche nach einem möglichen Schaden im Vorfeld einer Genehmigung geachtet werden sollte. Gleichzeitig können diese einmal von der Rechtsordnung ins Auge gefassten Prüfungspunkte dazu dienen, im Umkehrschluss Maßstäbe für die Definition des Schadens auch im Gentechnikrecht zu setzen: Liegt z.B. eine Verletzung des Funktionshaushaltes von Boden, wie er anhand des BBodSchG geschützt wird, durch GVO vor, könnte von einem Schaden auch im gentechnikrechtlichen Sinne gesprochen werden. Um einen Schaden für die Umwelt, welcher durch GVO hervorgerufen worden sein könnte, festzustellen, ist es auf jeden Fall notwendig, dass wissenschaftliche Erkenntnisse vorhanden sind, dass also der Stand der Wissenschaft genau umschrieben werden kann. Dazu muss ebenso innerhalb der jeweiligen Wissenschaftsgemeinde weitgehend Einigkeit herrschen. Je genauer dann die Erkenntnisse sind und je stärker auch der gesellschaftliche Konsens ist, desto besser können rechtliche Instrumente wie Gesetze, behördliche und gerichtliche Entscheidungen wertend und ausgleichend eingreifen, weil sich einfacher über einen Sachverhalt urteilen lässt.

5 Literatur

Ahlers, Jan 2000: The Availability of Risk Information. In: Gerd Winter (Hrsg.), Risk Assessment and Risk Management of Toxic Chemicals in the European Union. Nomos, Baden Baden, 69 ff.

Appel, Ivo 1996: Stufen der Risikoabwehr – Zur Neuorientierung der umweltrechtlichen Sicherheitsdogmatik im Gentechnikrecht. Natur und Recht, Jg. 1996, 227 ff.

Beyersmann, Detmar 1986: Gibt es naturwissenschaftliche Grundlagen für Grenzwerte bei Stoffkombinationen? In: Gerd Winter (Hrsg.), Grenzwerte – Interdisziplinäre Untersuchungen zu einer Rechtsfigur des Umwelt-, Arbeits- und Lebensmittelschutzes. Werner-Verlag, Düsseldorf, 65 ff.

BVerwG [Bundesverwaltungsgericht]

BVerwGE [Entscheidungen des Bundesverwaltungsgerichts], Carl Heymanns Verlag, Köln.

Darnstädt, Thomas 1983: Gefahrenabwehr und Gefahrenvorsorge. Metzner, Frankfurt a.M.

Di Fabio, Udo 1994: Risikoentscheidungen im Rechtsstaat. Mohr, Tübingen.

Di Fabio, Udo 1991: Entscheidungsprobleme der Risikoverwaltung – Ist der Umgang mit Risiken rechtlich operationalisierbar? Natur und Recht, Jg. 1991, 353 ff.

DVBl [Deutsches Verwaltungsblatt], Carl Heymanns Verlag, Köln.

Eissing, Hildegard & Hans W. Louis 1996: Rechtliche und fachliche Anforderungen an die Bewertung von Eingriffen. Natur und Recht, Jg. 1996, 485 ff.

Feldhaus, Gerhard 2002: Kommentar zum Bundesimmissionsschutzrecht. Bd.1 & 2, Loseblatt, Stand 7/2002, Mueller, Heidelberg.

Frenz, Walter 2000: Bundesbodenschutzgesetz – Kommentar. Beck, München.

Führ, Martin 2003: In: Hans-Joachim Koch, Dieter H. Scheuing & Eckhard Pache (Hrsg.), Gemeinschaftskommentar zum Bundesimmissionsschutzgesetz, Loseblatt, Stand 10/2003, Werner-Verlag, Düsseldorf.

Gassner, Erich, Gabriele Bendomir-Kahlo, Anette Schmidt-Räntsch & Jürgen Schmidt-Räntsch 1996: Bundesnaturschutzgesetz – Kommentar. Beck, München.

Godt, Christine 1997: Haftung für ökologische Schäden. Duncker & Humblot, Berlin.

Hirsch, Guenter & Andrea Schmidt-Didczuhn 1991: Gentechnikgesetz mit Gentechnik-Verordnungen – Kommentar. Beck, München.

Kapteina, Matthias 2000: Die Freisetzung von gentechnisch veränderten Organismen – Genehmigungsvoraussetzungen nach dem Gentechnikgesetz. Nomos, Baden-Baden.

Lemke, Marcus 2003: Gentechnik – Naturschutz – Ökolandbau. Nomos, Baden-Baden.

Lohse, Detlev 1994: Der Rechtsbegriff „Stand der Wissenschaft“ aus erkenntnistheoretischer Sicht am Beispiel der Gefahrenabwehr im Immissionsschutz- und Atomrecht. Duncker & Humblot, Berlin.

Louis, Hans W. 2000: Bundesnaturschutzgesetz – Kommentar. Bd. 1. (1. Aufl. 1994), Schapen, Braunschweig.

Meier, Alexander 2000: Risikosteuerung im Lebensmittel- und Gentechnikrecht. Heymann, Köln.

Murswiek, Dietrich 1985: Die staatliche Verantwortung für Risiken der Technik. Duncker & Humblot, Berlin.

NVwZ-RR [Neue Zeitschrift für Verwaltungsrecht – Rechtsprechungs-Report Verwaltungsrecht], Beck, München und Frankfurt.

Peters, Heinz-Joachim 1996: Das Recht der Umweltverträglichkeitsprüfung, Band II. Nomos, Baden-Baden.

Petersen, Frank 1993: Schutz und Vorsorge, Strukturen der Risikoerkenntnis, Risikozurechnung und Risikosteuerung der Grundpflichten im BImSchG. Duncker & Humblot, Berlin.

Rassmus, Jörg, Herbert Brüning, Volker Kleinschmidt, Heinrich Reck, Klaus Dierßen & Andrea Bonk 2001: Entwicklung einer Arbeitsanleitung zur Berücksichtigung der Wechselwirkungen in der Umweltverträglichkeitsprüfung im Auftrag des UBA (www.gfnmbh.de/publikation/endbericht.pdf).

Rieß, Michael H., Martina Manthey & L. Horst Grimme 1995: Zur Bestimmbarkeit des ökotoxischen Schädigungspotentials von Chemikalien. In: Gerd Winter (Hrsg.), Risikoanalyse und Risikoabwehr im Chemikalienrecht – Interdisziplinäre Untersuchungen. Werner, Düsseldorf, 165 ff.

Schiwy, Peter, Brigitte Stegmüller & Bernd Becker 2002: Chemikaliengesetz – Kommentar. R.S. Schulz, Percha.

Smolka, Susanne & Gerd Weidemann 1995: Eigenschaften ökologischer Systeme und Prognostizierbarkeit von Belastungsfolgen. In: Gerd Winter (Hrsg.), Risikoanalyse und Risikoabwehr im Chemikalienrecht – Interdisziplinäre Untersuchungen. Werner-Verlag, Düsseldorf, 203 ff.

Sondermann, Wolf D. 2002: In: Ludger Anselm Versteyl, Bundesbodenschutzgesetz – Kommentar. Beck, München.

Winter, Gerd 1994: Regelungsmaßstäbe im Gefahrstoffrecht. Deutsches Verwaltungsblatt, Jg. 1994, 913 ff.

Schadensbegriffe in Zusammenhang mit Europäischen Regelungen zu gentechnisch veränderten Pflanzen

Detlef Bartsch

Robert Koch-Institut, Zentrum Gentechnologie, Wollankstraße 15-17, D-13187 Berlin
bartschd@rki.de

Abstract

New EU legislation on environmental liability is expected to address damage to biodiversity, soil and water, but all three components within certain limits. Since ecology as science is seeking insight into the interaction between biotic and abiotic components, the term 'ecological' damage has to deal with hazards on the interaction level. A hazard is the potential of a risk source to cause an adverse effect. Risk assessment can be defined as a process of evaluation including the identification of the attendant uncertainties, of the likelihood and severity of an adverse effect(s)/event(s) occurring to man or the environment following exposure under defined conditions to a risk source(s). The sequential steps in risk assessment of Genetically Modified Organisms (GMO) are: identify characteristics which may cause adverse effects, evaluate their potential consequence, assess the likelihood of occurrence and estimate the risk posed by each identified characteristic of the GMO. EU legislation on GMO does not specify the term 'damage', the evaluation of GMO biosafety can realistically be done only by comparison of GMO effects to Non-GMO. Value judgments whether effects are called adverse should be made based on solid scientific data. To this end, 'ecological' damage may be characterized as any environmental damage occurring in form of severely disturbed relationships between abiotic and biotic compartments of an ecosystem and which are of accepted human value.

Keywords: environmental damage, risk assessment, biosafety, GMO, EU regulation, liability

Schlüsselwörter: Umweltschaden, Risikobewertung, Biologische Sicherheit, GMO, EU Regelungen, Haftung

1 Einleitung

Die Anwendung der Gentechnik hat eine breite naturwissenschaftliche und gesellschaftliche Diskussion über mögliche Umweltschäden ausgelöst. Zur Zeit ist wohl kaum eine andere Technik einer derart vielschichtigen Analyse unterworfen. Trivial, aber immer wieder zu betonen ist, dass bei der Ausfüllung des Begriffes ‚Schaden' Werturteile getroffen werden. Diese Urteile sind das Ergebnis vielfältiger persönlicher Erfahrungen und Lebensvorstellungen. Die Werturteile finden Eingang in Kriterien und anwendungsbezogene (Umwelt-)Indikatoren, die bei umweltschutzfachlichen Regelungen umgesetzt werden. Ein sachlich gebotener erster Schritt ist zunächst die naturwissenschaftliche Beschreibung von Ursachen und Wirkungen, bevor die Wertung einsetzen sollte. Man kann sich häufig des Eindrucks nicht erwehren, dass der zweite Schritt vor dem ersten steht: Menschen mit sehr unterschiedlichen Wertvorstellungen suchen nach naturwissenschaftlichen Argumenten, um ihre persönlichen (Vor-) Urteile zu unterstützen. Dieser Umstand wird durch die unklare Definition des ‚ökologischen' Schadensbegriffes eher noch gefördert. Im gesellschaftlichen Kontext ist die Identifizierung eines Schadens meist ein Kompromiss, der für ein funktionierendes soziales und wirtschaftliches Zusammenleben notwendig ist. Gesellschaftliche Kompromisse finden ihren Niederschlag in Gesetzen. Im Zusammenhang mit Schadens-Definitionen sind das Gentechnik- und Haftungsrecht die juristischen Regelungswerke, für die es gilt, juristische Begriffe mit Leben (im biologischen Sinne) zu füllen. Zu unterscheiden sind zunächst ökologische von ökonomischen Schadensbegriffen. Es kommt häufig zur Vermischung beider Felder in der Problematik der Ko-Existenz zwischen GMO- und Nicht-GMO-nutzender Landwirtschaft (Stökl 2003; Von Kameke 2003). Im folgenden Artikel werde ich nicht auf ökonomische Schäden eingehen, die aus verringerten Verkaufserlösen von vermischten Lebensmitteln resultieren. Umweltökonomische Aspekte des Umweltschutzes und der Beseitigung von Umweltschäden werden aber behandelt.

2 Gesetzliche Regelungen mit Relevanz zu Schäden, die von GMO verursacht werden könnten

2.1 Europäisches Gentechnikrecht (Richtlinie 2001/18/EG)

Der Begriff des ‚ökologischen' Schadens wird in der europäischen Gentechnikgesetzgebung nur indirekt angesprochen. Der Zweck des deutschen Gentechnikgesetzes (Stand 2003) ist u.a., Leben und Gesundheit von Menschen, Tieren, Pflanzen sowie die sonstige Umwelt in ihrem Wirkungsgefüge vor möglichen Gefahren zu schützen. Im Folgenden werde ich den Oberbegriff *Umweltschäden* verwenden, wenn schädliche Auswirkungen auf die zuvor genannten Schutzzwecke gemeint sind. In der neuen EU-Richtline 2001/18/EG heißt es im Artikel 4 Abs.1:

> Die Mitgliedstaaten tragen im Einklang mit dem Vorsorgeprinzip dafür Sorge, dass alle geeigneten Maßnahmen getroffen werden, damit die absichtliche Freisetzung oder das Inverkehrbringen von GMO keine schädlichen Auswirkungen auf die menschliche Gesundheit und die Umwelt hat ...

Eine nähere Erläuterung von *schädlich* wird nicht gegeben. Auch die in den zugehörigen Leitlinien 2001/811/EG genannten Beispiele und Hinweise auf mögliche schädliche Einwirkungen geben keine klaren Hilfen. Nationale Zulassungsbehörden wie das Robert Koch-Institut helfen sich bei der Bewertung der biologischen Sicherheit bislang über den Vergleich mit den Wirkungen von konventionellen Kulturpflanzen. Solange keine über die natürliche Schwankungsbreite hinaus gehenden Auswirkungen von GMO im Vergleich zu konventionellen Pflanzen festgestellt werden, sind keine gentechnikspezifischen schädlichen Auswirkungen auf die Umwelt zu erwarten. Es werden außerdem ökotoxikologische Fragen z.B. nach den Auswirkungen von Komplimentär-Herbiziden ausgeklammert, da diese im Rahmen der Pflanzenschutzmittel-Zulassung bewertet werden. Besondere Bedeutung werden aber die Definitionen zum Umweltschaden haben, wie sie in dem Entwurf zur europäischen Umwelthaftungsrichtlinie ausgefüllt sind. Sie sollen im nächsten Abschnitt vorgestellt werden.

2.2 Die Richtlinie zum europäischen Haftungsrecht (Umwelthaftungsrichtlinie)

Das Umwelthaftungsrecht wird auf der europäischen Ebene durch eine neue Richtlinie geregelt. Der inzwischen (Mai 2004) verabschiedete Entwurf (Europäische Union 2003) sieht die Vermeidung von Umweltschäden und die Sanierung der Umwelt nach einer Kontamination als Hauptziele vor. Umstritten ist vor allem noch der Umfang der Umwelthaftung. Der vorliegende gemeinsame Standpunkt des Rates (vom 18. September 2003) sieht vor, dass die Ersatzhaftung des Staates (d.h. der Staat kommt für die Sanierung auf, wenn der Schadensverursacher nicht ausfindig gemacht werden kann) nicht verpflichtend und die Deckungsvorsorge (d.h. bei Tätigkeiten, bei denen eine Haftung in Betracht kommt, kann durch Haftpflichtversicherung oder sonstige finanzielle Sicherheiten eine Vorsorge erbracht werden) durch die Unternehmen freiwillig sein soll. Das Europäische Parlament hat bei der zweiten Lesung des Gesetzes am 17. Dezember nur wenige Änderungswünsche angemeldet, so dass langwierige Sitzungen des Vermittlungsausschusses vermieden werden können.[1] Von besonderem Interesse für die Debatte um ökologische Schäden dürften die in der Richtlinie verwendeten Definitionen sein (siehe Abschnitt 5).

Umweltschäden werden darin als unerwünschte Veränderungen von Zuständen ausgewählter Schutzgüter definiert, wobei auch Wertvorstellungen bzw. geminderter Nutzen an Kulturgütern eingeschlossen sind. Die Richtlinie gilt auch für Umweltschäden, die durch die Landwirtschaft verursacht werden. Hervorzuheben ist, dass nach dem Entwurf Umweltschäden (nur) an drei Ressourcen-Komplexen auftreten können: Geschützte Arten / natürliche Lebensräume, Boden und Gewässer. Vor allem der Umfang der Biologischen Vielfalt wird eingeschränkt auf besondere geographische Gebiete mit festgelegten, besonders schützenswerten Arten, die sich hauptsächlich an den Natura2000 Gebieten und den Arten der FFH-Richtlinie festmachen. Genetische Vielfalt wird nur indirekt als *günstiger Erhaltungszustand* – vielleicht als überlebensfähige Population – angedeutet. Die Komponenten der biologischen Vielfalt müssen genau benannt, bezeichnet und in Listen eingetragen sein. Bemerkenswert ist, dass nicht nur die Ressource als Gegenstand, sondern auch deren Funktion und damit das (ökologische) Wirkungsgefüge geschützt sein soll.

Ein entscheidendes Kriterium für die Definition von Umweltschäden ist allerdings, dass eine nachteilige Veränderung feststellbar, d.h. wissenschaftlich objektivierbar sein muss (siehe Definition von Schaden in Tab. 1). Dieses logisch wirkende Prinzip schützt vor willkürlichen Interpretationen, denn das bloße Empfinden einer Umweltstörung muss beschreibbar und mitteilbar sein. Schwammige Begriffe wie ‚Evolutionäre Integrität' sind willkürlich und – wenn überhaupt – nur schwer wissenschaftlich quantifizierbar und damit ungeeignet zur Erfassung und Beschreibung von Umweltschäden. Evolutionäre Integrität bedeutet, dass die natürlich und historisch gewachsene genetische Vielfalt der Arten ein Recht auf Unversehrtheit haben solle. Wenn demnach ein gentechnisches Konstrukt in die genetische Vielfalt einer Art und nahe verwandter Arten gelangt, dort verbleibt und über Generationen weiter gegeben wird, wäre dies nach dem Konzept der Evolutionären Integrität bereits ein Schaden (Breckling & Züghart 2001).

1 Inzwischen ist die Umwelthaftungsrichtlinie am 30.4.2004 als Directive 2004/35/CE in Kraft getreten. Es gibt keine wesentlichen Änderungen mit Blick auf das hier Dargestellte.

Bereits im Vertrag zur Gründung der Europäischen Gemeinschaft wurde das Prinzip, nach dem der Verursacher die Kosten trägt, wenn ein Umweltschaden eintritt (Verursacherprinzip), aufgenommen. Der vorliegende Richtlinienvorschlag gilt für Umweltschäden und die unmittelbare Gefahr solcher Schäden, die aus beruflichen Aktivitäten einer der im Anhang aufgelisteten Tätigkeiten hervorgehen. Dazu gehören per Definition – neben dem Betreiben von chemischen Fabriken oder Öltankern – die Nutzung gentechnisch veränderter Organismen in geschlossenen Systemen oder im Freiland. Umweltschäden, die durch bewaffnete Konflikte, Naturkatastrophen, genehmigte Tätigkeiten oder nach dem Stand von Wissenschaft und Technik als risikofrei angesehene Tätigkeiten verursacht werden, sind von dem vorliegenden Vorschlag dagegen nicht erfasst.

Falls Umweltschäden unmittelbar einzutreten drohen, verpflichtet die von dem jeweiligen Mitgliedstaat ausgewiesene zuständige Behörde den Betreiber (den potenziellen Verursacher), geeignete Abwehrmaßnahmen zu treffen. Die Behörde kann die Maßnahmen auch selbst treffen und die dafür anfallenden Kosten beim Verursacher geltend machen. Bei bereits eingetretenem Schaden ist der Verursacher zur Durchführung geeigneter Sanierungsmaßnahmen verpflichtet. Dazu gibt es spezielle Regeln und Grundsätze, die in den Anhängen der Richtlinie aufgelistet sind. Die zuständige Behörde kann diese Maßnahmen auch selbst veranlassen und die Kosten anschließend eintreiben. Die zuständige Behörde kann auch Prioritäten hinsichtlich der Reihenfolge der durchzuführenden Maßnahmen treffen, falls komplexe Umweltschäden vorliegen. Betreiber gefährlicher Aktivitäten können nicht zum Abschluss einer Deckungsvorsorge verpflichtet werden, aber die Mitgliedsstaaten sollen nach dem Text der Richtlinie Anreize zum Abschluss solcher Vorsorgemaßnahmen schaffen. Zugleich kann ein Inhaber einer Genehmigung, z.B. zum Anbau und Vertrieb gentechnisch veränderter Organismen (GVO), von den Kosten einer eventuell notwendigen Umweltsanierungsmaßnahme befreit werden, wenn nach dem Stand der wissenschaftlichen und technischen Erkenntnisse zum Zeitpunkt, and dem die Emission oder Tätigkeit ausgeübt wurde, die GVO nicht als wahrscheinliche Ursache von Umweltschäden angesehen wurden. Damit haben Mitgliedstaaten die Möglichkeit, den Betreiber aus der finanziellen Verantwortung zu nehmen, und zwar für die Kosten von Sanierungsmaßnahmen infolge unvorhersehbarer Gefahren. De facto würde das für die Praxis bedeuten: Wenn eine Genehmigungsbehörde nach wissenschaftlicher Prüfung zu dem Schluss kommt, dass von dem Betrieb einer gentechnischen Anlage oder dem Inverkehrbringen eines gentechnisch veränderten Produkts keine besonderen Gefahren ausgehen, entfällt zumindest die Verpflichtung zur unbegrenzten Deckungsvorsorge für eventuell später auftretende (unvorhergesehene) Schäden.

3 Biologische Definitionen von durch GMO verursachten Schäden

Von zentraler Bedeutung für die Bewertung von transgenen Pflanzen ist die Definition und der Gebrauch der Begriffe ‚Risiko' und ‚Risikobewertung' (Bartsch 2001), der von dem Begriff der Gefahr (siehe auch Tab. 1) zu unterscheiden ist. Risikobewertung kann definiert werden als ein Prozess der Evaluierung bestehend aus der Identifikation bestehender Unsicherheiten sowie der Wahrscheinlichkeit und Höhe eines unerwünschten Ereignisses für Mensch und Umwelt, und zwar nach Exposition unter definierten Bedingungen zu ein oder mehreren Risikoquellen.[2] Eine Gefahr ist das Potenzial einer Risikoquelle, einen unerwünschten Effekt zu verursachen.[3]

Eine Annäherung an biologische Schadensdefinitionen kann dann einsetzen, wenn biologische Eigenschaften eines GMO mit denen von Nicht-GMO verglichen werden. Auch hier ist eine anthropogene Wertung unvermeidlich. Wenn z.B. bereits der Ausgangsorganismus (etwa bei Zuckerrüben der biologische Drang, unter bestimmten Umständen eine Unkrauteigenschaft zu entwickeln – „Unkrautrüben") unerwünschte Ereignisse verursacht, so ist auch bei den modifizierten GMO zunächst ein solcher Schaden zu erwarten. Ist andererseits die biologische Eigenschaft des Ausgangsorganismus „akzeptiert" (z.B. Pollenflug und Auskreuzung), so ist fairerweise auch eine Gleichbehandlung des GMO zu verlangen, falls sich diese Eigenschaft nicht signifikant vom Nicht-GMO unterscheidet. Die biologische Sicherheit eines GMO erschließt sich also zunächst aus dem unmittelbaren Vergleich zu bereits in gewisser Weise als „biologisch unschädlich" definierten Ausgangsorganismen.

Die Risikobewertung erfolgt in folgender Reihenfolge: 1. Identifizierung von GMO Eigenschaften, die unerwünschte Effekte verursachen könnten, 2. Evaluierung der potentiellen Konsequenzen dieser Effekte, 3. Bewertung der Wahrscheinlichkeit des Auftretens der Effekte und 4. Abschätzung der Risiken aller identifizierten Eigenschaften des GMO.[4]

Risiko ist eine Funktion der Wahrscheinlichkeit des *Auftretens von Schäden* (Faktor A) in Verbindung mit der Höhe der Schäden (Faktor B). Es ist im Gegensatz dazu ein fundamentaler Unterschied, bereits in der Wahrscheinlichkeit des *Auftretens eines transgenen Organismus* den Risikofaktor (A) zu sehen. Im letzteren Fall wird bereits ein wertendes (Vor-)Urteil in den Identifikationsprozess aufgenommen. Gentechnik-Kritische Umweltorganisationen tendieren zur Förderung dieses Missverständnisses. Die wissenschaftliche Risikobewertung von transgenen Pflanzen basiert zu einem wesentlichen Teil auf der Identifizierung eines (möglichen) Schadens bzw. der Schadenshöhe im Faktor B, da anzunehmen ist, dass sich transgene Organismen zumindest in gleichem Maße verbreiten wie nicht-transgene Organismen.

Der Term ‚Schaden' ist, wie in der Einleitung erwähnt, ein anthropozentrisch geprägter Begriff. Er beschreibt einen von gesellschaftlichen Maßstäben abhängigen Sachverhalt, der als ‚unerwünscht' angesehen wird. Die Auftretenswahrscheinlichkeit von Schäden hängt auch von der Verbreitung von Transgenen, etwa der Einbürgerung und Ausbreitung von gentechnisch veränderten Pflanzen in einem bestimmten Ökosystem ab. Die Einbürgerung und Ausbreitung transgener Organismen ist aber *per se* kein unerwünschter Vorgang (Bartsch & Schuphan 1998). Er wird es erst dann, wenn durch diesen Vorgang als Konsequenz ein Ereignis eintritt, welches als Schaden gewertet wird. Unerwünschte ökologische Interaktionen könnten die Verdrängung von geschützten Pflanzen- und Tierarten, oder der Verlust genetischer Diversität innerhalb einer

2 Risk assessment can be defined as „a process of evaluation including the identification of the attendant uncertainties, of the likelihood and severity of an adverse effect(s) /event(s) occurring to man or the environment following exposure under defined conditions to a risk source(s)" (SSP 2000).

3 „A hazard is the potential of a risk source to cause an adverse effect" (SSP 2000).

4 „The sequential steps in risk assessment of GMOs: identify characteristics which may cause adverse effects, evaluate their potential consequence, assess the likelihood of occurrence and estimate the risk posed by each identified characteristic of the GMOs" (European Commission DG Health and Consumer Protection 2003).

Art sein. Diese Phänomene sind seit Beginn der landwirtschaftlichen Aktivitäten des Menschen vor rund 10.000 Jahren aufgetreten. Besorgniserregend ist heutzutage aber die Geschwindigkeit der Veränderungen, deshalb sind Maßnahmen zum Schutz biologischer Diversität erforderlich. Das Vorsorgeprinzip einer vorsichtigen und schrittweisen Einführung neuer Technologien darf aber nicht zu einem grundsätzlichen Verbot aller technischen Innovationen führen.

Genfluss, d.h. der Austausch von Erbinformation zwischen Individuen und Populationen bis über die Artebene hinaus ist kein (‚ökologischer') Schaden sondern ein biologisches Prinzip (Bartsch et al. 2003). Verbreitungseinheiten zur Ermöglichung von Genfluss können bei Pflanzen die Samen oder Pollen sein. Ein Pollen ist keine für sich selbständige Vermehrungseinheit: Erst durch die Verschmelzung der männlichen Gameten mit der Eizelle entsteht ein vermehrungsfähiger Organismus. Die alleinige Präsenz von Pollen mit transgenen Sequenzen in den verschiedenen Umweltmedien stellt keinen Schaden dar. Es ist daher für eine Umweltbeobachtung ausreichend, geeignete Indikatoren für die möglichen *Folgen* einer Pollenausbreitung zu nutzen. Ein Indikator könnte das Auftreten herbizidtoleranter Unkräuter/Segetalarten sein. Herbizidtolerante Arten könnten einerseits den ökonomischen Erfolg der Pflanzenschutzstrategie gefährden, andererseits erhöhte Aufwandmengen von Herbiziden bzw. zusätzliche Wirkstoffe mit unerwünschten Nebenwirkungen bewirken. Die Pollenexposition kann überhaupt keine neue Information zum Gefährdungspotenzial geben, wenn die im gesetzlichen Genehmigungsverfahren vorgeschriebene Umweltverträglichkeitsprüfung zu der Wertung kommt, dass ein Schaden nicht zu *erwarten* ist.

Genfluss allein ist noch kein ausreichendes Risiko. Erst wenn Schäden in der Umweltverträglichkeitsprüfung identifiziert werden, ist die Grundlage für eine Fallspezifische Umweltbeobachtung erfüllt, da diese nach der Richtlinie 2001/18/EG auf identifizierte Gefahren ausgerichtet sein soll. Ein zweites, von einem Betreiber auf jeden Fall vorzusehendes Beobachtungssystem ist die Allgemeine Beobachtung (AB). Die AB zielt nur auf *unerwartete* Umwelteffekte von GMO ab. Die Messung der Transgen-Exposition stellt aber nicht das unerwartete Ereignis oder das Gefährdungspotenzial eines unerwarteten Ereignisses fest, da die Transgen-Exposition selbst nicht als Schaden eingestuft werden kann und ein unerwartetes Schadensereignis nicht zwingend in Abhängigkeit von der Transgen-Konzentration steht. Eine grobe Einschätzung des GMO-Einflusses in einem Gebiet ist also hinreichend. Die Messung der Transgen-Exposition entbindet nicht von einer kausalen Nachforschung des Einzelfalles. Nachweisverfahren für die rekombinante DNA liegen vor, so dass bei Bedarf (Verdacht auf eine schädliche Einwirkung) ein Transgen-Nachweis in Umweltmedien schnell und effizient durchführbar ist. Die systematische Erfassung der Verbreitung von transgenen DNA Sequenzen in der Umwelt mag zwar ökologisch für Grundlagenforschung interessant sein, würde aber nur zu einer Flut irrelevanter Daten für den Gesetzesvollzug führen.

In der ökologischen Wissenschaft spielt der Einzelfall eine herausragende Rolle. Verallgemeinerungen, die etwa zu naturwissenschaftlichen Gesetzen führen, können selten identifiziert werden, denn zu komplex erscheint das Zusammenwirken zwischen biologischer Struktur und Funktion. Dieses Phänomen gilt auch für GMO und die durch sie möglichen Schäden.

Es wurde auf dem Workshop in Blaubeuren im März 2003, auf den auch dieser Beitrag zurück geht, diskutiert, ob eine wesentliche ökologische Besonderheit von GMO gegenüber chemischen Noxen in ihrer Selbstvermehrung liegt. Diese sei bei der Antizipation möglicher Schäden zu berücksichtigen, wobei daher nicht nur die genetische Ebene (Auskreuzung von Transgenen etc.), sondern alle Ebenen ökologischer Interaktionen zu berücksichtigen wären. Wichtiger ist meines Erachtens aber der Vergleich von GMO mit Organismen, die nicht gentechnisch verändert sind aber ähnliche ökologische Verhaltensweisen zeigen. Es gibt z.B. auch nicht-gentechnisch veränderte Kulturpflanzen, die gegenüber bestimmten Herbiziden resistent sind. Wird das entsprechende Herbizid nicht eingesetzt, gibt es keinen Unterschied hinsichtlich des Lebenszyklus beider Pflanzen. Die Frage nach Schäden durch Gentechnik kann in den Debatten, die seit langem diskutiert werden, nur immer für den Einzelfall spezifisch für die jeweils vorliegende Organismus/Transgen-Kombination erörtert werden.

Dies gilt für

1. die biologische und ökologische Spezifität von GMO und deren Implikationen für ökologische Risikoabschätzungen, -bewertungen und die Beobachtung, sowie für
2. die gesellschaftspolitische Frage nach dem Nutzen (Realistik der ‚Schlüsseltechnologie') sowie dem Schaden (Ist ‚Gentechnikfreiheit' wirklich ein hohes Produzenten- und Konsumentengut? Wie hoch werten wir die Freiheit der Nutzung neuer Technologien, die nach Stand der Wissenschaft und Technik keine Gefahren darstellen?).

Der ‚ökologische' Schadensbegriff ist nicht allein auf eine spezifische Wirkungs- bzw. Komplexitätsebene zu beschränken. Umweltschäden können auf verschiedenen Ebenen in unterschiedlichen Zeitperspektiven auftreten (Abb. 1). Wenn wir die Umwelt als Ressource ansehen, gibt es zunächst zwei Klassen: 1. abiotische und 2. biotische Umwelt. Diese Klassen können weiter in einzelne Kompartimente zerlegt werden, wobei zumindest die biotische Umwelt hierarchische Integrationsebenen (vom Gen zur Lebensgemeinschaft) enthält. Da die Ökologie die Wissenschaft von der Wechselwirkung zwischen Lebewesen und ihrer Umwelt ist, können ‚ökologische' Schadensbegriffe in erster Linie nur auf das Wirkungsgefüge im engeren Sinne abzielen. Sie sind damit nur eine Teilmenge der Gruppe der Umweltschäden.

4 Schlussbemerkung

Es besteht die grundsätzliche Schwierigkeit, die ökologischen Wirkungen zu beschreiben und zu quantifizieren, damit Schäden auch objektivierbar, das heißt messbar sind. Messbarkeit ist eine unabänderliche Bedingung, ohne die ein Schaden nur als eine willkürliche Interpretation von Naturbildern gelten dürfte. Umweltschäden müssen auch geographisch lokalisierbar sein. Das lokale Verschwinden einer häufigen Art muss nicht gleich ein Umweltschaden sein. Weitere Erläuterungen für die Definition von Umweltschäden sind nötig, wenn es um Einschränkungen der Nutzungsmöglichkeit von Naturgütern order Wirkungsgefügen geht. Hierunter fallen nicht nur monetäre Werte: Viele Bestandteile unserer Umwelt sollen auch weiterhin z.B. aufgrund ihrer *Schönheit* einen Schutz genießen und damit einen Kulturcharakter haben (Abb.1). Über Schönheit kann man immerhin ebenso heftig streiten wie über GMO in unserer Umwelt. Die Ökologie als Wissenschaft kann hierzu lediglich einen Fundus an Datenmaterial als Grundlage für Bewertungen liefern.

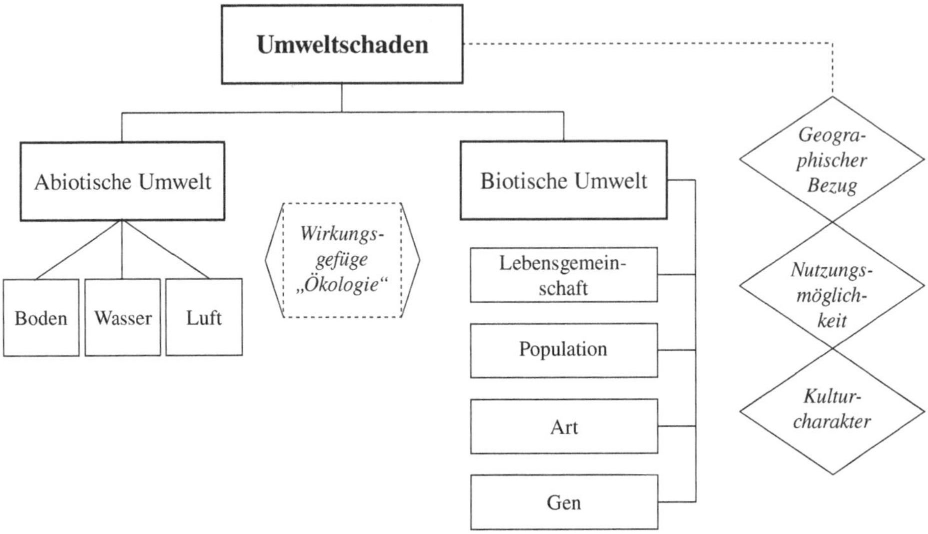

Abbildung 1: Der ‚ökologische' Schadensbegriff als Teilmenge des Umweltschadens: Als Ressource kann die Umwelt in eine abiotische und eine biotische Klasse geteilt werden. Da die Ökologie die Wissenschaft von der Wechselwirkung zwischen Lebewesen und ihrer Umwelt ist, können ‚ökologische' Schadensbegriffe in erster Linie nur auf das Wirkungsgefüge im engeren Sinne abzielen. Weitere Einschränkungen und Wertsetzungen sind als Raute dargestellt.

5 Anhang: Begriffsbestimmungen im Artikel 2 in der Europäischen Richtlinie zur Umwelthaftung (Europäische Union 2003)

Begriffe, die näher definiert werden, sind fett gedruckt.

Umweltschaden

a) Eine Schädigung geschützter Arten und natürlicher Lebensräume, d.h. jeder *Schaden*, der erhebliche Nachteilige Auswirkungen in bezug auf die Erreichung oder Beibehaltung des günstigen *Erhaltungszustands* dieser Lebensräume oder Arten hat; Folgende Einschränkungen gelten: Schädigungen geschützter Arten und natürlicher Lebensräume umfassen nicht die zuvor ermittelten nachteiligen Auswirkungen, die aufgrund von Tätigkeiten eines Betreibers entstehen, die von den zuständigen Behörden gemäß den Vorschriften zur Umsetzung von Artikel 6 Absätze 3 und 4 der Richtlinie 92/43/EWG (FFH-Richtlinie, zu Art. 6 werden z.B. Projekte im zwingenden öffentlichen Interesse gezählt) oder Artikel 9 der Richtlinie 79/409/EWG (Vogelschutzrichtlinie; z.B. Aktivitäten im öffentlichen Interesse) oder von Artikel 16 der Richtlinie 92/43/EWG) oder im Falle von nicht unter das Gemeinschaftsrecht fallenden Lebensräumen und Arten gemäß gleichwertigen nationalen Naturschutzvorschriften ausdrücklich genehmigt wurden;

b) eine *Schädigung* der Gewässer, d.h. jeder *Schaden*, der erhebliche nachteilige Auswirkungen auf den ökologischen, chemischen und/oder mengenmäßigen *Zustand*, und/oder das ökologische Potenzial der betreffenden Gewässer im Sinne der Definition der Richtlinie 2000/60/EG (Wasserrahmenrichtlinie) hat, mit Ausnahme der nachteiligen Auswirkungen, für die Artikel 4 Absatz 7 der Richtlinie 2000/60/EG gilt;

c) eine Schädigung des Bodens, d.h. jede Bodenverunreinigung, die ein erhebliches Risiko einer Beeinträchtigung der menschlichen Gesundheit aufgrund der direkten oder indirekten Einbringung von Stoffen, Zubereitungen, Organismen oder Mikroorganismen in, auf oder unter dem Grund verursacht.

Schaden

Eine direkt oder indirekt eintretende feststellbare nachteilige Veränderung einer *natürlichen Ressource* oder Beeinträchtigung der *Funktion* einer natürlichen Ressource.

Geschützte Arten und natürliche Lebensräume

a) Die Arten, die in Artikel 4 Absatz 2 der Richtlinie 79/409/EWG (Vogelschutzrichtlinie) genannt oder in Anhang I jener Richtlinie aufgelistet sind oder in den Anhängen II und IV der Richtlinie 92/43/EWG (FFH-Richtlinie) aufgelistet sind;

b) die Lebensräume der in Artikel 4 Absatz 2 der Richtlinie 79/409/EWG genannten oder in Anhang I jener Richtlinie aufgelisteten oder in Anhang II der Richtlinie 92/43/EWG aufgelisteten Arten und die in Anhang I der Richtlinie 92/43/EWG aufgelisteten natürlichen Lebensräume sowie die Fortpflanzungs- oder Ruhestätten der in Anhang IV der Richtlinie 92/43/EWG aufgelisteten Arten und,

c) wenn ein Mitgliedstaat dies vorsieht, Lebensräume oder Arten, die nicht in diesen Anhängen aufgelistet sind, aber von dem betreffenden Mitgliedstaat für gleichartige Zwecke wie in diesen beiden Richtlinien ausgewiesen werden.

Natürliche Ressource

Geschützte Arten und natürliche Lebensräume, Gewässer und Boden

Erhaltungs-Zustand

a) Im Hinblick auf einen *natürlichen Lebensraum* die Gesamtheit der Einwirkungen, die einen natürlichen Lebensraum und die darin vorkommenden charakteristischen Arten beeinflussen und sich langfristig auf seine natürliche Verbreitung, seine Struktur und seine *Funktionen* sowie das Überleben seiner charakteristischen Arten im europäischen Gebiet der Mitgliedstaaten, für das der Vertrag Geltung hat, innerhalb des Hoheitsgebiets eines Mitgliedstaats oder innerhalb des natürlichen Verbreitungsgebiets des betreffenden Lebensraums auswirken können.

Der Erhaltungszustand eines natürlichen Lebensraums wird als „günstig“ erachtet, wenn

- sein natürliches Verbreitungsgebiet sowie die Flächen, die er in diesem Gebiet einnimmt, beständig sind oder sich ausdehnen,

- die für seinen langfristigen Fortbestand notwendige Struktur und spezifischen Funktionen bestehen und in absehbarer Zukunft weiter bestehen werden und
- der Erhaltungszustand der für ihn charakteristischen Arten im Sinne des Buchstabens b) günstig ist;

b) Im Hinblick auf eine *Art* die Gesamtheit der Einwirkungen, die die betreffende Art beeinflussen und sich langfristig auf die Verbreitung und die Größe der Populationen der betreffenden Art im europäischen Gebiet der Mitgliedstaaten, für das der Vertrag Geltung hat, innerhalb des Hoheitsgebiets eines Mitgliedstaats oder innerhalb des natürlichen Verbreitungsgebiets der betreffenden Art auswirken können.

Der Erhaltungszustand einer Art wird als „günstig" betrachtet, wenn

- aufgrund der Daten über die Populationsdynamik der Art anzunehmen ist, dass diese Art ein lebensfähiges Element des natürlichen Lebensraums, dem sie angehört, bildet und langfristig weiterhin bilden wird,
- das natürliche Verbreitungsgebiet dieser Art weder abnimmt noch in absehbarer Zeit vermutlich abnehmen wird und
- ein genügend großer Lebensraum vorhanden ist und wahrscheinlich weiterhin vorhanden sein wird, um langfristig ein Überleben der Populationen dieser Art zu sichern.

Ausgangszustand *(im englischen Text: baseline condition)*

Der im Zeitpunkt des Schadenseintritts bestehende Zustand der natürlichen Ressourcen und Funktionen, der bestanden hätte, wenn der Umweltschaden nicht eingetreten wäre, und der anhand der besten verfügbaren Informationen ermittelt wird.

Unmittelbare Gefahr eines Schadens

Hinreichende Wahrscheinlichkeit, dass ein *Umweltschaden* in naher Zukunft eintreten wird.

Funktionen und ***Funktionen einer natürlichen Resource***

Funktionen, die eine *natürliche Ressource* zum Nutzen einer anderen *natürlichen Ressource* oder der Öffentlichkeit erfüllt.

Emission

Die Freisetzung von Stoffen, Zubereitungen, Organismen oder Mikroorganismen in die Umwelt infolge menschlicher Tätigkeiten.

Vermeidungsmaßnahmen

Jede Maßnahme, die nach einem Ereignis, einer Handlung oder einer Unterlassung, das/die eine *unmittelbare Gefahr* eines Umweltschadens verursacht hat, getroffen wird, um diesen Schaden zu vermeiden oder zu minimieren.

Wiederherstellung

Einschließlich „natürlicher Wiederherstellung“ im Falle von *Gewässern, geschützten Arten und natürlichen Lebensräumen* die Rückführung von geschädigten natürlichen Ressourcen und/oder beeinträchtigten *Funktionen* in den *Ausgangszustand* und im Falle einer Schädigung des Bodens die Beseitigung jedes erheblichen Risikos einer Beeinträchtigung der menschlichen Gesundheit.

Sanierung

Jede Tätigkeit oder Kombination von Tätigkeiten einschließlich mildernder und einstweiliger Maßnahmen im Sinne des Anhangs II mit dem Ziel, geschädigte natürliche Ressourcen und/oder beeinträchtigte Funktionen wiederherzustellen, zu sanieren oder zu ersetzen oder eine gleichwertige Alternative zu diesen Ressourcen oder Funktionen zu schaffen.

Auszüge aus Anhang II (Sanierung von Umweltschäden):

Eine Sanierung von Umweltschäden im Bereich der Gewässer, geschützter Arten und natürlicher Lebensräume wird dadurch erreicht, dass die Umwelt durch primäre Sanierung, ergänzende Sanierung oder Ausgleichssanierung in ihren Ausgangszustand zurückversetzt wird, wobei

a) „primäre Sanierung“ jede Sanierungsmaßnahme ist, die die geschädigten natürlichen Ressourcen und/oder beeinträchtigten Funktionen ganz oder annähernd in den Ausgangszustand zurückversetzt;

b) „ergänzende Sanierung“ jede Sanierungsmaßnahme in Bezug auf die natürlichen Ressourcen und/oder Funktionen ist, mit der der Umstand ausgeglichen werden soll, dass die primäre Sanierung nicht zu einer voll-ständigen Wiederherstellung der geschädigten natürlichen Ressourcen und/oder Funktionen führt;

c) „Ausgleichssanierung“ jede Tätigkeit zum Ausgleich zwischenzeitlicher Verluste natürlicher Ressourcen und/oder Funktionen ist, die vom Zeitpunkt des Eintretens des Schadens bis zu dem Zeitpunkt entstehen, in dem die primäre Sanierung ihre Wirkung vollständig entfaltet hat;

d) „zwischenzeitliche Verluste“ Verluste sind, die darauf zurückzuführen sind, dass die geschädigten natürlichen Ressourcen und/oder Funktionen ihre ökologischen Aufgaben nicht erfüllen oder ihre Funktionen für andere natürliche Ressourcen oder für die Öffentlichkeit nicht erfüllen können, solange die Maßnahmen der primären bzw. der ergänzenden Sanierung ihre Wirkung nicht entfaltet haben. Ein finanzieller Ausgleich für Teile der Öffentlichkeit fällt nicht darunter.

Kosten

Die durch die Notwendigkeit einer ordnungsgemäßen und wirksamen Durchführung dieser Richtlinie gerechtfertigten Kosten, einschließlich der Kosten für die Prüfung eines Umweltschadens, einer *unmittelbaren Gefahr* eines solchen Schadens, von alternativen Maßnahmen sowie der Verwaltungs- und Verfahrenskosten und der Kosten für die Durchsetzung der Maßnahmen, der Kosten für die Datensammlung, sonstiger Gemeinkosten und der Kosten für Aufsicht und Überwachung.

6 Literatur

Bartsch, Detlef 2001: Umweltfolgewirkungen des großflächigen Anbaus transgener Pflanzen und deren Bewertung. In: Marcus Lemke & Gerd Winter (Hrsg.), Bewertung von Umweltwirkungen von gentechnisch veränderten Organismen im Zusammenhang mit naturschutzbezogenen Fragestellungen. Umweltbundesamt Berichte 3/01, Erich Schmidt Verlag, Berlin, 145-163.

Bartsch, Detlef & Ingolf Schuphan 1998: Gentechnische Eingriffe an Kulturpflanzen – Bewertungen und Einschätzungen möglicher Probleme für Mensch und Umwelt aus ökologischer und pflanzenphysiologischer Sicht. In: Der Rat von Sachverständigen für Umweltfragen (Hrsg.), Materialien zur Umweltforschung 31, Metzler-Poeschel Verlag, Stuttgart, 51-122.

Bartsch, Detlef, Joel Cuguen, Enrico Biancardi & Jeremy Sweet 2003: Environmental implications of gene flow from sugar beet to wild beet – current status and future research needs. Environmental Biosafety Research 2, 105-115.

Breckling, Broder & Wiebke Züghart 2001: Die Etablierung einer ökologischen Langzeitbeobachtung beim großflächigen Anbau transgener Nutzpflanzen. In: Marcus Lemke & Gerd Winter (Hrsg.), Bewertung von Umweltwirkungen von gentechnisch veränderten Organismen im Zusammenhang mit naturschutzbezogenen Fragestellungen. Umweltbundesamt Berichte 3/01, Erich Schmidt Verlag, Berlin, 319-340.

European Commission DG Health and Consumer Protection 2003: Guidance document for the risk assessment of genetically modified plants and derived food and feed of 6-7 March 2003, prepared for the Scientific Steering Committee by the ‚Joint Working Group on GMOs and Novel Foods'
(http://europa.eu.int/comm/food/fs/sc/ssc/out327_en.pdf).

EU Richtlinie 2001/18/EG:
http://europa.eu.int/eur-lex/pri/de/oj/dat/2001/l_106/l_10620010417de00010038.pdf.

Europäische Union 2003: Gemeinsamer Standpunkt Nr. 58/2003 vom 18. September 2003 über Umwelthaftung zur Vermeidung und Sanierung von Umweltschäden
(http://europa.eu.int/eur-lex/de/archive/2003/ce27720031118de.html;
http://europa.eu.int/eur-lex/pri/de/oj/dat/2003/ce277/ce27720031118de00100030.pdf).

Kameke, Conrad von 2003: Gentechnik und angebliche Defizite des Haftungsrechts. Gentechnik und Recht (Frankfurt) 2, 39-46.

Stökl, Ludwig 2003: Die Gentechnik und die Koexistenzfrage – Zivilrechtliche Haftungsregelungen. Zeitschrift für Umweltrecht 4, 274-279.

SSP 2000: Report of the Scientific Steering Committee's Working Group on Harmonisation of Risk Assessment Procedures in the Scientific Committees advising the European Commission in the area of human and environmental health. 26-27 October 2000
(http://europa.eu.int/comm/food/fs/sc/ssc/out82_en.pdf).

Gentechnik und ökologische Schäden als Gegenstand von Risikoforschung und partizipativer Technikfolgenabschätzung – Stand und Perspektiven

Barbara Skorupinski

Arbeits- und Koordinationsstelle für das Ethisch-Philosophische Grundlagenstudium, Universität Freiburg, Bertoldstr. 17, D - 79098 Freiburg/Br.
barbara.skorupinski@epg.uni-freiburg.de

Abstract

In this paper it will be outlined, why theory and practice of technology assessment are as a matter of principle not detachable from ethical questions. Risk constitutes the usual condition of deciding on technological options. It will be shown that the concept of risk is by no way neutral but implicitly evaluative, especially because calculating risks includes to make statements on relevant harm or damage. The acceptability of risks implies the free and informed consent of those possibly affected by the consequences. This applies as well when decisions under uncertainty are at stake. As an example for the handling of ecological hazards, the possible consequences of deliberately releasing genetically modified organisms are discussed. Concluding, there is a plead for determining criteria for acceptability with regard to deliberate release and commercialisation of GMO in a discoursive setting within the framework of participatory technology assessment.

Keywords: Technology assessment, citizen's participation, risk, uncertainty, deliberate release of genetically modified organisms

Schlüsselwörter: Technikfolgenabschätzung, Bürgerbeteiligung, Risiko, Ungewissheit, Freisetzung von gentechnisch veränderten Organismen

1 Einleitung

Vor dreißig Jahren wurde die Technikfolgenabschätzung (TA) als ein Instrument verantwortlicher Gestaltung technikpolitischer Entscheidungen institutionalisiert. Mit dieser Institution verbindet sich der Anspruch, rechtzeitig unerwünschte Folgewirkungen technischer Entwicklungen prognostisch erfassen und politische Weichenstellungen zu deren Verhinderung vornehmen zu können. Nun sind technologiepolitische Entscheidungen in den allermeisten Fällen unter den Bedingungen des Risikos oder der Ungewissheit zu treffen. Beides sind Bedingungen, die sich ganz wesentlich dadurch konstituieren, dass – mit mehr oder weniger großer Verlässlichkeit vorhersagbare – mögliche Schäden gegen potentielle Nutzen abgewogen werden. Zu diesen Schäden gehören neben Personen- und Sachschäden und Einbußen an Handlungsfreiheit unter anderem auch Einbußen an Umweltqualität, d.h. ökologische Schäden. Besondere Aufmerksamkeit einer breiten Öffentlichkeit gewannen ökologische Schäden in der Diskussion um die Folgen der Freisetzung gentechnisch veränderter Organismen. Um eine solide Prognose dieser Folgen und Aussagen über die Grenzen von deren Prognostizierbarkeit machen zu können, ist naturwissenschaftliches Fachwissen notwendig. Eine Bewertung dieser Folgen hinsichtlich ihrer Akzeptabilität bedarf moralischer Kompetenz.

Im folgenden Beitrag wird zunächst dargestellt, warum sich Theorie und Durchführung von Technikfolgenabschätzung prinzipiell nicht von ethischen Fragen ablösen lassen. Es wird gezeigt, dass das Konzept des Risikos – als die übliche Bedingung technologiepolitischen Entscheidens – keineswegs neutral, sondern implizit wertend ist, u.a. weil im Rahmen eines Risikokalküls Aussagen über relevante Schäden zu machen sind. Die Akzeptabilität von Risiken setzt die freie und informierte Zustimmung der Betroffenen voraus. Dies trifft ebenfalls zu, wenn man es nicht mit Entscheidungen unter Risiko sondern mit Entscheidungen unter Ungewissheit zu tun hat. Als Beispiel für den Umgang mit ökologischen Schäden werden die Folgen der Freisetzung gentechnisch veränderter Organismen in die Umwelt diskutiert. Den Schluss bildet ein Plädoyer für eine diskursive Ermittlung von Akzeptabilitätskriterien für die Freisetzung und Kommerzialisierung von gentechnisch veränderten Organismen im Rahmen partizipativer Technikfolgenabschätzung.

2 Was kann und soll Technikfolgenabschätzung?

Technikfolgenabschätzung (TA) wurde als systematisches Bemühen entwickelt, rechtzeitig die Folgen und Nebenwirkungen von technischen Entwicklungen zu erforschen. TA ist als politikberatende Institution gedacht, um verantwortliche Technikgestaltung zu ermöglichen. Vor über dreißig Jahren wurde das erste Büro für TA beim amerikanischen Kongress mit der Absicht eingerichtet, die Wissensbasis der Parlamentarier und Parlamentarierinnen gegenüber der Regierung zu stärken – und aufgrund eines konservativen Wechsels im Repräsentantenhaus inzwischen wieder geschlossen. Im Mittelpunkt des Interesses standen damals Technologien kurz vor ihrer Einführung. TA wurde also *technik-induziert* durchgeführt. Das bedeutet: erst wurde eine Technik entwickelt und dann die Frage nach ihren Folgen und Nebenwirkungen gestellt. TA wurde als Technikfolgenforschung (TFF) verstanden.

Seither wurde TA in den meisten europäischen Ländern institutionalisiert. Kanada, Australien, Japan und die Länder des ehemaligen Ostblocks ziehen nach. In diesen letzten dreißig Jahren wurden unterschiedliche Konzepte für die TA entwickelt. Generell lässt sich dabei ein Trend weg von der reinen Technikfolgenforschung hin zu einer Bewertung der ermittelten Folgenszenarien feststellen. Die Frage, welche technologischen Optionen oder „Technikpfade“ künftig wünschenswert seien, gewinnt zunehmend an Gewicht. Diese Verschiebung auf Fragen der Wünschbarkeit technologischer Entwicklungen und ihrer Folgen legt einen *problem-induzierten* Ansatz in der TA nahe. TA würde demnach von einer gesellschaftlichen Problemkonstellation ausgehen und fragen, welche technologische Option zur Lösung dieses Problems zu bevorzugen sei. Gleichzeitig wurden vermehrt Konzepte partizipativer TA umgesetzt, TA-Verfahren, die die Beteiligung von Bürgern und Bürgerinnen einschließen (vgl. Skorupinski & Ott 2000).

3 Theorie und Durchführung von Technikfolgenabschätzung sind prinzipiell von ethischen Fragen nicht ablösbar

3.1 Verbreitete Bestimmungen von TA führen notwendig auf ethische Fragen

Ein übliches Verständnis von Technikfolgenabschätzung bindet diese an die Aufgabe der Beratung von Politikern (Paschen & Petermann 1991). *Politikberatung* durch TA ist durch einen expliziten politischen Auftrag legitimiert. Dies unterscheidet sie z.B. von Lobbyismus. Mit dieser Aufgabe sind unweigerlich auch ethische Fragen verbunden. Schon die Rede davon, Technikfolgenabschätzung solle *verantwortliche* politische Entscheidungen in der Technikgestaltung ermöglichen, setzt eine Vorstellung von Politik voraus, in der ethisch fundierte Ideen wie die der Vorsorge, der Sorge um die Wohlfahrt der Mitglieder der Gesellschaft und die Vermeidung von schädlichen Auswirkungen von Technologien einen Platz haben.

Technikfolgenabschätzung soll rechtzeitig eingesetzt werden, sie soll der *Frühwarnung* dienen (Paschen & Petermann 1991, Bechmann 1994).[1] Damit soll verhindert werden, dass durch große Investitionen Sachzwänge entstehen, denen gegenüber die Kosten im Fall eines Verzichts, eines Verbots oder auch nur einer eingeschränkten Nutzung unzumutbar scheinen. Solche Maßnahmen können aber nötig werden, um Schäden der betreffenden Technologie abzuwenden oder einzudämmen. Jemanden zu warnen setzt voraus, dass man die möglichen Folgen, vor denen man warnt, als unerwünscht bewertet hat. Mehr noch, jemanden zu warnen, scheint ohne ein wohlwollendes Verhältnis zu dem Gewarnten gar nicht möglich zu sein. Man kann nicht warnen und dabei gleichgültig sein, wie dieser Rat aufgenommen wird. Ebenso wie die Warnung setzt der Rat voraus, im besten Sinne und mit guten Gründen gegeben worden zu sein. Ein absichtlich schlechter Rat ist offenkundig unmoralisch. Wer Politikberatung betreibt, muss sich rechtfertigen, aufgrund welcher Gründe er oder sie zu diesem Ratschlag gekommen ist, wobei die oben erwähnte Verantwortung mitgedacht ist. Es geht also in der TA um Ratschläge für politisch verantwortliches Handeln. Hier sind nicht nur Sachfragen betroffen, sondern auch die Normen und Kriterien, anhand derer Folgen und Nebenwirkungen einer Technik als Schäden bewertet werden können.

Technikfolgenabschätzung soll die *Rationalität und Legitimität* von politischen Entscheidungen erhöhen (Renn 1999). Die stillschweigende Voraussetzung, dass Fortschritt immer gut sei und entstehende Probleme mit noch mehr Technik in den Griff zu bekommen seien, kann nicht mehr beanspruchen, in jedem einzelnen Fall per se rational zu sein. Gefordert sind schwierige Güterabwägungen in komplexen Problemlagen und – in aller Regel – unter Ungewissheit. Technikfolgenabschätzung soll deshalb möglichst umfassend sein; alle Folgen sind zu berücksichtigen. Diese umfassende Folgenbetrachtung erhöht dann auch die Legitimität technikpolitischer Entscheidungen. Damit ist die Frage angesprochen, wessen Stimme im Vorfeld einer technikpolitischen Entscheidung gehört werden soll. Eine Erhöhung der Legitimität erwartet man von der Bürgerbeteiligung in der Technikfolgenabschätzung und zwar aus ethischen Gründen (siehe unten).

1 Es gibt also ein Zeitfenster für TA. Sie kann zu früh, aber auch zu spät kommen (Gloede 1994; Banse & Friedrich 1996).

3.2 Am Ende von TA-Verfahren stehen ethisch abgestützte Urteile

Wenn am Ende von TA-Verfahren Empfehlungen zugunsten eines bestimmten Technik„pfades“ formuliert werden und sich TA nicht auf die scheinbar neutrale Präsentation unterschiedlicher technischer Möglichkeiten und prognostizierbarer Folgen beschränkt, dann ist dies nicht möglich ohne Werturteile, ohne materiale Aussagen über die vorzugswürdige Entscheidung. Diese müssen begründet werden. Normen und Kriterien als Orientierung für das verantwortliche – mithin gute und richtige – Handeln als begründet und gültig auszuweisen, ist Aufgabe der Ethik als wissenschaftlicher Institution, aber auch als Praxis, in der sich Einzelne in reflexiver Selbstverständigung oder Gesellschaften in diskursiver Auseinandersetzung prüfend über die Richtigkeit moralischer Handlungsnormen ins Benehmen setzen. Technikfolgenabschätzung muss daher, wenn sie denn zu Bewertungen kommen will, entweder auf wissenschaftlich-ethische Expertise zurückgreifen oder sie geht selber in Ethik als Praxis über, wenn in TA-Verfahren argumentative Auseinandersetzungen über die Normen und Werte erfolgen, an denen sich technikpolitische Entscheidungen messen lassen müssen (Skorupinski & Ott 2000).

4 Risiko und Ungewissheit als Rahmenbedingungen technologiepolitischer Entscheidungen

Technikfolgenabschätzung als Instrument verantwortlicher Gestaltung technologiepolitischer Entscheidungen umfasst die Technikfolgenforschung[2] und die Technikfolgenbewertung. Technikfolgenforschung muss Zukünftiges, nämlich u.a. mögliche (Spät-)Folgen und unintendierte Nebenwirkungen zum Gegenstand von Forschung machen, was mit dem Begriff empirischer Forschung konfligiert. Aussagen über zukünftige Technikfolgen sind, wenn überhaupt, nur probabilistisch möglich, d.h. Entscheidungen für oder gegen technische Optionen sind in der Regel Entscheidungen unter Risiko oder Ungewissheit.

Typ der Entscheidung	Bedingungen der Entscheidung
Entscheidung unter Sicherheit	Kenntnis der möglichen Optionen und eindeutige Zuordnung von Konsequenzen
Entscheidungen unter Risiko	Kenntnis der möglichen Optionen und eindeutige Zuordnung der Wahrscheinlichkeit von Konsequenzen
Entscheidung unter Unsicherheit / Ungewissheit	Keine vollständige Kenntnis der möglichen Optionen und keine Kenntnis der jeweiligen Eintrittswahrscheinlichkeiten
Entscheidung unter Nichtwissen	Kein Wissen über Optionen und deren Konsequenzen

Tabelle 1: Entscheidungen unter Sicherheit, Risiko, Unsicherheit[3] und Nichtwissen (nach Nowotny & Eisikovic 1990).

2 Die empirische Technikfolgenforschung ist von Technikbewertung zu unterscheiden. Sie ist deshalb aber keineswegs wertneutral, sondern durch die Fragestellungen, die Wahl der Methoden und der Semantik, durch Fokussierungen und Ausblendungen implizit wertend.

3 Der Begriff „Ungewissheit“ scheint mir angemessener, er ist nicht mit der Konnotation des Bedrohlichen behaftet.

4.1 Entscheidungen unter Risiko

4.1.1 Zur impliziten Normativität des Risikobegriffs

In der Diskussion um Risiken wird häufig die Vorannahme deutlich, dass die Abschätzung von Risiken objektiv und wertneutral von Fachwissenschaftlern durchzuführen sei. Erst im Anschluss daran werde das Ergebnis dieser Risikoabschätzung bewertet. Diese Bewertung und weitere Entscheidungen gehöre in den Handlungsbereich der Politik.[4] Es lässt sich nun zeigen, dass diese Voraussetzung rationaler Kalkulierbarkeit und Objektivität nicht haltbar ist. Wenn man ein Risiko nach der gängigen Formel „Risiko = Eintrittswahrscheinlichkeit multipliziert mit dem Schadenausmaß" bestimmen will, so ist dies nicht möglich, ohne bereits Bewertungen vorzunehmen.

- Erstens kommen in Bezug auf die Größe „Eintrittswahrscheinlichkeit" Bewertungen ins Spiel, sobald eine sehr kleine Eintrittswahrscheinlichkeit als Indikator dafür interpretiert wird, dass ein gefürchtetes Ereignis nicht eintreten wird.
- Zweitens betreffen in Bezug auf die Größe „Schadensausmaß" Bewertungen sowohl die Frage danach, was ein – relevanter – Schaden sei, als auch die nach dem Maßstab, mit dem das Ausmaß dieses Schadens zu bestimmen wäre. Der Begriff des Schadens („malum") ist zu verstehen als eine Einbuße an einem Gut, das für jemanden einen Wert darstellt. Ein Schaden[5] kann eintreten an Leib und Leben (Personenschaden), an Geld- oder Sachwerten (Sachschaden), an Handlungsfreiheit (Optionswerte im Sinne von Hubig 1993) an Umweltqualität („ökologischer Schaden"), an Möglichkeiten, Geld zu verdienen, oder auch an immateriellen Gütern oder an Kollektivgütern.[6]
- Der Umgang mit dem so ermittelten Risiko, ausgedrückt als Zahlenwert,[7] ist drittens offensichtlich eine bewertende Entscheidung. Es ist möglich, sich zu zwei Risiken mit gleichem Risikowert unterschiedlich zu verhalten, ohne irrational zu sein (s.u.).

Weitere Bewertungen werden in Entscheidungen vorgenommen, wie sie Risikoabschätzungen vorausliegen. Wenn zum Beispiel unerwünschte Auswirkungen der Freisetzung gentechnisch veränderter Organismen auf ökologische Zusammenhänge ermittelt werden sollen, ist es von entscheidender Bedeutung, wie schmal oder breit eine Studie angelegt ist, über welchen Zeitraum hinweg sie sich erstreckt[8] und vor allem, welches Spektrum möglicher unerwünschter Auswirkungen – *relevanter Schäden* – für eine Risikoabschätzung überhaupt ins Auge gefasst wird. Welche theoretischen Modelle werden herangezogen, um das Spektrum der zu untersuchenden Auswirkungen zu bestimmen? Hier werden bewertende Vorentscheidungen getroffen, die das Ergebnis einer Risikoabschätzung wesentlich mitbestimmen.

Als regelrecht irreführend hat sich die Verwendung des Risikobegriffs im „Verfahren zur Technikfolgenabschätzung gentechnisch veränderter herbizidresistenter Pflanzen" (Daele et al. 1996)

---

4 Eine Arbeitsteilung, wie sie sich in den von der Europäischen Kommission für die Anwendung des Vorsorgeprinzips vorgesehenen Schritten widerspiegelt. Erst erfolgt die *wissenschaftliche* Risikoabschätzung, dann das *politische* Risikomanagement. Schließlich ist als dritter Schritt die Risikokommunikation mit der Öffentlichkeit vorgesehen (vgl. Abschnitt 4.2).

5 Übel, Nachteil, Verlust, Einbuße.

6 Prestige, Anerkennung, sozialer Friede, eine ästhetisch ansprechenden Landschaft, Lebensfreude usw.

7 Wie auch immer problematisch sich seine rechnerische Ermittlung gestalten mag.

8 Akute Auswirkungen bis hin zu Langzeitmonitoring.

– durchgeführt am Wissenschaftszentrum Berlin – erwiesen. Zu einer zentralen Argumentationsfigur in diesem Verfahren avancierte die „Vergleichbarkeit“ von Risiken, beziehungsweise die Unterscheidung zwischen „normalen“ und „besonderen“ Risiken. Nur „besondere“ Risiken sollten aber Schutzmaßnahmen legitimieren, die über das übliche Prozedere bei der Zulassung konventionell erzeugter Pflanzen hinausgehen. Diese Unterscheidung impliziert zweierlei: Zum einen werden denkbare mögliche Auswirkungen transgener Pflanzen in der Umwelt, die entweder im Rahmen konventioneller Züchtung oder aber im Laufe der Evolution der Pflanzen schon einmal aufgetreten waren oder in der Zukunft auftreten können, als „normale“ Risiken der transgenen Pflanzen bewertet. Zum anderen fallen für die Folgenabschätzung relevante Merkmale aus dem Blick, anhand derer sich gentechnisch veränderte und konventionell erzeugte Pflanzen unterscheiden (Skorupinski 2001a).

Unterschiede zwischen konventionell erzeugten und gentechnisch hergestellten Pflanzen kann man in Bezug auf drei Vergleichshinsichten herausarbeiten: erstens Struktur des Eingriffs, zweitens Genotyp und drittens Phänotyp. Diese kann man zur Grundlage machen, Szenarien für mögliche Folgeerscheinungen zu erstellen, ohne sich auf die implizit im Risikobegriff transportierten Bewertungen einlassen zu müssen (ebd.). Solche Folgeszenarien dienen dann als Ausgangspunkt für eine Bewertung.[9] Zu bewerten ist, ob diese Auswirkungen einen – relevanten – Schaden darstellen, ob sie verhindert werden müssen, in Kauf genommen werden dürfen oder gar sollen, wie eine In-Kauf-Nahme gegebenenfalls gerechtfertigt werden kann, und wie die entsprechenden Beweislasten verteilt sein sollten. Eser (2000) entlarvt die Rede von Risiken in Bezug auf ökologische Auswirkungen treffend als „Plastikwort“ und schlägt vor, anstatt fälschlich verobjektivierend von ökologischen Risiken zu reden, doch konkret von Verschlechterung der Umweltqualität, Bedrohung der Tier- und Pflanzenwelt und Verhässlichung der Landschaft zu sprechen, um die notwendigen Bewertungen offen zu legen.

4.1.2 Betreiber versus Betroffene

Eine wichtige Unterscheidung im Hinblick auf die Akzeptabilität[10] von Risiken ist die, ob man sich in der Rolle der Entscheider befindet oder von den Folgen der Entscheidung nur betroffen ist. Ein Risiko einzugehen bedeutet, dass man eine aktive Entscheidung zugunsten eines Nutzens angesichts mehr oder weniger bekannter Gefährdungen trifft (Bonss 1995). Riskantes Handeln in diesem Sinne ist von Kenntnis der Sachlage und Freiwilligkeit gekennzeichnet. Dies ist keineswegs der Fall, wenn – wie im Fall großtechnischer[11] Risiken – die Entscheidung

9 Vgl. Abschnitt 5.

10 Der Unterschied zwischen faktischer Akzeptanz und normativ verstandener Akzeptabilität sei hier vorausgesetzt.

11 Besondere Merkmale von Großtechnologien sind nach Bechmann (1992) und Beck (1986):
- Großtechnologien führen zu einer enormen Steigerung der Geschwindigkeit der technischen Entwicklung. Erfindung und Innovation finden in einem organisierten Prozess statt.
- Durch internationale Konkurrenz entsteht der Zwang zu immer neuer Anpassung.
- Sie benötigen eine arbeitsteilige, hochorganisierte Infrastruktur, was zugleich eine Alternativen ausschließende Ressourcenbindung zur Folge hat.
- Sie bringen eine neuartige Verflechtung von Wirtschaft, Wissenschaft und Politik mit sich. Diese findet ihren Ausdruck in der Einrichtung von Großforschungsinstituten, in der staatlichen Übernahme von Deckungsgarantien für große Schadensfälle oder im gemeinsamen Betrieb von Forschungsinstituten durch Universitäten und Großindustrie.
- Sie zeichnen sich durch das Potential katastrophaler Folgen aus, deren Eintrittswahrscheinlichkeit sehr klein

über und die Durchführung von technischen Entwicklungen in den Händen weniger liegt und die Folgen von anderen Personen(kreisen) getragen werden (müssen). Tatsächlich spitzt sich die Situation dahingehend zu, dass sich in der „Risikogesellschaft" (Beck 1986) die komplexen Folgenpotentiale technischer Entwicklungen für die Einzelnen in Gefahren rückverwandeln.[12] Man ist ihnen ausgesetzt und kann sich eben nicht handelnd und freiwillig für oder gegen sie entscheiden. Damit stellen sich die Probleme der Zurechnung von Verantwortung in ganz neuer Art und Weise. In einer komplexen Entscheidungssituation, in der Entscheider und Betroffene nicht dieselben Personen sind, ist die handlungstheoretische Voraussetzung, dass, wer um eines Nutzens willen ein Risiko eingeht, sich auch die potenziellen Schäden selbst zuzurechnen hat, allein wenig hilfreich. Die Verteilung der Nutzen, um deren willen Risiken eingegangen werden, und der möglichen Schäden kann unterschiedlich ausfallen (siehe Tab. 2).

Verteilung des Nutzens	**Verteilung des Schadens**
Konzentration des Nutzens	Konzentration der Schadenspotentiale auf die gleiche Person
Konzentration des Nutzens	Konzentration der Schadenspotentiale auf eine andere Person
Konzentration des Nutzens	Diffusion der Schadenspotentiale auf viele Personen (gleichmäßig oder ungleichmäßig)
Diffusion des Nutzens	Konzentration der Schadenspotentiale auf wenige Personen
Diffusion des Nutzens	Diffusion der Schadenspotentiale (gleichmäßig oder ungleichmäßig)

Tabelle 2: Verteilung von Nutzen und Schaden (nach Skorupinski & Ott 2000).

4.1.3 „Free and informed consent"

Es lässt sich zeigen, dass der objektivierende Zugang, den der – rechnerisch ermittelbare – Risiko-Kalkül nahe legt, weder auf der Ebene der Risikoabschätzung, noch auf der Ebene der Risikobewertung halten kann, was er zu versprechen scheint. Angesichts dieses Reflexiv-Werdens der Risiko-Theorie kann man aus einem verantwortungsethischen Standpunkt mit Rehmann-Sutter (1996) und Ropohl (1994) für eine „Risiko-Gesellschaft" im konstruktiven

sein kann. In diesem Fall verbietet sich die Bestimmung der Folgen durch Versuch und Irrtum; es bleibt die probabilistische Risikoanalyse als Mittel der Folgenabschätzung; empirisches Wissen wird durch hypothetisches Wissen abgelöst.
- Auswirkungen sind nicht lokal oder national und auch nicht zeitlich begrenzbar.
- Auf Grund der großen Komplexität der Handlungsformen ist Verantwortung nur schwer zurechenbar.

Viele dieser Merkmale treffen auch auf die Bio- bzw. Gentechnologie zu.

12 Es gehört zu den Kennzeichen von Großtechnologien, dass sich riskante Entscheidungen einiger für die Betroffenen als Gefahren zeigen, die sich ihrem Entscheiden gerade entziehen, die aber ihre Lebensbedingungen weitgreifend verändern können. In Bezug auf die Verwendung gentechnisch veränderter Organismen lässt sich dies etwa daran illustrieren, dass eine Kontamination mit transgenem Pollen eine Wahlfreiheit der Konsumenten zugunsten biologisch angebauter Produkte weitgehend einschränken oder verunmöglichen könnte.

Sinne des Begriffs argumentieren; die Akzeptabilität von Risiken setzt die freie und informierte Zustimmung voraus. Partizipative Verfahren in der Technikfolgenabschätzung sind ein institutioneller Ort, an dem sich die freie und informierte Meinungsbildung von Bürgern im Diskurs vollzieht. Ausgewiesen durch das Mandat, Politikberatung im Hinblick auf technologische Optionen zu betreiben, sollten die in diskursiven TA-Verfahren erarbeiteten Bürgergutachten eine zentrale Rolle für politische Entscheidungen spielen, wenn bestimmte, eigens zu spezifizierende[13] Rahmenbedingungen eingehalten werden (Skorupinski & Ott 2000).

4.2 Entscheidungen unter Ungewissheit und das Vorsorgeprinzip („Precautionary Principle")

Die Situation der Ungewissheit unterscheidet sich von der des Risikos darin, dass über Schadensausmaße bzw. über den Zusammenhang von Ein- und unerwünschten Auswirkungen nur unzureichende Kenntnisse bestehen, über Eintrittswahrscheinlichkeiten keine – quantifizierbaren – Aussagen gemacht werden können. Viele umweltbezogene politische Entscheidungen müssen unter den Bedingungen der Ungewissheit getroffen werden. Sie lassen sich als typische Situationen der „post-normal-science" (Funtowicz & Ravetz 1993) beschreiben, deren zentrale Bedingungen – „facts are uncertain, values in dispute, stakes are high and decisions urgent" (Ravetz 2001) – erfüllt sind. Ungewissheit kann auf einem Mangel an wissenschaftlichem Wissen beruhen, sie kann aber auch als prinzipielle Ungewissheit vorliegen, weil sich die zu klärenden Fragen einem wissenschaftlichen Zugriff entziehen.[14]

Das Vorsorgeprinzip („Precautionary Principle") ist in den letzten Jahren insbesondere auf der Ebene europäischer gesetzlicher Regulierung zu Bedeutung gelangt. Es vermittelt zwischen der Dringlichkeit der Forderung nach politischen Entscheidungen einerseits und der Ungewissheit bezüglich der Faktenlage andererseits. Gemäss des Vorsorgeprinzips sind Schutzmaßnahmen zu ergreifen, wenn die begründete Vermutung eines möglichen Schadens für die menschliche Gesundheit und/oder die belebte Umwelt gegeben ist, aber der Zusammenhang zwischen Einwirkung und Auswirkung (noch) nicht wissenschaftlich erwiesen ist. Seine Anwendung in der europäischen Gesetzgebung bezieht sich faktisch hauptsächlich auf den Umweltbereich und nimmt Ausgang von der in den 70er Jahren begonnenen Debatte um das „Waldsterben" (European Environmental Agency 2002). Eine Ausdehnung des Anwendungsbereichs in der europäischen Gesetzgebung auf die menschliche, tierische und pflanzliche Gesundheit ist im zentralen Dokument zum Vorsorgeprinzip (CEC 2000, 9) expliziert.

Das Vorsorgeprinzip findet sich in einer Reihe von internationalen Erklärungen[15], die anthropogene Umweltveränderungen betreffen. Jenseits der Kernaussage, in der wissenschaftliche Ungewissheit und das Ergreifen von Schutzmaßnahmen miteinander verknüpft werden, gibt es verschiedene Spielarten hinsichtlich der Anwendung des Vorsorgeprinzips, z.B. in der Frage, ob vorsorgliche Maßnahmen angesichts wissenschaftlicher Ungewissheit lediglich legitimiert oder ob sie geboten sind.[16] Darüber hinaus ist das Vorsorgeprinzip interpretationsoffen hinsichtlich

13 Vgl. Abschnitt 7.

14 „The unknown and the unknowable" (Parker 2001, 343).

15 Z.B. Erklärung der Zweiten Internationalen Konferenz zum Schutz der Nordsee von 1987, Rio-Deklaration von 1992.

16 Laut Erklärung der Zweiten Internationalen Konferenz zum Schutz der Nordsee von 1987 fallen Substanzen unter

weiterer Gehalte. So findet sich häufig, insbesondere in Veröffentlichungen von NGOs aus dem Umweltbereich,[17] eine notwendige Verknüpfung des Vorsorgeprinzips mit einer Umkehr der Beweislast, bis hin zu einem zu erbringenden Beweis der Sicherheit durch die Anwender.

Aus der Perspektive ethischer Theorie kann das Vorsorgeprinzip als Beispiel für eine Vorzugsregel verstanden werden, wie sie in den Rahmen eines gemäßigten Tutiorismus gehört. Der Tutiorismus fordert ein Primat des allgemein anerkannten Wertes der Sicherheit. Idealtypisch kann man zwischen einer strikten und einer gemäßigten Variante entscheiden. Beispielhaft für die strikte Variante ist v.a. Hans Jonas. Im Anschluss an Jonas wurden andere rigoristische Regeln der Risikovermeidung aufgestellt. So etwa Zimmerli (1982): „Unterlasse alles, von dem du aufgrund deiner Folgenabschätzung nicht sicher sein kannst, ob du die erwarteten Folgen wollen kannst oder nicht!" oder „In dubio contra projectum" (Böhler 1992). Diese Regeln gehen von der – keineswegs selbstverständlichen – Prämisse aus, dass Unterlassungsfolgen generell annehmbarer seien als Handlungsfolgen.[18] Der gemäßigte Tutiorismus fordert dagegen Risikominimierungsstrategien.[19] Regeln eines gemäßigten Tutiorismus sind z.B.:

- Reversible Folgen sind irreversiblen vorzuziehen.
- Langfristige Folgenanalysen sind kurzfristigen vorzuziehen.
- Angesichts vielfältiger prognostischer Unsicherheiten ist eine Anwendung eher zu verlangsamen, als zu beschleunigen bzw. ungebremst zu tolerieren.
- Präventive Problemlösungen sind nachträglichen vorzuziehen (Skorupinski 1996).

Die Begriffe „Risiko" und „Vorsorge" werden mitunter als Gegensätze verstanden (vgl. Ammann & Vogel 2001). In dieser Sichtweise ist die Verwendung des Risikobegriffs auf expertokratische Entscheidungsstrukturen entlang eines objektiven Risiko-Kalküls festgelegt; ein Handeln nach dem Vorsorgeprinzip unter Anerkennung wissenschaftlicher Ungewissheit wäre vorzuziehen. Eine solche Sichtweise greift aber etwas zu kurz.

Erstens kann – wie oben gezeigt – die Objektivität und Wertenthaltsamkeit der Risikoabschätzung leicht als nur vorgebliche ausgewiesen werden. Zweitens wird in Bezug auf Risiken die einseitige Fixierung auf die Expertenkompetenz, aus deren Warte dann wissenschaftliche Laien „aufgeklärt" werden, schon länger kritisiert und demgegenüber die Notwendigkeit des wechselseitigen Lernens betont (Renn 1998). Drittens ist es die Debatte um technologische Risiken selbst, in der die Notwendigkeit der Beteiligung wissenschaftlicher Laien an der Technikfolgenabschätzung bzw. Technikbewertung deutlich wird. Dieses Erfordernis gilt genauso für Ent-

---

gesetzliche Regulierung, wenn „there is a reason to assume that certain damage or harmful effects on living resources of the sea are likely to be caused by such substances, even where there is no scientific evidence to prove a causal link between emissions and effects". Die Rio-Deklaration von 1992 sieht vor, dass „when there are threats of serious and irreversible damage, lack of full scientific certainty shall not be used as a reason for postponing cost-effective measures to prevent environmental degradation". Mit der ersten, strengeren Formulierung ist eine Verpflichtung verbunden, die zweite, schwächere, eröffnet eine Möglichkeit und lässt zugleich andere Gründe zu, warum auf eine gesetzliche Regulierung auch verzichtet werden kann (Parker 2001).

17 Z. B. Wingspread Statement on the Precautionary Principle (zit. nach Tickner et al. 1998), Ammann & Vogel (2001), Greenpeace (zit. in Parker 2001).

18 Vgl. hierzu die Gegenposition bei Birnbacher (1995), bezüglich globaler Umweltrisiken WBGU (1999).

19 Z.B „step-by-step, case-by case".

scheidungen unter Ungewissheit. Viertens erfordern auch Entscheidungen unter Risiko selbstverständlich, dass Vorsorgemaßnahmen ergriffen werden.[20]

Mit einer bevorzugten Regulierung von gesundheitlichen und ökologischen Folgen und Nebenwirkungen anthropogenen Eingreifens scheint – so sehen es viele Autoren (Jasanoff 2000; Torgersen & Seifert 2000; Levidow, Carr & Wield 2000; Ammann & Vogel 2001) – eine bessere Berücksichtigung wissenschaftlicher Ungewissheit und eine stärkere Gewichtung der Beteiligung der Laien verbunden zu sein. Beide Forderungen bestehen zu Recht. Eine Fassung des Vorsorgeprinzips, wie es die EU-Kommission vorsieht, bleibt hinter dieser Entwicklung zurück, wenn hier erstens die Schritte der Feststellung eines potentiellen Schadens und seines Schweregrads der objektiven Entscheidung wissenschaftlicher Experten überantwortet wird, wenn zweitens der Zusammenhang zwischen wissenschaftlicher Ungewissheit und politischem Handlungsbedarf im Sinne einer „Kann-Formulierung" eingeführt wird, und wenn es drittens bereits zu den Handlungen im Sinne des Vorsorgeprinzips gehören soll, die Bevölkerung über mögliche schädliche Effekte überhaupt zu informieren (CEC 2000).

5 Gentechnisch veränderte Organismen in der Umwelt – ein Beispiel für Entscheidungen unter Ungewissheit

Ein Beispiel für Entscheidungen unter Ungewissheit bietet die Frage der Zulassung der experimentellen und – als nächster Schritt – der kommerziellen Freisetzung gentechnisch veränderter Organismen in die Umwelt.[21]

Beide Aspekte wissenschaftlicher Ungewissheit – der Bereich des „Noch-nicht-Wissens" und der des „Nicht-Wissbaren" – lassen sich explizieren. Es besteht ein Mangel an für eine Folgenabschätzung notwendigem Datenmaterial, verstärkt durch das Problem, dass Arbeitsgruppen an verschiedenen Orten der Welt mit unterschiedlichen Methoden an die Fragestellungen herangehen. Dies kann zur Produktion von Daten führen, die nicht hinreichend kompatibel sind, um sinnvolle übergreifende Schlussfolgerungen zuzulassen. Bedingt wird dieser Mangel an brauchbarem Datenmaterial nicht zuletzt durch eine auffallende Diskrepanz zwischen dem Aufwand an finanzieller Förderung für ökologische Forschung zu den Auswirkungen gentechnisch veränderter Organismen in der Umwelt im Vergleich zu den Mitteln, die in die molekularbiologische und genetische Forschung fließen. Dieser Aspekt der wissenschaftlichen Ungewissheit ließe sich durch eine bessere Förderung und stärkere Koordination von Forschungsbemühungen zu den ökologischen Aus- und Nebenwirkungen gentechnisch veränderter Organismen in die Umwelt reduzieren.

Neben dem unvollständigen Wissen gibt es einen Bereich prinzipieller Ungewissheit. Ökosysteme sind selbstorganisierte, historische, dynamische und vernetzte Systeme, die emergente Phänomene erzeugen und sich der Prognostizierbarkeit entziehen (Breckling & Müller 2000). Gentechnisch veränderte Organismen in der Umwelt sind Teil dieser ökologischen Dynamik, sie treten mit der belebten und unbelebten Umwelt in Wechselwirkung, können Synergien eingehen und emergente Auswirkungen entfalten.

20 M.E. nach ist hier eher ein Kontinuum zu erkennen; ebenso Jasanoff (2000).

21 Vgl. den Beitrag von Bartsch in diesem Band.

Parker (2001, 343 ff.) nennt als Faktoren, die derzeit wissenschaftliches Wissen über ökosystemare Zusammenhänge begrenzen:

- den Mangel an detaillierten Langzeitstudien,
- eine grundsätzliche Marginalisierung der ökologischen Forschung,
- einen Mangel an interdisziplinären Forschungsansätzen.

Als Faktoren, die das Wissen im Hinblick auf ökosystemare Zusammenhänge prinzipiell begrenzen, nennt sie:

- die intrinsischen Schwierigkeiten von Feldversuchen im offenen System „Umwelt",
- die Schwierigkeiten bei der Analyse vieler Variablen, z.B. im Bezug auf so genannte „Cocktail-Effekte"; d.h. eine in der Einzelstoffprüfung harmlose Substanz kann in der Umwelt, in Wechselwirkung mit anderen Substanzen, schädliche Wirkung entfalten,
- die Unmöglichkeit einer „Kontroll"-Umwelt als „Gegenprobe", da die Wirkungen menschlichen Handelns ubiquitär sind,
- den chaotischen Verlauf mancher Naturprozesse, z.B. klimatischer oder der Populationsdynamik,
- die intrinsischen Begrenzungen experimenteller Ansätze als absichtsvollem Handeln; es werden bestimmte Effekte erwartet und die Gewinnung von Informationen erfolgt immer im Rahmen der vorausgesetzten Modelle und Hypothesen.

Im Hinblick auf eine verantwortliche Entscheidung unter Ungewissheit ist beiden Aspekten Rechnung zu tragen. Wissenschaftlich nicht angemessen und unter Verantwortungsgesichtspunkten unerlaubt ist es, die gegebene Komplexität zugunsten einer besseren Operationalisierbarkeit zu suspendieren.[22]

Ein ganzer Katalog von ökologischen Auswirkungen wurde erstmals von der amerikanischen Gesellschaft für Ökologie veröffentlicht (Tiedje et. al. 1989). Für dieses – im Rahmen der Debatte um die Freisetzung gentechnisch veränderter Organismen zentrale – Dokument wurden ausgehend von ökologischem Sachverstand Szenarien entwickelt, welche Auswirkungen und Nebenfolgen gentechnisch veränderte Organismen in natürlichen Ökosystemen haben können. Diese Szenarien betreffen u.a. mögliche Auskreuzungen der gentechnisch vermittelten Eigenschaften und deren Folgen, die Abtötung von Nicht-Zielorganismen in der biologischen Schädlingsbekämpfung und das Verschwenden wertvoller biologischer Ressourcen, z.B. der Wirksamkeit von *Bacillus thuringiensis*. Sie haben noch heute erstaunliche Aktualität bzw. erweisen sich als berechtigte Prognosen (s.u.).

Ausgangspunkte für biologische Sicherheitsforschung sind Szenarien und Auswirkungen, die sich aus den bekannten Eigenschaften der „Elternorganismen"[23] ableiten lassen. Im Mittelpunkt stehen Fragen nach dem horizontalen Gentransfer, d.h. nach der Übertragung der Trans-Gene

22 So ein Vorschlag der Deutschen Forschungsgemeinschaft zur Änderung des deutschen Gentechnik-Gesetzes (DFG 1996), zur Diskussion siehe Skorupinski (1997). Allerdings steht jede rechtliche Regelung vor dem großen Problem, Vorsorgemaßnahmen gegenüber möglichen Auswirkungen zu beschreiben, über deren Art, Ausmaß und Zeitpunkt ihres Eintretens nur in sehr engen Grenzen Aussagen gemacht werden können.

23 Spender der übertragenen Gensequenz und deren Empfänger.

durch Pollenflug auf andere Pflanzen, die mit den gentechnisch veränderten kreuzbar sind,[24] und auf andere z.B. auf Bodenmikroorganismen. Des weiteren bestehen Fragen nach möglicher Invasivität und dem Verunkrautungspotential und nach Schädigungen, die von transgenen Organismen direkt ausgehen, wie z.B. der Abtötung von Nicht-Zielorganismen beim Einsatz insektenresistenter transgener Pflanzen. Schwierigkeiten stellen sich beim Wechsel der Zeithorizonte, denn kurzfristige Folgen sind einer experimentellen Abklärung besser zugänglich als langfristige.[25]

Weber (2000) weist mit Recht darauf hin, dass Schwierigkeiten mit der Erfassung und Auswertung der Daten zur biologischen Sicherheit der gentechnisch veränderten Organismen in der Umwelt durch Monitoringprogramme nicht zu beantworten sind. Monitoringprogramme haben ihren eigenen Zweck; auch nach bewilligter Freisetzung sollen Möglichkeiten sichergestellt werden, das Verhalten der GVO in der Umwelt zu beobachten, weitere Erkenntnisse zu gewinnen, die ggf. auf die Bewilligung zurückwirken können. Untersuchungen zur biologischen Sicherheit liefern die Grundlagen dafür, wonach und mit welchen Methoden im Rahmen des Monitorings gesucht werden soll. Beide Forschungsfelder sind notwendig.[26]

Viele der ursprünglich in Szenarien entworfenen Auswirkungen transgener Organismen sind inzwischen von der Realität eingeholt worden (Angaben bei Weber 2000, Ammann 2002):

- So wurde das von transgenem Raps erwartete Auskreuzungspotential von der Realität noch übertroffen.
- Versuche mit BT-Sonnenblumen in den USA zeigten, dass die Eigenschaft der Insektenresistenz nicht nur via Pollen auf wildlebende verwandte Arten übertragbar ist, die in den USA als Unkraut taxiert sind. Die so entstandenen Hybride zeigten – ganz im Gegensatz zu den Erwartungen der Forschergruppe – eine gesteigerte Fitness, sie produzierten 50% mehr Samen (Snow 2002).
- Auch bei Zuckerrüben führt der Gentransfer auf Wildformen zu deren Vorteil.
- Der Genfluss von transgenen Zucchini auf wildlebende Verwandte wurde nachgewiesen.
- Herbizidresistenter Durchwuchsraps und mehrfachresistenter Raps stellen in Kanada Probleme dar.
- Der Einsatz von glyphosat-resistentem Saatgut führte zur Selektion herbizidresistenter Unkräuter.
- Die Übertragung von Gensequenzen von Pflanzen auf Bodenbakterien wurde gezeigt.
- Die Schädigung bzw. Beeinträchtigung von Nützlingen wurde vielfach bestätigt (vgl. aktuell Coghlan 2003).

24 Dies können Wildarten sein, aber auch andere Kulturpflanzensorten, man denke an Rapssorten, die sowohl zum Verzehr als auch für die Ölgewinnung als nachwachsende Rohstoffe gezüchtet werden.

25 Langfristige Folgen können noch einmal unterschieden werden in ökologische und evolutionäre. Weber (2000) weist darauf hin, dass zum einen zwischen ökologischer und Evolutionstheorie zuwenig konzeptionelle Verbindungen vorliegen und darüber hinaus die Mikroebene, die Molekularbiologie und die Makroebene, die Eigenschaften und das Verhalten der Organismen nicht durch eine schlüssige Theorie verknüpft sind (vgl. Potthast 1999, 75 ff.).

26 Untersuchungen zur biologischen Sicherheit gehören zu den Maßnahmen der Vorsorge, Monitoringprogramme zu denen der Nachsorge bezüglich der Zulassung.

- Das Wachstum von Raupen des Schwarzen Schwalbenschwanzes wird durch die Aufnahme von Pollen von trangenem Mais (BT 176) signifikant beeinträchtigt.

Parallel dazu kann eine Veränderung in der Bewertung dieser Ereignisse konstatiert werden, die sich mit den Stichworten „Naturalisierung" oder „Normalisierung"[27] beschreiben lässt. Für das Beispiel des horizontalen Gentransfers beschreibt Potthast (1996) eindrücklich, wie zunächst die Annahme, dieser Mechanismus sei für die Verbreitung der Transgene von Bedeutung, als scheinbar unbegründete Spekulation zurückgewiesen wurde. Letzteres konnte durch experimentelle Untersuchungen widerlegt werden, doch nunmehr wurden in einem nächsten Schritt diese Ergebnisse als Bestätigung der „Natürlichkeit" des Vorgangs umgedeutet, um die Gentechnik als natürlichen Prozess zu behaupten.[28]

6 Gentechnik und „ökologische Schäden" als Gegenstand partizipativer Technikfolgenabschätzung

Eine Bewertung ökologischer Auswirkungen von GVO hinsichtlich ihrer Akzeptabilität gehören nicht in den Rahmen naturwissenschaftlicher Kompetenz. Sie bedarf der Bewertung durch diejenigen, die mit den Folgen konfrontiert sein werden bzw. können.[29]

Von großtechnischen Risiken wie im Falle der Gentechnologie – v.a. von ihrer Anwendung in der Landwirtschaft – sind alle betroffen. Es geht also um die freie und informierte Zustimmung der Bürger und Bürgerinnen, zumeist naturwissenschaftlicher Laien. Gilt aber nicht für diese, dass ihnen komplexe Themen wie etwa eine verantwortungsvolle Gestaltung forschungs- und technikpolitischer Entscheidungen in den „Life Sciences", den ständig an Bedeutung zunehmenden Lebenswissenschaften, gar nicht zuzumuten sind? Nicht nur der Umgang mit wissenschaftlichen Fragestellungen und mit wissenschaftlicher Ungewissheit – so die Befürchtung – würde naturwissenschaftliche Laien vor unlösbare Probleme stellen. Auch seien die Einschätzungen von Laien notorisch subjektiv, gefühlsbetont und in einem großen Maße bestimmt von ihren persönlichen Interessen, z.B. hoher individueller Lebensqualität bei tiefen Verbraucherpreisen (vgl. Rippe 2000). Ihr Blick wäre geprägt von der Perspektive auf den persönlichen Nahbereich, so dass ihr Urteil für gesamtgesellschaftliche politische Entscheidungen nicht mehr bieten könne als das, was durch Meinungsumfragen ohnehin zu ermitteln sei.

Die Erfahrung mit partizipativer TA in Westeuropa zeigt – gerade bei hochkomplexen Fragen wie etwa solchen aus der Bio- und Gentechnologie –, dass das Gegenteil der Fall ist. Naturwissenschaftliche Laien, die in diskursiven Verfahren in der TA über technikpolitische Optionen beraten, tun dies nicht nur sachkompetent, sondern auch gemeinwohlorientiert. Die in diskursiven Auseinandersetzungen erworbenen Urteile sind belastbar und beruhen auf einem rationalen Meinungsbildungsprozess. Im Ergebnis erhält man differenzierte Bürgergutachten auf hohem

27 Vgl. Abschnitt 4.1.1 oben.

28 Ein Beispiel: „Auskreuzung, ja und? – Kreuzungen zwischen verwandten Pflanzen sind ein biologisches Prinzip. Sind gentechnisch veränderte Pflanzen daran beteiligt, weckt es zumeist den Argwohn der Öffentlichkeit. Lange Zeit hat sich die ökologische Sicherheitsforschung vor allem dafür interessiert, ob und unter welchen Umständen Auskreuzungen möglich sind. Nun ändert sich die Perspektive: Welche Folgen hätte es, wenn gentechnisch veränderte Pflanzen ein neues Merkmal weitergeben? Nicht jede Auskreuzung ist ein ökologischer Schaden" (http://www.biosicherheit.de/aktuell/189.doku.html).

29 Zur Begründung siehe oben.

argumentativen Niveau, die an politische Entscheidungsträger weitergeleitet werden. Es erweist sich, dass Bürger und Bürgerinnen im diskursiven TA-Verfahren die Perspektive des „Bourgeois", des Besitzbürgers, der auf seinen Privatbesitz und seine Interessen konzentriert ist, verlassen und zur Perspektive des „Citoyen" wechseln. Sie nehmen die Rolle eines Staatsbürgers ein, der in seinen Überlegungen das Gemeinwohl und nicht Privatinteressen ins Zentrum rückt (Skorupinski & Ott, 2000).

Es entspricht der Erfahrung mit Bürgerbeteiligung in Verfahren diskursiver und partizipativer TA, in denen die Entwicklungen der Bio- bzw. Gentechnologie thematisiert werden, dass Bürger und Bürgerinnen kompetent zu diesen Themen diskutieren und differenzierte Bürgergutachten für die Politikberatung erstellt werden. Beobachtbar gehen sie über die bloße Frage, ob angesichts bestimmter absehbarer Risiken eine Technik zu verbieten, zu erlauben oder unter bestimmten Bedingungen zu erlauben ist (eine Frage, die auch im Hinblick auf eine ethische Reflexion zu kurz greift), hinaus.[30] Es sind gerade die weitergehenden ethischen Fragen, die die Bewertung der Forschungsziele, die Erwägung alternativer technologischer Optionen und nicht zuletzt eine Vielzahl axiologischer werttheoretischer Fragestellungen umfassen, welche in der öffentlichen Debatte eine große Rolle spielen und in partizipativen TA-Verfahren erörtert werden – insgesamt beschreibbar mit der Frage „Welche technologischen Entwicklungen sind gesellschaftlich wünschenswert?". Diese Frage entspricht einem probleminduzierten Ansatz in der TA.

Der Vergleich partizipativer TA-Verfahren in vier europäischen Ländern (Skorupinski 2001b) ergab,[31] dass hinsichtlich der folgenden sieben Vorgaben als Bedingungen für eine Akzeptabilität der Bio- bzw. Gentechnologie ein überlappender Konsens zwischen allen Bürgerpanels bestand.

Sie betreffen

- den Vorrang der internationalen Gerechtigkeit,
- den Vorrang von Verantwortung und Vorsorge für die Gesundheit der Bevölkerung,
- die besondere Verantwortung der Regierungen und Behörden für strenge Regulierungen und effiziente Kontrolle,
- die vollständige und verständliche Kennzeichnung,
- die Wahlfreiheit in Bezug auf Lebensmittel und, damit verbunden
- die Erhaltung des ökologischen Landbaus und
- die Erhaltung der Biodiversität.

---

30 Damit bewegt man sich auf einer Ebene rechtlich normativer Fragestellungen, die die Absicht der Einführung der fraglichen Technik praktisch schon vorwegnimmt.

31 Dies sind:
1. Konsensus-Konferenz zu gentechnisch veränderten Lebensmitteln, Danish Board of Technology 1999;
2. Konsensus-Konferenz „Gentechnisch veränderte Tiere, Sollen sie erlaubt werden?", NOTA, Den Haag 1993;
3. Bürgerforum „Biotechnologie / Gentechnik - eine Chance für die Zukunft?", Akademie für Technikfolgenabschätzung, Stuttgart 1995;
4. PubliForum „Gentechnologie und Ernährung", Programm TA beim Schweizerischen Wissenschaftsrat, 1999.

7 Diskursive TA und ethische Theorie

Dass sich partizipative TA diskursiv vollziehen sollte, gehört – betrachtet man Konzeptionen im Vergleich – geradezu zu den Selbstverständlichkeiten. Dabei wird nicht immer geklärt, was genau mit dieser Diskursivität gemeint ist und es finden sich widersprüchliche Deutungen, mitunter sogar im gleichen Konzept bzw. Verfahren (Skorupinski & Ott, 110 ff.).

Es ist von nicht zu unterschätzender Bedeutung, welches Verständnis von Ethik, welche ethische Theorie zur Grundlage einer TA-Konzeption gemacht wird. Man kann diskursive und partizipative TA-Verfahren als Anwendungsfälle der Diskursethik verstehen. Diese Bestimmung gibt dem oftmals genannten Sachverhalt, dass TA-Verfahren, wenn sie denn zu begründeten Technikbewertungen kommen wollen, entweder ethische Expertise aufnehmen oder selbst in ethische Reflexion übergehen, eine theoretische Fundierung. Der Anspruch einer besonderen Legitimität der politischen Entscheidungen aufgrund der Ergebnisse von partizipativer TA wird durch diese methodische Präzisierung ebenfalls gestärkt.[32] Das Diskursprinzip verweist auf die prozeduralen Aspekte der Legitimation von Entscheidungen, während die moralischen Normen und Rechte wichtig für die Entwicklung von Kriterien sind, die bei Technikbewertungen oder bei Risikobeurteilungen zugrundegelegt werden können. Das Moralprinzip kann also zu Verfahrensformen *konzeptionalisiert*, die Moralnormen und Rechte können zu Kriterien *operationalisiert* werden. Das Diskursprinzip ist eine regulative Idee. Es stellt ein allgemeines Verfahrensmodell für eine Vielzahl von diskursiven Verfahrenstypen dar und bedarf der Spezifikation. Den idealisierenden Zug des Verhältnisses zwischen Diskurs-Idee und Diskurs-Konzepten kann man durch den Begriff der *Approximation*, den realisierenden Zug durch den Begriff der *Spezifikation* ausdrücken.

Für partizipative TA-Verfahren bedeutet diese Spezifikation, dass sie unter den „realen", d.h. „nicht-idealen" Diskursbedingungen der Beschränkung von Raum, Zeit, Ressourcen etc., unter Entscheidungsdruck und angesichts unterschiedlich vorgebildeter Teilnehmer und Teilnehmerinnen konzipiert werden müssen.

Für die Phase der Problembeschreibung bedeutet dies, dass Bürgerinnen und Bürger in diese einbezogen werden müssen.

Für die Phase der diskursiven Erarbeitung und Bewertung bedeutet dies, dass die Bürger und Bürgerinnen:

- mit dem wissenschaftlichen Sachstand vertraut gemacht werden; dies umfasst wissenschaftliche Dissense, Ungewissheit und Grenzen der Prognostizierbarkeit,
- den Unterschied zwischen Sachaussagen und Werturteilen verstehen,
- genügend Zeit haben, sich einen Überblick über alle Argumente zu schaffen, die für ihr Bürgervotum relevant sind, zunächst ohne diese zu bewerten (Erhebung des Argumentationsraums),

32 Wenn man diskursive und partizipative TA-Verfahren in dieser Art und Weise mit einer Diskurstheorie normativer Gültigkeit in Verbindung setzt, bedeutet dies aber keineswegs, dass damit Diskursethik zur einzigen Möglichkeit erklärt würde, wie in TA-Verfahren und in bezug auf TA-Verfahren ethisch zu argumentieren sei.

- weiterhin genügend Zeit haben, diese Argumente kritisch zu prüfen, zu gewichten und gegeneinander abzuwägen, Priorisierungen vorzunehmen, Standpunkte anzunähern (Erarbeitung einer Argumentationslage),
- sich in einem auf den Konsens ausgerichteten Argumentationsprozess um ein Ergebnis bemühen.

Für die Phase der Ergebnisfindung bedeutet dies, dass diskursive TA-Verfahren nur selten zu einem strikten Konsens kommen. Faktisch sind Mehrheits- und Minderheitsvoten die häufigste Form der präsentierten Ergebnisse. Es besteht eine Spannung zwischen der Konsensausrichtung jedes einzelnen Arguments auf der einen Seite, bei gleichzeitigem Anwachsen von Dissensspielräumen im Verlauf der Argumentation selbst auf der anderen Seite, weil in Bewertungen zugunsten technologischer Optionen nicht nur normative, sondern eine Vielzahl von evaluativen und pragmatischen Gründen, lebensweltliche Perspektiven und Interpretationen eingehen. Für die politische Beratung fruchtbarer wäre die Darstellung von Konsensinseln und Dissenszonen.[33]

Eine wichtige Rolle kommt der Moderation zu. Der Moderator bzw. die Moderatorin darf selbst keine Argumente vorbringen. Er/sie darf aber die Beteiligten unter Verweis auf logische Standards zur Reflexion auf deren Argumente anregen. Zu den obligatorischen Aufgaben der Moderation gehören demgemäß die Kontrolle der Einhaltung elementarer Argumentationsregeln und die Verhinderung von Abstimmungen und Verhandlungen. Argumentationstheoretische Reflektionen dürfen nicht als äußerliche Restriktionen verstanden werden. Die Eingriffsmöglichkeiten der Moderation dürften erwartbar an Bedeutung verlieren, wenn die Beteiligten selbst in einer von unmittelbarem Handlungsdruck entlasteten Diskurssituation die Zeit finden, ihre Argumente auf Konsistenz, Plausibilität und Relevanz hin zu prüfen. Zu den Aufgaben der Moderation gehört weiterhin die gerechte Zuteilung von Redechancen und dafür Sorge zu tragen, dass der Experten-Laien-Dialog in einer für die Laien verständlichen Sprache geführt wird.

Ein außerordentlich eng geführtes Verständnis von Ethik liegt der Konzeption des oben erwähnten „TA-Verfahrens zum Anbau von Kulturpflanzen mit gentechnisch erzeugter Herbizidresistenz“ zugrunde. Die Organisatoren setzen in ihrer Konzeption das Verständnis einer Minimalmoral voraus, von der sie behaupten, dass sie allgemein vertretbar sei. Diese Minimalmoral, deren Kernsatz lautet: „dass beliebige Eingriffe in die Evolution erlaubt sein sollen, sofern sie den Ansprüchen der Menschen nicht schaden“ (Daele et al. 1996, 251), sehen sie im geltenden Recht hinreichend beschrieben und gewährleistet. Darüber hinaus erkennen sie nur – z.B. biozentrische – Sondermoralen an, welche angesichts der Zumutung des Pluralismus allerdings zu bloßen Präferenzen werden. „Die Zumutung des Pluralismus besteht darin zu akzeptieren, dass Werte, die man selbst für moralisch zwingend hält, anderen als bloße Präferenzen erscheinen, die diese wählen können oder auch nicht“ (a.a.O., 252). Bezüglich dieses Pluralismus stelle sich nun nicht die Frage, wie unterschiedliche Werte und Wertbegründungskonflikte in den Diskurs eingebracht werden können, sondern vielmehr, wie in der Gesellschaft eine friedliche Koexistenz zwischen Menschen und Gruppen mit „unvereinbaren ethischen Überzeugungen ausgehalten werden kann“ (ebd.).

33 Dies zeigt auch die Untersuchung überlappender Konsense in partizipativen TA-Verfahren in verschiedenen europäischen Ländern (siehe oben).

Für Verfahren partizipativer Technikfolgenabschätzung ist diese Geringschätzung der Möglichkeit ethischer Reflexion als diskursivem Prozess eine außerordentlich schlechte Voraussetzung. Dies verschärft sich, wenn die Organisatoren den Standpunkt der Ethik als den des prinzipiellen Vorbehalts charakterisieren, unabhängig von Risikoargumenten. In der Tat erschöpft sich eine ethische Reflexion auf die Freisetzung gentechnisch veränderter Nutzpflanzen keineswegs in Fragen der Risiken bzw. ihrer „biologischen Sicherheit". Neben der Bewertung der Folgen (und ihrer Potentiale) ist eine Bewertung der Ziele und eine Abwägung mit alternativen Problemlösungen erforderlich (Skorupinski 1996). Die Vorstellung von Ethik gleichsam als Bastion letztlich nicht begründbarer Ablehnung führt die Möglichkeiten ethischer Reflexion und Argumentation, auch als konzeptionelle Grundlage für partizipative TA, ad absurdum.

8 Fazit

In partizipativer TA werden in der Regel Nutzenvorstellungen und Risikoszenarien im Diskurs in ein Verhältnis gesetzt und gegeneinander abgewogen. Zu der Dimension der Risiken zählen auch die möglichen Einbußen an Umweltqualität, die ökologischen Schäden. Es gehört deshalb in den Rahmen partizipativer TA, ökologische Schäden als solche zu benennen und zu bewerten. Dabei gilt es dreierlei zu berücksichtigen:

Erstens muss es für die beteiligten Laien möglich sein, auf ökologischen Sachverstand so zuzugreifen, dass sie sich ein angemessenes Urteil bilden können. Zweitens ist es notwendig, die Berührungspunkte und die Abgrenzung zwischen Sachaussagen und Bewertungen in der Frage danach, was ein – relevanter – ökologischer Schaden ist, für die beteiligten Laien verständlich darzulegen. Drittens schließlich darf in der Debatte um die Freisetzung gentechnisch veränderter Organismen die – notwendige – Erwägung der möglichen ökologischen Schäden nicht zu einer Engführung auf Fragen der biologischen Sicherheit führen. Erforderlich ist die Berücksichtigung aller ethisch relevanten Gesichtspunkte – wie sie auch in partizipativen TA-Verfahren zur Sprache kommen und einem probleminduzierten Vorgehen entsprechen. In dieser Perspektive werden die Fragen nach der biologischen Sicherheit ergänzt um solche nach der internationalen Gerechtigkeit, nach der Anwendung des Vorsorgeprinzips, nach dem Recht auf Wahlfreiheit für Konsumenten und Landwirte und nach der Präferenz bestimmter Landwirtschaftsformen.

9 Literatur

Ammann, Daniel 2002: Moratorium – der Weg aus dem Dilemma. SAG Studienpapiere, Zürich.

Ammann, Daniel & Benno Vogel 2001: Vom Risiko zur Vorsorge. SAG Studienpapiere, Zürich.

Banse, Gerhard & Käthe Friedrich 1996: Sozialorientierte Technikgestaltung – Realität oder Illusion? Dilemmata eines Ansatzes. In: Gerhard Banse & Käthe Friedrich (Hrsg.), Technik zwischen Erkenntnis und Gestaltung. Edition Sigma, Berlin, 141-164.

Bartsch, Detlef 2004: Schadensbegriffe in Zusammenhang mit Europäischen Regelungen zu gentechnisch veränderten Pflanzen. In diesem Band, 157-168.

Bechmann, Gotthard 1992: Großtechnische Systeme – Risiko und gesellschaftliche Entwicklung. In: Technik und Gesellschaft, Jahrbuch 6. Campus Verlag, Frankfurt am Main.

Bechmann, Gotthard 1994: Frühwarnung – die Achillesferse der Technikfolgenabschätzung (TA). In: Armin Grunwald & Hartmut Sax (Hrsg.), Technikbeurteilung in der Raumfahrt. Edition Sigma, Berlin, 88-100.

Beck, Ulrich 1986: Risikogesellschaft – Auf dem Weg in eine andere Moderne. Suhrkamp, Frankfurt am Main.

Birnbacher, Dieter 1995: Tun und Unterlassen. Reclam, Stuttgart.

Böhler, Dietrich 1992: Hans Jonas – Stationen eines Denkens. Von der Hermeneutik zum „Prinzip Verantwortung". In: Dietrich Böhler & Rudi Neuberth (Hrsg.), Herausforderung Zukunftsverantwortung – Hans Jonas zu Ehren. Lit Verlag, Münster, 27-36.

Bonss, Wolfgang 1995: Vom Risiko – Unsicherheit und Ungewissheit in der Moderne. Hamburger Edition, Hamburg.

Breckling, Broder & Felix Müller 2000: Der ökologische Risikobegriff – Einführung in eine vielschichtige Thematik. In: Broder Breckling & Felix Müller (Hrsg.), Der ökologische Risikobegriff. Peter Lang, Frankfurt am Main, 1-15.

CEC (Commission of the European Communities) 2000: Communication from the Commission on the Precautionary Principle, COM, 1, CEC, Brussels.

Coghlan, Andy 2003: GM crops can be worse for the environment, NewScientist.com.news.service, 16.10.2003.

Daele, Wolfgang van den, Alfred Pühler & Herbert Sukopp 1996: Grüne Gentechnik im Widerstreit. Verlag Chemie, Weinheim.

DFG (Deutsche Forschungsgemeinschaft), 1996: Forschungsfreiheit – ein Plädoyer der DFG für bessere Rahmenbedingungen der Forschung in Deutschland. Verlag Chemie, Weinheim.

Eser, Uta 2000: Zur Relevanz des ökologischen Risikobegriffs für das politisch-gesellschaftliche Handeln. In: Broder Breckling & Felix Müller 2000 (Hrsg.), Der ökologische Risikobegriff. Peter Lang, Frankfurt am Main, 181-190.

European Environmental Agency 2002: Late Lessons from Early Warnings: The Precautionary Principle 1896-2000, Environmental Issue Report No. 22.

Funtowicz, Silvio & Jerome Ravetz 1993: Science for the Post-Normal Age. Futures, 25(7), 735-755.

Gloede, Fritz 1994: Technikpolitik, Technikfolgen-Abschätzung und Partizipation. In: Gotthard Bechmann & Thomas Petermann (Hrsg.), Interdisziplinäre Technikforschung. Campus, Frankfurt am Main u.a., 147-182.

Hubig, Christoph 1993: Technik- und Wissenschaftsethik. Springer Verlag, Heidelberg u.a.

Jasanoff, Sheila 2000: Between risk and precaution – reassessing the future of GM crops. Journal of Risk Research, 3(3), 277-282.

Levidow, Les, Susan Carr & David Wield 2000: Genetically modified crops in the European Union – regulatory conflicts as precautionary opportunities. Journal of Risk Research, 3(3), 189-208.

Nowotny, Helga & Rafael Eisikovic 1990: Entstehung, Wahrnehmung und Umgang mit Risiken. Schweizerischer Wissenschaftsrat, Forschungspolitische Früherkennung B/34, Bern.

Parker, Jenneth 2001: Precautionary Principle. In: Ruth Chadwick (Hrsg.), The Concise Encyclopedia of the Ethics of New Technologies. Academic Press, San Diego u.a., 341-349.

Paschen, Herbert & Thomas Petermann 1991: Technikfolgen-Abschätzung – Ein strategisches Rahmenkonzept für die Analyse und Bewertung von Techniken. In: Thomas Petermann (Hrsg.), Technikfolgen-Abschätzung als Technikforschung und Politikberatung. Campus Verlag, Frankfurt am Main, 19-42.

Potthast, Thomas 1996: Transgenic Organisms and Evolution – Ethical Implications. In: Jürgen Tomiuk, Klaus Wöhrmann & Andreas Sentker (Hrsg.), Transgenic Organims – Biological and social implications. Birkhäuser, Basel, 227-240.

Potthast, Thomas 1999: Die Evolution und der Naturschutz. Campus, Frankfurt/ am Main.

Ravetz, Jerome 2001: Food safety, quality and ethics – a post normal perspective. In: Third Congress of the European Sociey for Agricultural and Food Ethics, 3.-5.10.2001. Florence, Book of Preprints, 71-77.

Rehmann-Sutter, Christoph 1996: Konzepte der Risiko-Ethik. In: Christoph Rehmann-Sutter (Hrsg.), Demokratische Risikopolitik. Verlag des Kantons Basel Landschaft, Liestal, 26-74.

Renn, Ortwin 1999: Ethische Anforderungen an den Diskurs. In: Armin Grunwald & Stefan Saupe (Hrsg.), Ethik in der Technikgestaltung. Springer Verlag, Berlin, 63-94.

Ropohl, Günter 1994: Das Risiko im Prinzip Verantwortung. Ethik und Sozialwissenschaften 5/1, 109-120.

Rippe, Klaus-Peter 2000: Ethikkommissionen in der deliberativen Demokratie. In: Matthias Kettner (Hrsg.), Angewandte Ethik als Politikum. Suhrkamp, Frankfurt am Main, 140-164.

Skorupinski, Barbara 1996: Gentechnik für die Schädlingsbekämpfung – Eine ethische Bewertung der Freisetzung gentechnisch veränderter Organismen in der Landwirtschaft. Enke Verlag, Stuttgart.

Skorupinski, Barbara 1997: Von der Nicht-Existenz des Risikos – Ein Kommentar zu den Ausführungen der Deutschen Forschungsgemeinschaft zum Thema „Gentechnik / Biotechnologie" in ihrer Denkschrift „Forschungsfreiheit". Wechselwirkung, 83, 42-45.

Skorupinski, Barbara & Konrad Ott 2000: Technikfolgenabschätzung und Ethik – Eine Verhältnisbestimmung in Theorie und Praxis. vdf Hochschulverlag an der ETH Zürich.

Skorupinski, Barbara 2001a: Normalisierung durch Vergleich? Zur Verhandlung von Risiken in einem diskursiven und partizipativen TA-Verfahren. In: Barbara Skorupinski & Konrad Ott (Hrsg.), Ethik und Technikfolgenabschätzung – Beiträge zu einem schwierigen Verhältnis. Ökologie und Gesellschaft 16, Helbing und Lichtenhahn, Basel, 104-137.

Skorupinski, Barbara 2001b: Debating „Novel Food" – A comparison of public participation processes on Genetically Modified Food in four European countries. In: Third Congress of the European Society for Agricultural and Food Ethics, Florence, 3.-5.10. 2001, 381-384.

Snow, Allison 2002: Genetically modified crops may pass helpful traits to weeds. Research Communications, The Ohio State University, www.osu.edu/units/research.

Tickner, Joel, Carolyn Raffensberger & Nancy Myers 1998: The Precautionary Principle in action – A handbook (http://www.biotech-info.net/handbook.pdf).

Tiedje, James M., Robert K. Colwell, Yaffa L. Grossman, Robert E. Hodson, Richard E. Lenski, Richard N. Mack & Philip J. Regal 1989: The planned introduction of Genetically Engineered Organisms – Ecological considerations and recommendations. Ecology, 70, 298-315.

Torgersen, Helge & Franz Seifert 2000: Austria – precautionary blockage of agricultural biotechnology. Journal of Risk Research, 3(3), 209-218.

WBGU [Wissenschaftlicher Beirat der Bundesregierung Globale Umweltveränderungen] 1999: Strategien zur Bewältigung globaler Umweltrisiken. Springer Verlag, Berlin.

Weber, Barbara 2000: Zum Wandel des ökologischen Risikobegriffs in der Gentechnikdebatte. In: Broder Breckling & Felix Müller (Hrsg.), Der ökologische Risikobegriff. Peter Lang, Frankfurt am Main u.a., 109-124.

Zimmerli, Walter Ch. 1982: Prognose und Wert – Grenzen einer Philosophie des „Technology assessment". In: Friedrich Rapp & Paul Thomas Durbin (Hrsg.), Technikphilosophie in der Diskussion. Vieweg, Braunschweig, 139-152.

Ökologische Schäden – eine Synopse begrifflicher, methodologischer und ethischer Aspekte

Thomas Potthast

Interfakultäres Zentrum für Ethik in den Wissenschaften (IZEW), Wilhelmstr. 19, D-72074 Tübingen
potthast@uni-tuebingen.de

Abstract

An overview of different conceptual approaches to "ecological damage" is given, starting with a brief historical sketch of the terms at stake. A formal minimal definition consists of three major elements: reference to some ecological change, reference to a protected good (and related utility), and justification (or codification) of the choice in ethical, political, and – especially – legal terms. Existing definitions with different emphasis on one of these three elements are critically discussed. On the empirical level, the major critical issues are reference to a "natural range of fluctuation" and anthropogenic vs. non-anthropogenic causation. On the normative level, the shift from description to assessment and evaluation and – most importantly – the choice and justification of the protected (ecological) goods are crucial issues in defining and applying the concept of ecological damage. In order to avoid misunderstandings between the empirical and the normative, the usage of the word "ecological damage" could be replaced by "environmental damage", as is already the case in most contexts. Hence also a terminological split between "environmental damage" and "ecological damage" is rejected. A comprehensive and at the same time detailed definition of ecological / environmental damage is not feasible. It remains to be interpreted in scientific, political, and legal terms. Nevertheless, the precautionary principle can be a basis for dealing with ecological / environmental damage. The set of protected ecological goods converges from both ecocentric and anthropocentric perspectives of maintaining sustainable land-use practices and their ecological context, biological diversity, and ecological self-organisation processes. This can only be adopted in practice by taking into account the political context of general environmental goals and decision-making.

Keywords: Ecological damage, definitions, protected good, environmental politics

Schlüsselwörter: Ökologischer Schaden, Definitionen, Schutzgut, Umweltpolitik

1 Einleitung

Heutzutage gibt es die ökologische Krise, die ökologische Steuerreform, die ökologische Landwirtschaft, die ökologische Ökonomie und selbstverständlich die ökologische Ethik. Wie vieles andere mit den Zusatz „ökologisch" existiert auch der „ökologische Schaden" – zumindest als Begriff. In den vergangenen Jahren hat das Thema „Schäden" an umweltpolitischer Bedeutung zugenommen (Berg et al. 1994). Vor allem bei rechtlichen Fragen der Haftung spielt der ökologische Schadensbegriff eine entscheidende Rolle (vgl. SRU 2002, 170 Rn 282 ff.; Kokott et al.

2003), insbesondere hinsichtlich der jüngst verabschiedeten „Europäische Richtlinie über Umwelthaftung zur Vermeidung und Sanierung von Umweltschäden" (EU 2004). Angesichts der angestrebten Kommerzialisierung gentechnisch veränderter Nutzpflanzen erklärt sich zudem, dass die aktuelle Erörterung des ökologischen Schadensbegriffs durch den Sachverständigenrat für Umweltfragen bei der deutschen Bundesregierung im Kontext von Risikofragen transgener Organismen steht (SRU 2004, 645 Rn 873 ff.). „Ökologische Schäden", „Umweltschäden" und ähnliche Begriffe sind Teil einer insgesamt vielgestaltigen Terminologie geworden, die sich auf Beeinträchtigungen und Schädigungen von „Natur" oder, vielleicht besser, „Naturstücken" im weitesten Sinne bezieht.

Das Ziel der folgenden Synopse besteht in einer Erläuterung des terminologischen Hintergrunds sowie zentraler methodologischer und normativer Aspekte des ökologischen Schadensbegriffs (Tab. 1).[1] Zunächst wird im Abschnitt 2 skizziert, wie das Attribut „ökologisch" mit Bezug auf den Schadensbegriff erfolgreich geprägt werden konnte. Die Gründe für den Erfolg bieten zugleich Ansatzpunkte verschiedener Kritiken an Wortwahl und Begrifflichkeit. In einer Übersicht und Diskussion unterschiedlicher Definitionsvorschläge im Abschnitt 3 wird eine formale Minimaldefinition mit drei Elementen vorgestellt und drei Typen von Definitionen identifiziert, die sich hinsichtlich ihrer Fokussierung der drei Elemente unterscheiden. Im Abschnitt 4 erfahren empirische Schwierigkeiten der Bestimmung ökologischer Schäden eine genauere Erörterung, und zwar erstens das Kriterium der natürlichen Schwankungsbreite als Referenz und zweitens die Zuschreibung der Verursachung. Im Abschnitt 5 zu normativen Schwierigkeiten werden praktische Probleme der Trennung zwischen Fakten und Werten bereits auf der Ebene ökologischer „Beschreibung" anhand eines Ablaufschemas, die Problematik der Schutzgutbestimmung und der „schwammigen" Begriffe diskutiert. In einem Fazit werden die Konsenspunkte und Probleme unterschiedlicher Verständnisse des „ökologischen Schadens" noch einmal gebündelt dargestellt. Eine im Prinzip wünschenswerte sowohl umfassende als auch im Detail präzise sowie zugleich unstrittige Definition erweist sich als nicht erreichbar. Sehr wohl jedoch lassen sich verbindliche zentrale Elemente des Begriffs formulieren.

Tabelle 1: Aspekte des ökologischen Schadensbegriffs (zugleich Gliederung des Aufsatzes).

Thema	**Problem**	**Abschnitt im Text**
Wortwahl	Angemessenheit der Bezeichnung „ökologisch"	2
Definitionstypen	Ökologischer Fokus	3.1
	Fokus auf Nutzen	3.2
	Umweltrechtlicher Fokus	3.3
Empirische Schwierigkeiten	Natürliche Schwankungsbreite als Maß	4.1
	Zuschreibung der Verursachung als Kriterium	4.2
Normative Schwierigkeiten	Ablaufschema: von der Beschreibung zur Bewertung?	5.1
	Bestimmung des Schutzguts	5.2
	Interpretationsoffene „schwammige" Begriffe	5.3
Fazit	Konsense und Differenzen	6

1 Meine Darstellung bezieht die im vorliegenden Band versammelten Beiträge von insgesamt 18 Autorinnen und Autoren aus sieben verschiedenen Fachbereichen sowie die Diskussionen auf dem GfÖ-Workshop zum Thema „Ökologische Schäden" im März 2003 in Blaubeuren ein – sie gibt jedoch kein gemeinsames Ergebnis in terminologischen oder inhaltlichen Fragen wieder.

2 Wortwahl und Kritik – Warum (nicht) „ökologischer" Schaden?

Insbesondere ab etwa 1970 trug die naturwissenschaftliche Disziplin „Ökologie" erheblich dazu bei, dass die Grundlagen menschlichen und anderen Lebens weltweit zunehmend als bedroht oder bereits zerstört wahrgenommen wurden. Sie konnte für die Zusammenhänge der Zerstörung empirische, quantifizierende Beschreibungen sowie kausale Erklärungen anbieten. Aufbauend auf erfolgreichen Publikationen wie denen von Howard Odum (1953) und Rachel Carson (1962) wurde die Bedrohung von Natur zunehmend in wissenschaftlicher Sprache der ökologischen Expertise vermittelt.[2] Parallel machte der Begriff „Umwelt" seine Karriere, der sich in der Benennung nicht nur als Kompositum für das Problemfeld, sondern auch im Titel von politischen Programmen, Ämtern oder Ministerien ausdrückte. „Umwelt", „Ökologie" und oft auch „Natur" wurden und werden im öffentlichen Diskurs mehr oder weniger gleichsinnig und einander ersetzend verwendet.

Bei verschiedenen Akteursgruppen entstanden allerdings Bedenken gegen diese mehrdeutige Begrifflichkeit: Zum Ersten setzten sich naturwissenschaftliche Ökologinnen und Ökologen gegen einen so empfundenen terminologischen Missbrauch ihrer Fachdisziplin durch Politik beklagend zur Wehr, da sie ihren Status der Objektivität und Wertfreiheit gefährdet sahen. Zum Zweiten erfolgte Kritik an der Terminologie des „Ökologischen" insbesondere in den 1980er Jahren von Seiten der Ideologie- und Wissenschaftskritik; die „Ökologisierung" sah man im Zusammenhang einer Technokratie der so genannten harten Naturwissenschaften, von denen zunehmend alle Lebensbereiche dominiert würden. Hierbei ging es vor allem gegen den Anspruch verschiedener Versionen von (Öko)Systemtheorien, die Natur und Gesellschaft rein funktional – bzw. scheinbar rein funktional und damit eben doch ideologisch – als etwas rein technisch zu Steuerndes darstellen (vgl. Hesse 1985). An solche Aspekte knüpften zum Dritten auch Kritiker aus Naturschutz und Landschaftsplanung an. Bierhals (1984) verwarf unter dem Titel „Die falschen Argumente? Naturschutzargumente und Naturbeziehung" die „ökologischen" im Sinne naturwissenschaftlicher Naturschutzbegründungen als falsch und letztlich auch strategisch kontraproduktiv. Eigentlich jedoch seien emotionale Bezüge zur Natur und zugleich gesellschaftspolitische Orientierungen die wahren und zugleich angemessenen normativen Grundlagen des Naturschutzes. Er verwies darauf, dass die ausdrückliche Anerkennung dessen letztlich auch einen Beitrag zur Verbesserung des Akzeptanzproblems im Naturschutz bilden würde.[3] Aller Kritik zum Trotz hat sich die mehrfache Bedeutung des Ökologischen als zugleich Naturwissenschaft und Politik und Umweltmoral nicht wieder „einfangen" lassen.

Auch der Begriff „Umwelt" ist nicht unproblematisiert geblieben. Er legt seit den 1970er Jahren vor allem im administrativen Bereich meist eine ganz bestimmte Perspektive auf Natur nahe – nämlich diejenige der Erhaltung der so genannten Umweltmedien Boden, Wasser, Luft sowie anderen natürlichen Ressourcen als Grundlagen menschlicher Nutzung.[4]

---

2 Diese Entwicklung entstand selbstverständlich nicht aus dem Nichts, sondern beruht auf einer längeren Vorgeschichte der sich wandelnden materiellen und symbolischen Naturverhältnisse (Zirnstein 1994; Radkau 2000) sowie der Entwicklung der Ökologie selbst (Trepl 1978; Bocking 1997; Potthast 2001).

3 In diesem Sinne ist auch Bierhals' Forderung nach einer „Wiederentdeckung" des Heimatbegriffs zu verstehen, die regelmäßig in Naturschutzkreisen auftaucht.

4 Aus ethischer und politischer Sicht hat Meyer-Abich (1990) die Formulierung „Mitwelt" für eine weniger instrumentelle und weniger auf den Menschen fokussierte Perspektive vorgeschlagen.

Mit Bezug auf Schadenskonzeptionen von Naturstücken existieren verschiedene Begriffe: „Umweltschaden" („*environmental damage*"), „Schaden (an) der Natur" und eben „ökologischer Schaden" („*ecological damage*"). Diese Termini werden zum Teil deckungsgleich, zum Teil unterschiedlich verwandt. Beide Verwendungen – die Gleichsetzung ebenso wie die unterschiedliche begriffliche Nuancierung – müssen berücksichtigt werden, um die Terminologie und ihre Verwirrung besser zu verstehen.

Mit Blick auf die engere Definition von „Umwelt" als (nutzbare) Umwelt des Menschen erscheinen Schäden an einzelnen Tier- oder Pflanzenarten nicht notwendig mit gemeint, wenn von „Umweltschäden" die Rede ist, weil zunächst nicht alle Spezies (unmittelbar) nutzenrelevant sind. Es war die an einzelnen Tierarten als Modellen für ökosystemare Gesamtbelastungen orientierte Ökotoxikologie, in deren Kontext der Sachverständigenrat für Umweltfragen seine „frühe" Begriffsdefinition des ökologischen Schadens platziert hat (SRU 1987, 460 Rn 1691; vgl. auch Schlee in diesem Band, 99 f.). Damit verbunden ist eine gewisse Ambivalenz: Einerseits erscheint der „ökologische Schaden" weniger nutzungsbezogen, andererseits geht es in der Ökotoxikologie nicht zuletzt um die funktionelle Erhaltung ökologischer Systeme als „Naturhaushalt" und weniger um einzelne Spezies als solche.

Als Zwischenfazit kann festgehalten werden, dass 1) bei einer begrifflichen Differenzierung unterschiedlicher Bezeichnungen von „Schäden an Natur(stücken)" der „ökologische Schaden" – neben oder als spezieller Bereich von „Umweltschäden" – vor allem solche Schäden bezeichnet, die nicht notwendig oder zumindest nicht unmittelbar eine direkte Nutzung durch Menschen betreffen. Oft fungiert der Begriff zudem 2) als eine Kategorie bei der Differenzierung allgemeiner Aspekte des Schadens insgesamt: So unterscheiden Berg et al. (1994, 22 f.) fünf Kategorien:

- [Schäden für] Mensch und menschliche Gesundheit
- Ökonomische Schäden
- Schäden an gesellschaftlichen Institutionen
- Ökologische Schäden
- [Beeinträchtigung der] Lebensqualität.

Unabhängig von dieser Ausdifferenzierung des Schadensbegriffs besteht ein grundsätzlicher Einwand gegen die Wortverwendung „ökologisch": Hesse (dieser Band, 51) betont, dass der Ausdruck „ökologisch" im Zusammenhang mit Schäden insofern irreführend ist, als Schäden in ihrer normativen Wertperspektive kein Gegenstand der Naturwissenschaft „Ökologie" sein können. Wenn unter Ökologie allein empirische, moralisch wertneutrale Wissenschaft verstanden wird, dann gibt es streng genommen in der Tat ebenso wenig „ökologische" Schäden, wie es physikalische oder biologische Schäden geben darf. Im Sinne einer Präzisierung der Begrifflichkeit des „Ökologischen" liegt es nahe, den Begriff zu verwerfen bzw. zu ersetzen. Schließlich kann und sollte man auch nicht von „medizinischen Schäden" reden, sondern von Gesundheitsschäden. In der Praxis ist die Ausdrucksweise aber sehr uneinheitlich, denn oft ist die Rede von „medizinischen Problemen", wo gesundheitliche gemeint sind.[5]

5 Zudem ist die Medizin zumindest in Teilen notwendig auch wertperspektivisch normativ, wenn es um Gesundheits- und Krankheitsbegriffe sowie Behandlungsziele geht. Für die Ökologie gilt dies prinzipiell nicht, wohl aber für Disziplinen wie Naturschutz und bestimmte Bereiche „angewandter" Umweltforschung.

Deutlich wird hier ganz allgemein, dass es sehr schwierig ist, bei Schadensdefinitionen die wissenschaftlich-disziplinäre Zugangsweise vom Gegenstand zu trennen. Eine solche Doppelbedeutung betrifft längst nicht nur die Ökologie, sondern auch die Chemie oder die Genetik, wenn es um „chemische Schädigungen", „ökonomische Probleme" oder „genetische Defekte" geht.

„Ökologische Schäden" sind mithin notwendig mit wissenschaftlich-ökologisch konstituierten und konstituierbaren Objekten verbunden, die *zugleich* einer von der Ökologie nicht zu leistenden Wertzuweisung unterworfen sind. Die angemessene Etablierung sowie insbesondere die Verbindung von empirischer Perspektive und Wertkonstitution bleibt prekär. Im folgenden Abschnitt werden beide Aspekte anhand konkreter Definitionsvorschläge mit Bezug auf den Gesamtkomplex „Schäden an Naturstücken" erörtert.

3 Definitionstypen ökologischer Schäden

Rein formal betrachtet stellt ein ökologischer Schaden bzw. Umweltschaden ein als unerwünscht bewertetes ökologisches Ereignis dar. Dies klingt zunächst tautologisch, doch können damit drei wichtige Elemente einer Definition identifiziert werden:

- ökologisches Ereignis: ist inhaltlich zu bestimmen
- Identifikation dessen, was geschädigt wird: ist als Schutzgut auszuweisen
- Gründe für die Unerwünschtheit: sind ethisch, politisch, rechtlich zu bestimmen.

Auf diese Weise kann man zu einer immer noch formalen Minimaldefinition gelangen, die die Aspekte „ökologisches Ereignis", „Schutzgut" und „Legitimation" / „Kodifizierung" kombiniert (vgl. Tab. 2):

Der Begriff des ökologischen Schadens bezieht sich auf unfreiwillige Ereignisse in ökologischen Systemen, die ein Umweltgut betreffen; er umfasst unerwünschte Veränderungen von Zuständen bzw. der Dynamik des ökologischen Wirkungsgefüges, die ein Schutzgut nachteilig beeinflussen sowie einen aktuellen bzw. potenziellen Nutzen mindern (können). Schutzgüter müssen als Resultat einer politischen Diskussion auf interdisziplinärer Basis begründet ausgewiesen und letztlich rechtlich kodifiziert werden.

In den bestehenden Definitionsvorschlägen werden die drei Elemente mit unterschiedlicher Gewichtung einbezogen, wobei sich die politischen und moralischen Begründungen mit Teilen des ersten und des zweiten Elements verbinden, und das letzte Element oft maßgeblich als umweltpolitisch-rechtliches fungiert. Damit sind drei Definitionstypen identifizierbar: 1) mit ökologischem Fokus, 2) mit Fokus auf dem Nutzen, 3) mit umweltrechtlichem Fokus. Die Unterscheidung bedeutet nicht, dass jeweils nur ein Element in der Definition vorkommt, sondern eine bestimmte Schwerpunktsetzung (Tab. 2).

Tabelle 2: Definitionen ökologischer Schäden.

Definitionstyp & Quelle	Definition
Formale Basisdefinition (Vorschlag)	Ein ökologischer Schaden ist ein – zumindest nicht unmittelbar reversibles – als unerwünscht bewertetes ökologisches Ereignis.
Minimaldefinition mit Kombination von Nutzen- und Schutzgutperspektive (Vorschlag)	Der Begriff des ökologischen Schadens bezieht sich auf unfreiwillige Ereignisse in ökologischen Systemen, die ein Umweltgut betreffen; er umfasst unerwünschte Veränderungen von Zuständen bzw. der Dynamik des ökologischen Wirkungsgefüges, die ein Schutzgut nachteilig beeinflussen sowie einen aktuellen bzw. potenziellen Nutzen mindern (können). Schutzgüter müssen als Resultat einer politischen Diskussion auf interdisziplinärer Basis begründet ausgewiesen und letztlich rechtlich kodifiziert werden.
Ökologischer Fokus	
Ökologisch-naturalistisch SRU (1987, 460 Rn 1691)	Als Schäden im ökologischen Sinne werden solche Veränderungen angesehen, die über das natürliche Schwankungsmaß der betroffenen Populationen oder Ökosysteme hinausgehen und sich oft nur über größere Zeiträume manifestieren, sowie Veränderungen, die entweder überhaupt nicht oder oft erst Jahrzehnte nach der toxischen Einwirkung und mit hohem Aufwand rückgängig gemacht werden können.
Ökologisch-politisch Richter (dieser Band, 20)	Ökologische Schäden sind unerwünschte Systemzustände im Naturhaushalt.
Naturschutzfachlich-kritisch Schlee (dieser Band, 102)	Eine Definition mit dem Anspruch auf Allgemeingültigkeit lässt sich für den Begriff des „ökologischen Schadens" [...] nicht verwirklichen. Das zentrale Problem scheint dabei die Interpretation des Begriffs der „Störung" zu sein, die je nach deren Intensität sich positiv oder negativ auf eine Dynamik auswirken kann, deren räumlich-zeitliche Dimension wiederum verschlossen bleibt. Dabei spielt es zunächst keine Rolle, ob es sich um Naturlandschaft oder Kulturlandschaft handelt.
Analogien mit Pflanzenschutz-Zulassungsverfahren Künast (dieser Band, 141)	- Messbare Effekte - Nachteile für ein Ökosystem (zu definieren) - kein grundsätzlicher Widerspruch zu nutzungsbedingter Dynamik, einschließlich ihrer Folgen für die Lebensgemeinschaften einer Kulturlandschaft - Beschränkung auf langfristige Effekte (kurzfristige reversible Effekte sollten ausgeschlossen werden) - ein an Schwellenwerte bzw. probabilistische Betrachtungen sowie an Qualitätsziele gebundener Begriff der Vertretbarkeit, der jeweils an konkrete Szenarien anzupassen ist.
Fokus auf Nutzen	
Nutzungsorientiert Breckling & Potthast (dieser Band, 8)	[Ökologische Schäden sind] Zusammenhänge [...], in denen ein Nutzen von Naturgütern bzw. ein Nutzen, der sich durch einen Bezug auf das ökologische Gefüge ergibt, beeinträchtigt wird.
Nutzungsbezogen-prozedural Hauhs & Lange (dieser Band, 30 bzw. 46)	(E)ine zwischen Natur- und Kulturwissenschaften konsistente Definition des Begriffs „ökologischer Schaden" (ist) nur in einem *prozeduralen* Sinne möglich und operational. [...]. Ein Ökologischer Schaden tritt ein, wenn ein Ökosystem bisher in einer dokumentierten Tradition nachhaltiger Nutzung steht, und nach den internen Kriterien dieser Tradition eine Einengung der bisherigen, als wiederholbar dokumentierten, Möglichkeiten eingetreten ist.
Funktional-wertbasiert Kraft et al. (dieser Band, 124)	Ökologischer Schaden ist die Beeinträchtigung eines aus ökologischen Funktionen ableitbaren Wertes. [...] Die Bewertung des Ausmaßes eines Schadens ist demnach nutzerabhängig und ist deshalb letztendlich Bestandteil einer Konsensfindung zwischen [...] Nutzerperspektiven.

Güterbezogen-ökonomisch Barkmann & Marggraf (dieser Band, 59 bzw. 65)	Ökologische Güter sind Gegenstände menschlichen Strebens, deren Verfügbarkeit von den Strukturen, Prozessen oder Zuständen ökologischer Systeme abhängt. [...]. Ein ökologischer Schaden ist eine unfreiwillige Einbuße der Versorgung mit ökologischen Gütern, die durch ein Ereignis hervorgerufen wird. Als hervorrufende Ereignisse kommen sowohl Naturereignisse als auch die direkten oder indirekten Folgen menschlicher Handlungen in Frage.
Güterbezogen-allgemein Skorupinski (d. Bd., 185)	Einbußen an Umweltqualität (sind) ökologische Schäden.
Güterbezogen-begriffskritisch Hesse (dieser Band, 51 f.)	Von „ökologischen Schäden" zu reden, ist irreführend. Denn wenn man es genau nimmt, dann kann es ökologische Schäden ebenso wenig geben wie physikalische oder chemische oder biologische Schäden. [...]. Als Schäden können [...] Ereignisse bzw. Zustandsveränderungen vielmehr nur betrachtet werden, insofern sie etwas beeinträchtigen, was dem einen oder der anderen und vielleicht sogar uns allen gemeinsam als ein Gut erscheint, das nach Möglichkeit bewahrt oder nach Kräften erreicht werden sollte. Wie schwierig es ist, solche Güter allgemeinverbindlich und zugleich mit handlungsrelevanter Konkretion zu bestimmen, das zeigt nicht nur der politische Streit über die Relevanz von Umweltschäden, sondern ließe sich auch an den anhaltenden Debatten darüber nachweisen, was wir denn unter „Gesundheit" verstehen sollten.
Umweltrechtlicher Fokus	
Umweltrechtlich-allgemein Brand (dieser Band, 153)	[Umweltschäden = Ökologische Schäden] Eine endgültige Definition des Begriffes „Schadens für die Umwelt" ist rechtlich nicht möglich. Zusammenfassend kann man sagen, dass ein „Schaden für die Umwelt" die Beeinträchtigung des kollektiven Interesses am Erhalt der Umwelt darstellt.
Schutzgutbeschränkt mit Fokus auf geschützte Bereiche ohne Individualrechtsgüter EU 2004 (vgl. Bartsch, dieser Band, 159)	[Umweltschäden = Ökologische Schäden] Umweltschäden werden [in der EU Umwelthaftungsrichtlinie] als unerwünschte Veränderungen von Zuständen ausgewählter Schutzgüter definiert, wobei auch Wertvorstellungen bzw. geminderter Nutzen an Kulturgütern eingeschlossen sind. Die Richtlinie gilt auch für Umweltschäden, die durch die Landwirtschaft verursacht werden. Hervorzuheben ist, dass nach dem Entwurf Umweltschäden (nur) an drei Ressourcen-Komplexen auftreten können: Geschützte Arten/natürliche Lebensräume, Boden und Gewässer. Vor allem der Umfang der biologischen Vielfalt wird eingeschränkt auf besondere geographische Gebiete mit festgelegten besonders schützenswerten Arten, die sich hauptsächlich an den Natura2000 Gebieten und den Arten der FFH-Richtlinie festmachen. Genetische Vielfalt wird nur indirekt als *günstiger Erhaltungszustand* – vielleicht als überlebensfähige Population – angedeutet. Die Komponenten der biologischen Vielfalt müssen genau benannt, bezeichnet und in Listen eingetragen sein. Bemerkenswert ist, dass nicht nur die Ressource als Gegenstand, sondern auch deren Funktion und damit das (ökologische) Wirkungsgefüge geschützt sein soll.
Differenzielle Gegenüberstellung mit bzw. ohne Individualrechtsgüter Kokott et al. (2003, 11) SRU (2004, 648 Rn 877; mit Ergänzung Funktionsbegriff)	Umweltschaden (*Umweltschaden im weiteren Sinn*) bezeichnet jede durch eine Umwelteinwirkung herbeigeführte Schädigung an Individualrechtsgütern und jeden ökologischen Schaden. Ökologischer Schaden (*Umweltschaden im engeren Sinn*) ist jede erhebliche und nachhaltige Beeinträchtigung der Naturgüter, die nicht zugleich einen individuellen Schaden darstellt. Erfasst sind insbesondere Beeinträchtigungen von Luft, Klima, Wasser, Boden, der Tier- und Pflanzenwelt und ihrer Wechselwirkungen. Eine Beeinträchtigung ist insbesondere dann erheblich, wenn sie Bestandteile [und Funktionen; erg. SRU 2004] des Naturhaushaltes betrifft, die einem besonderen öffentlich-rechtlichen Schutz unterliegen. Sie ist nachhaltig, wenn sie nicht voraussichtlich innerhalb eines kurzen Zeitraums durch natürliche Entwicklungsprozesse ausgeglichen wird. Diesbezüglich sind zur Vermeidung volkswirtschaftlich unsinniger Maßnahmen Erheblichkeitsschwellen festzulegen (de minimis-Regel).

3.1 Ökologischer Fokus

Bei Umwelt-oder ökologischen Schäden muss ein Zustand oder ein Potential von „Naturstücken" als Schutzgut ausgewiesen werden. In bestimmten Definitionen nimmt dieser Verweis auf ökologische Referenzzustände einen sehr prominenten Raum ein. Man kann die alte Definition des SRU (1987, 406 Rn 1691) als ökologisch-naturalistisch bezeichnen, weil sie als Maß für die empirische Feststellung eines Schadens die „natürliche Schwankungsbreite" ansetzt (siehe dazu Abschnitt 4.1). Mit „naturalistisch" ist hier (zunächst) nicht der naturalistische Fehlschluss gemeint, bei dem fälschlicherweise aus rein deskriptiven Prämissen eine normative Folgerung gezogen wird (vgl. aber Abschnitt 5.2). Alle weiteren in Tab. 2 genannten Definitionen mit ökologischem Fokus verweisen explizit auf die notwendige externe Wertdimension. Übereinstimmend steht auch der Status der ökologischen Systeme selbst im Vordergrund, nicht so sehr unmittelbare menschliche Nutzungsinteressen.

Die Definition von Richter (dieser Band, 20) repräsentiert, wenn man so will, die Position des umweltwissenschaftlichen Praktikers, der mit einer möglichst breiten Definition den Schadensbegriff eher unbestimmt und zugleich auf der ökologischen Ebene halten will. Dabei knüpft er ökologische Systemzustände an den Begriff des „Naturhaushalts". Letzterer ist prominenter Bestandteil der Umwelt- und Naturschutzgesetzgebung und insofern gut anschlussfähig für die Praxis. Hesse (dieser Band, 52 f.) weist allerdings darauf hin, dass „Naturhaushalt" keine naturgesetzlich-ökologisch fassbare Einheit , sondern bereits einen normativen Begriff von einer wohlgeordneten bzw. zu ordnenden Natur darstellt. Insofern sind auch die pragmatischen Vorschläge von Künast (dieser Band, 141), der eine analoge Orientierung ökologischer Schadenskonzepte an bestehenden Regularien wie der Zulassung von Pflanzenschutzmitteln vorschlägt, auf der normativen und empirischen Seite unterbestimmt. Dies verdeutlicht Schlee (dieser Band, 102) mit dem Verweis darauf, dass alles von der Bewertung bestimmter Veränderungen als „Störungen" und ihren Auswirkungen für die ökologische Dynamik abhängt. Zudem stehen kaum ausreichend Daten über die „natürliche" Dynamik als Maß für das Potenzial insbesondere anthropogener Systeme zur Verfügung. (vgl. Hauhs & Lange in diesem Band sowie Abschnitt 4).

3.2 Fokus auf Nutzen

Der normativen Unterbestimmtheit ökologisch fokussierter Schadenskonzeptionen kann dadurch begegnet werden, dass menschlicher Nutzen und potenziell geschädigte Güter explizit in die Definition mit aufgenommen werden (Beiträge von Barkmann & Markgraf; Bayer; Breckling & Potthast; Hauhs & Lange; Hesse; Kraft et al.; Skorupinski – alle dieser Band, vergl. Tabelle 2).

Zur Vermeidung naturalistischer Ansätze konzipieren Hauhs & Lange (dieser Band) ökologische Schäden rein prozedural mittels Erfahrungswissen und Modellbildung. In ihrer ausführlichen Diskussion des Modells von Hauhs & Lange weist Hesse (dieser Band) darauf hin, dass damit das Problem einer begründeten Ausweisung politisch und moralisch normativer Ziele bzw. damit zusammenhängender Schutzgüter nicht gelöst ist. Grundsätzlich bleibt die idealtypische Sphärentrennung zwischen Naturwissenschaften und normativer Wertzuweisung dort hilflos, wo es um Übergänge und notwendige Verbindungen geht (vgl. Abschnitt 5.1). Dies zeigt Hesse nicht zuletzt in ihrem eigenen Verweis auf die normative Neutralität der Rechtswissenschaft

(Hesse, dieser Band, 53): Letztere stellt gerade nicht allein eine „ingenieursmäßige“ Anwendung dar, sondern eine auslegende und interpretierende und damit von politischen und moralischen (Vor-)Urteilen nicht freie Tätigkeit. Ebenso verhält es sich in den Umweltwissenschaften – jeder Umgang mit „Schäden“ verlangt eine Definition gemischter Urteile, die ökologisches Wissen mit der Ausweisung einer, in der konkreten Praxis davon nicht vollständig trennbaren, normativen Bestimmung des Umweltgutes verbindet. Die vorliegenden Definitionen mit dem Fokus auf Nutzen und Schutzgüter sind dahingehend zu konkretisieren – nicht zuletzt rechtlich.

3.3 Umweltrechtlicher Fokus

Im umweltrechtlichen Fokus werden die Interpretationsoffenheit ökologischer Schadenskonzepte, die in unterschiedlichen Gesetzen nicht übereinstimmende inhaltliche Bestimmung sowie ihr Charakter als Konvention deutlich (Brand in diesem Band). Terminologisch findet sich sowohl eine Gleichsetzung von „ökologischen Schäden“ und „Umweltschäden“, aber auch ein neuer Versuch der Unterscheidung (Kokott et al 2003; SRU 2004; vgl. Tab. 1). Die vorgeschlagene Bezeichnung ökologischer Schäden als über Individualrechtsgüter hinaus gehend ist mit Blick auf die Bedrohung der rechtlich und ökonomisch nicht geschützten allgemeinen Umweltgüter (*tragedy of the commons*) vor allem aus juristischer (Kokott et al. 2003) und neoklassisch-ökonomischer Sicht (Barkmann & Marggraf sowie Bayer, dieser Band) sehr plausibel. Allerdings wird dabei das Problem der *ökologischen* (sic!) Trennbarkeit ignoriert, wenn „ökologische Schäden“ allein „jede erhebliche und nachhaltige Beeinträchtigung der Naturgüter, die nicht zugleich einen individuellen Schaden darstellt“ (Kokott et al. 2003, 11), sein sollen. Wie kann die Schädigung eines gentechnikfrei produzierenden Imkers (individueller ökonomischer Schaden) von möglichen unerwünschten ökosystemaren Folgen durch die Änderung der Bestäubungs- und Verbreitungsmuster als Resultat der veränderten oder gar eingeschränkten Aktivität der Bienen(völker) separiert werden? Oder wie soll die Zerstörung eines forstlich genutzten Waldes in Privatbesitz durch transgene Pathogene getrennt werden von seiner (gestörten) Funktion im Naturhaushalt? Im Sinne rechtlich-finanzieller Ansprüche mag die Trennung einleuchten, weil es sich um unterschiedliche *Geschädigte* handelt; der *Schaden* auf der Ebene allgemeiner Interessen an der Erhaltung bzw. (Nicht-)Wünschbarkeit ökologischer Effekte ist nicht separierbar. Zudem grenzt beispielsweise die EU Haftungsrichtlinie per se bestimmte ökologische Güter aus, sofern sie nicht zu bestimmten Gebieten gehören (Bartsch, dieser Band, 159 f., vgl. Tab. 1). Dies zeigt eine explizit willkürliche Abgrenzung in (haftungs)rechtlicher Hinsicht an, die nicht notwendig mit den sachlichen (ökologischen und schutzgutorientierten) Perspektiven zusammen gehen muss und daher zu kontraintuitiven Definitionen ökologischer oder Umweltschäden führen kann.

4 Empirische Schwierigkeiten ökologischer Schadensbegriffe

Auch bei unstrittiger Anerkennung der notwendigen normativen Dimension jedes Schadensbegriffs entstehen bereits auf der empirischen Ebene Schwierigkeiten: Wie kann ein Referenzzustand formuliert werden, anhand dessen dann der Schaden als (unerwünschte) Abweichung von einem Zustand des Nichtschadens zu unterscheiden sein muss? Bei ökologischen Schäden spielt als Referenz insbesondere die „natürliche Schwankungsbreite“ eine erhebliche Rolle. Zudem ist das Kriterium der Verursachung und die Frage ihrer eindeutigen Zuschreibung insbesondere bei

Haftungsfragen entscheidend, was ebenfalls eng mit der Zuschreibung von „Natürlichkeit" verbunden ist.

4.1 Natürliche Schwankungsbreite als Maß?

Der Sachverständigenrat für Umweltfragen bei der Deutschen Bundesregierung hat in seiner Definition von ökologischen Schäden ein zentrales Referenzkriterium benannt: „Veränderungen [...], die über das natürliche Schwankungsmaß der betroffenen Population oder Ökosysteme hinausgehen" (SRU 1987, 460 Rn 1691). Der SRU betont, dass dieser Vorschlag bereits darauf abstellt, dass ökologische Systeme auf allen Integrationsebenen nicht statisch, sondern dynamisch sind und daher keine fixierten „Zustände" als Kriterium zu bilden sind. In der Diskussion wird die Definition oftmals als unzulänglich angesehen, weil ökologische Schwankungsbreiten und ein Abweichen davon empirisch schwer festzulegen sind. Zum Ersten erfordern sie skalenbezogene und skalenübergreifende Kenntnisse, und sie dürften auf verschiedenen ökologischen Integrationsebenen wie Population, Spezies, Biocoenose oder Ökosystem sowie hinsichtlich ihres Entwicklungspotenzials verschieden ausfallen (Jax et al. 1996; Breckling & Potthast, dieser Band, 5 f.; Hauhs & Lange, dieser Band, 32 ff.). Zum Zweiten besteht für anthropogene Systeme die grundsätzliche Frage, was hier als „natürliche" Fluktuation gelten soll (Schlee, dieser Band, 101 ff.). Zum Dritten besteht die Frage, ob und wie eine Trennung zwischen „natürlicher" Schwankungsbreite und ihrem Gegenstück, also einer „künstlichen" bzw. anthropogenen, zu ziehen ist (vgl. dazu 5.2). Für letzteres könnte die Formulierung „normale Schwankungsbreite" eine Lösung bieten, die das Kriterium nicht am „Natürlichen" festmacht.

Ob die Datenlage zur Bestimmung eines Schwankungsmaßes ausreichend ist und ob zusätzliche Forschung Aufschlüsse geben kann oder nicht, kann sicherlich nur im Einzelfall entschieden werden. Letztlich anerkennen auch Hauhs & Lange (dieser Band, 46 f.), dass eine empirische Bestimmung von Veränderungen notwendig ist, lehnen aber die Orientierung am „Natürlichen" weitgehend als empirisch (und normativ) problematisch ab. Einzelorganismen und ggf. auch Populationen von Organismen seien mittels ökotoxikologischer Methoden noch einigermaßen naturalistisch zu normieren, weil der Referenzzustand ziemlich eindeutig festlegbar ist (Leben/Tod, schwere Einschränkung der Funktionen). Oberhalb der Population ist eine Normierung eindeutig „anthroporelational", da sich bei Lebensgemeinschaften oder ökologischen Systemen „gesunde" Zustände von „kranken" nicht einheitlich ohne externe Festlegung bestimmen lassen. „Intakt" ist dann etwas, das zu einer bestimmten Zeit vorhanden war oder ist. Bei allen anthropogen entstandenen ökologischen Systemen ist die Vorgeschichte menschlicher Einwirkung notwendig einzubeziehen (vgl. Hauhs & Lange sowie Schlee, dieser Band).

Ott (dieser Band, VII) weist darauf hin, dass bei allen empirischen Problemen eine gewisse Orientierung an Referenzzuständen unerlässlich ist, und dass daher die Heranziehung von Schwankungsbreiten nicht grundsätzlich verworfen werden sollte.

Anhand der Notwendigkeit bestimmter Referenzzustände bzw. -bereiche erweist sich die Notwendigkeit eines umfassenden – auch historisch orientierten – Monitoring als Grundlage für besser fundierte Entscheidungen (vgl. Breckling & Züghart 2003; Barkmann & Marggraf, dieser Band, 72; Hauhs & Lange, dieser Band, 44 f.), die auch nicht durch Verweis auf unhintergehbare Komplexitäten und Prognoseunsicherheiten ökologischer Systeme abgetan werden kann.[6]

4.2 Zuschreibung der Verursachung als Kriterium?

In der Formulierung der „natürlichen Schwankungsbreite" liegt eine mögliche Interpretation, nach der alles „Natürliche" keinen Schaden anrichten kann, weil es ja per se stets innerhalb der Schwankungsbreite bleibt. Dies wiederum erscheint unplausibel, denn Schäden an „Naturstücken" aller Art können auch aus Naturereignissen resultieren, wie das Beispiel der Folgen eines Meteoriteneinschlags zeigt. Insofern kann man Schäden an „ökologischen" oder Umweltgütern als ökologische Schäden unabhängig von der Ursache kennzeichnen.[7]

Dennoch ist die Zuschreibung der Verursachung von entscheidender Bedeutung. Es bleibt auf empirischer Ebene aber zu klären, inwiefern die Verursachung dessen, was als Schaden eingestuft wird, eindeutig auf bestimmte Ursachen und Verursachende rückführbar ist. Geradezu klassisch ist der Streit darum, ob und inwiefern der globale Klimawandel die Folge natürlicher oder anthropogener Einwirkungen ist. Unabhängig davon, ob Einigkeit bei der Identifikation der Schäden besteht, hat die Zuschreibung der Verursachung enorme Konsequenzen für die möglichen und notwendigen Handlungen. Ein Schaden aufgrund von Naturereignissen ist von anderer Art, weil es prinzipiell keine Handlungsoptionen gibt, die einen Schadenseintritt hätten verhindern können. Dies ist retrospektiv beim Schadensersatz und prospektiv bei der Schadensvorsorge von größter Bedeutung.

Für die rechtliche und politische Ebene ist also die empirisch zu analysierende Frage der natürlichen und/oder anthropogenen Ursache einschlägig – mit allen Problemen, die sich daraus ergeben. Der ökologische Schadensbegriff ist im umweltrechtlichen Kontext ziemlich sinnlos, wenn niemand verantwortlich, also im weiteren Sinne haftbar gemacht werden kann. So schließt die EU-Umwelthaftungsrichtlinie jeden Schaden aus, der durch „ein außergewöhnliches, unabwendbares und nicht beeinflussbares Naturereignis" verursacht wird (EU 2004, Art. 4 (1) b). Ein Verzicht zumindest auf den Versuch zur empirischen Identifikation von Ursachen und damit möglichen Verantwortlichkeit begäbe der Umweltpolitik daher jede Handlungsmöglichkeit.[8]

5 Normative Schwierigkeiten ökologischer Schadensbegriffe

Jeder Schadensbegriff setzt unstrittig bewertende Menschen voraus. Er ist stets verbunden mit einem individuellen oder auch kollektiven Interesse am Zustand oder einer Entwicklungsrichtung – sei es eine bestimmte Richtung oder eher das allgemeine Potential – eines Schutzguts. Es liegt nun nahe und ist auch methodisch geboten, die empirische Beschreibung ökologischer Einheiten und ihre normativ-wertende Ausweisung als Schutzgut auseinander zu halten. Wie

6 In Naturschutzkonflikten finden sich unter Verweis auf vorgebliches ökologisches Nichtwissen(können) strategische Formulierungen nach dem Motto „alles fließt – alles egal" mit Bezug auf strittige Fragen gerade auch im politischen Kontext von UVP/UVS.

7 Sofern man sich überhaupt des Begriffs „ökologisch" in diesem Kontext bedienen will (siehe oben).

8 Das Recht trennt die materielle Verursachung vom rechtlichen Verschulden. Erstere kann dabei eine notwendige, aber eben keine hinreichende Bedingung für letzteres sein.

aber kommt man zu einer Etablierung der normativen Wertdimension mit Bezug auf empirisch konstituierte (Schutz)Objekte?

5.1 Ablaufschema: von der Beschreibung zur Bewertung?

Die konventionelle Auffassung des Prozesses der „Inwertsetzung" im Kontext von Ökologie, Umwelt- und Naturschutz geht davon aus, dass im ersten Schritt die empirische ökologische Beschreibung stattfinden muss und erst danach eine Bewertung des Beschriebenen stattfinden kann (Usher & Erz 1994; Bartsch, dieser Band). Festzuhalten ist allerdings, dass die Trennung von Fakten und Werten zwar als unhintergehbares Ideal zu berücksichtigen ist (Hesse, dieser Band), dass jedoch Probleme bei *notwendigen* Übergängen und/oder bei der Vermischung dieser Sphären bestehen (zu den folgenden Punkten vgl. Eser & Potthast 1997; Potthast 1999; Douglas 2000; Skorupinski, dieser Band, 178 f.).

Auf dem Weg von Hypothesen und Daten zu Fakten und Theorien sowie ihrer Interpretation bestehen kritische Übergänge bereits innerhalb der naturwissenschaftlichen Praxis (siehe auch Abb. 1):

- Welche Theorien liegen der Datenerhebung zu Grunde? Dies betrifft keine moralischen, sehr wohl aber erkenntnistheoretische Normen und Beurteilungen.
- Wie werden die Übergänge von (Einzel)Daten zu Fakten vorgenommen? Empirisch erhobene „Daten" werden zu „Fakten" erst durch einen Bearbeitungsprozess.
- Solcherart produzierte Fakten sind wiederum Gegenstand einer umfangreicheren Interpretation/Beurteilung im Lichte allgemeiner Theorien oder Hypothesen.
- Schließlich geht es um die Art und Weise der Darstellung der beurteilten Fakten durch ökologische Expertinnen und Experten als Grundlage moralischer und politischer Bewertungen.

Ferner sind implizite oder verdeckte epistemologische und moralische Wertungen zu berücksichtigen:

- *Methodologische* Urteile über wissenschaftliche Verfahren und Ansätze: Dies betrifft beispielsweise die Einschätzung der Leistungsfähigkeit von Computermodellen, der Notwendigkeit von kontrollierten Experimenten, der Aussagekraft so genannter rein deskriptiver Artenlisten. Keine Methode ist per se besser oder schlechter, dies wird aber oft implizit behauptet, wenn über „Wissenschaftlichkeit" gestritten wird.
- Moralisch-normative Gehalte auch „rein" naturwissenschaftlicher Theorie: So sind Ideen zu Konkurrenz oder (Bio)Diversität in der Ökologie nicht abzutrennen von der jeweiligen gesellschaftspolitischen Bedeutung dieser Begriffe. Ebenso ist die Verwendung bestimmter experimenteller Objekte in der Forschungspraxis (beispielsweise Eingriffe in geschützte Standorte, Freilandeinsatz von Herbiziden für pflanzenfreie „Versuchsplots" oder Einsatz gentechnisch veränderter Organismen bei der „Begleitforschung") nur möglich auf der Grundlage eindeutiger Werturteile.

Zusammenfassend kann festgestellt werden, dass Probleme beim Übergang vermeintlich rein naturwissenschaftlicher Fakten zu Werten und Bewertungen längst nicht erst bei der Frage nach der Ausweisung und Bewertung ökologischer Schäden beginnen. Dennoch ist ein idealtypisches Ablaufschema (Abb. 1) hilfreich, um die unterschiedlichen epistemologischen und normativen Aspekte zu erklären. Zugleich wird deutlich, dass es der Beteiligung ganz unterschiedlicher Disziplinen bedarf – und nicht allein „der Ökologie" auf der einen und „der Politik" auf der anderen Seite.

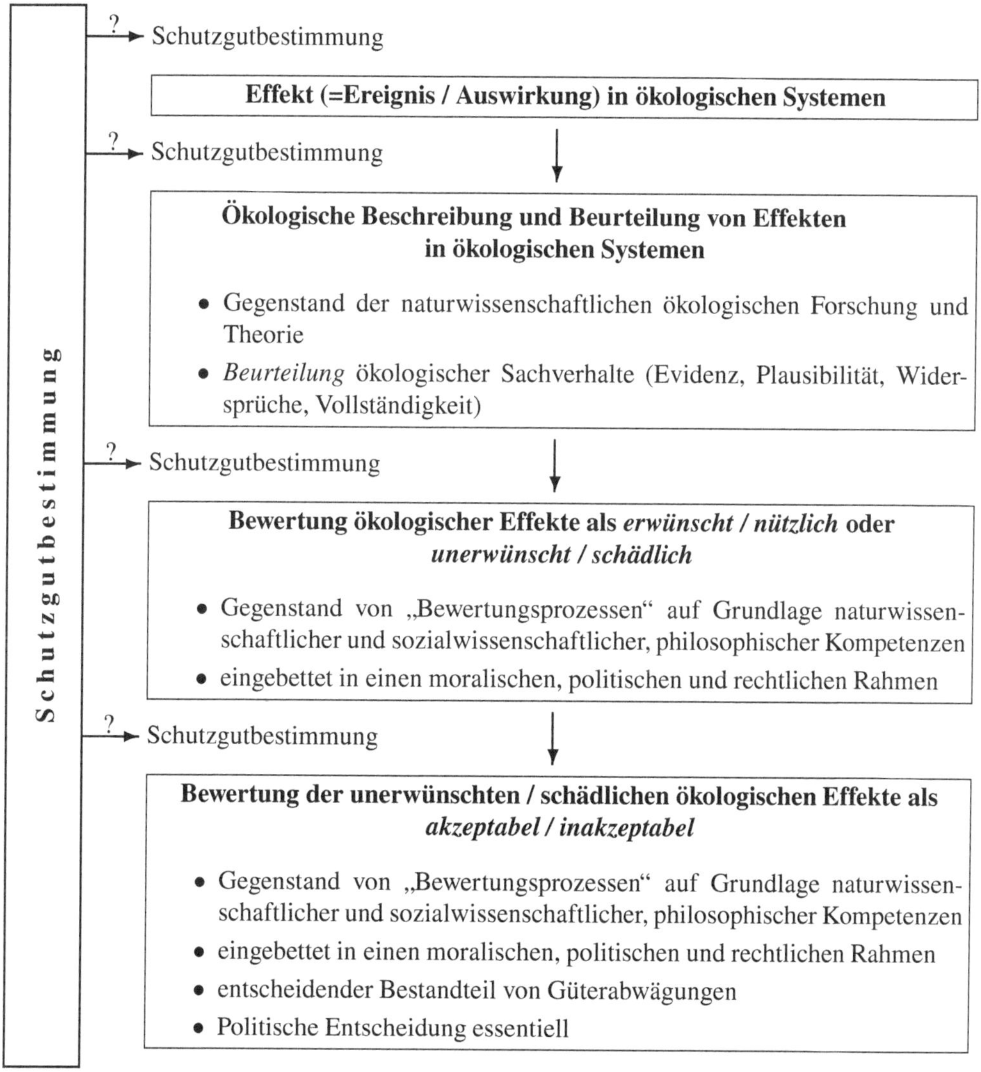

Abbildung 1: Vom ökologischen Ereignis zum ökologischen Schaden: Ablaufschema.

Ebenfalls deutlich wird aus Abb. 1, dass zu klären ist, zu welchem Zeitpunkt die Schutzgutbestimmung zu erfolgen hat. Seit langem besteht in der Naturschutzliteratur Einigkeit darüber, dass im Gegensatz zur konventionellen Annahme die (ökologische) Beschreibung insofern keine zeitliche oder logische Priorität vor der Bewertung hat, weil bereits vor jeder Beschreibung (z.B. einer gezielten Bestandsaufnahme) eine gewisse bewertende Zielbestimmung – in unserem Kontext also: Schutzgutausweisung – stattfinden muss (z.B. Plachter 1994; Wiegleb 1997). In diesem Sinne verläuft der Weg also nicht von der Beschreibung zur Bewertung, sondern Beschreibung und Bewertung sind Bestandteile eines miteinander verwobenen Prozesses.

5.2 Bestimmung der Schutzgüter für den Kontext ökologischer Schäden

Im bisherigen Durchgang durch terminologische und ökologisch-empirische Aspekte fehlte eine Erörterung dessen, was eigentlich geschützt bzw. geschädigt wird, wenn man von einem ökologischen Schaden spricht. Die Festlegung ist keinesfalls trivial. Im zivilrechtlichen Sinne bedeutet Schaden eine „nachteilige Abweichung der tatsächlichen Güterlage von einem hypothetischen Zustand ohne das haftungsbegründende Ereignis", wobei zu klären bleibt, welche Rechtsgüter einzubeziehen sind und daher stets eine „rechtliche Wertung erforderlich" ist (Kokott et al. 2003, 7 f.). Für den ökologischen Schaden ergibt sich analog die Notwendigkeit, die Rechts-, bzw. allgemeiner hier die Schutzgüter zu bestimmen und dabei zu begründen. Die Ausweisung von Schutzgütern bildet den Kernbereich des ökologischen Schadensbegriffs, weil dabei die grundlegenden normativen Festlegungen erfolgen (Breckling & Potthast, dieser Band, 8 f.):

- Die Ausweisung des Schutzguts bestimmt die Interpretation ökologischer Sachverhalte; hier sind vor allem ein naiver Naturalismus und sein Gegenstück zu vermeiden, um nicht dem Sein-Sollen-Fehlschluss zu verfallen.
- Schutzgüter orientieren sich an im weitesten Sinne menschlichen Interessen an „Naturstücken".
- Schutzgüter werden oft in ökonomischen, genauer: monetären Maßen ausgedrückt. Ob alle ökologischen Güter monetär fassbar sind, ist eine grundsätzlich strittige Frage.
- Anthropozentrische und ökozentrische Begründungen konvergieren im Ergebnis weitgehend auf der Objektebene bei der Ausweisung von Schutzgütern.

Anhand eines konkreten Beispiels sei der nicht-triviale Zusammenhang zwischen ökologischen Sachverhalten und Schutzgutbestimmung erhellt: Im Kontext der Gentechnik heißt es oft, dass „die Einbürgerung und Ausbreitung transgener Organismen [...] *per se* kein unerwünschter Vorgang" sei (Bartsch, in diesem Band, 161). Wie problematisch dabei ein naiver Naturalismus bei der Diskussion ökologischer Schäden sein kann, zeigt die Formulierung im aktuellen Jahresgutachten des SRU (2004, 642 Rn 876).

Ökologische Schäden sind schwierig fassbar, weil durch vielfältige Eingriffe des Menschen in natürliche Prozesse die Abgrenzung zwischen Schäden und normalen Veränderungen problematisch ist. Deshalb ist es strittig, ob Ereignisse wie Ausbreitung transgener Organismen, Genfluss, Pollenexposition und dergleichen bereits an sich als ökologische Schäden zu gelten haben

(Bartsch 2004). Deshalb bedarf es eines gesellschaftlichen Konsenses, ob und wann eine durch GVO ausgelöste Veränderung der natürlichen Umwelt einen ökologischen Schaden darstellt. Es müssen daher eine Definition des ökologischen Schadens vorgenommen, Schutzgüter identifiziert und Schwellen festgelegt werden [...].

Unstrittig an diesem Zitat ist, dass ökologische Schäden nicht immer leicht fassbar sind, wobei zunächst offen bleiben kann, ob es sich um empirische oder Begründungsprobleme oder beides zugleich handelt. Schlichtweg falsch ist allerdings die nachgestellte Begründung im ersten Satz, denn nach dem „weil" folgt eine Gegenüberstellung, die ungültig ist: Aufgrund der „vielfältigen Eingriffe des Menschen in natürliche Prozesse" ist keinesfalls die Abgrenzung zwischen „Schaden" und „normaler Veränderung" problematisch, sondern lediglich die Abgrenzung zwischen anthropogenen und nicht-anthropogenen („natürlichen") Prozessen und Ursachen. Die im ersten Teil des Zitat implizierte Gleichsetzung von „natürlichen" mit „normalen" und damit scheinbar akzeptablen Veränderungen ist ebenso unzutreffend wie diejenige, die alle „menschlichen" Eingriffe sogleich als „ökologische Schäden" bezeichnen würde. In aller Deutlichkeit erweist sich hier das Problem eines meist unausgesprochenen normativen Naturalismus, der alles „Natürliche" positiv und alles Anthropogene *prima facie* negativ beurteilt. Dass letzteres nicht zutrifft, zeigt sich an jeder beliebigen unter Schutz gestellten Kulturlandschaft bzw. ihrer Bestandteile. Es muss vielmehr allererst ausgewiesen werden, welche Veränderung als Schaden gilt, sei sie anthropogenen oder natürlichen Ursprungs. Erst dann kann man auf der Ebene der Fassbarkeit die empirischen Probleme angehen. Insofern ist es auch möglich, jede Ausbreitung von GVO als ökologischen Schaden zu bezeichnen, wenn man vorab die Gentechnikfreiheit in der Kultur- und Naturlandschaft als hochrangiges Schutzgut festgelegt hat. Die Strittigkeit liegt also – wie im zweiten Teil des Zitats ganz richtig formuliert ist – auf der Ebene der Schutzgutausweisung und nicht der empirischen Schadensidentifikation. Bestimmt man allerdings das Schutzgut unter anderem als Abwesenheit transgener Organismen in der freien Landschaft, beispielsweise als Voraussetzung für den Biolandbau oder bestimmte Naturschutzziele, dann stellen freigesetzte transgene Organismen in der Tat *per se* einen Schaden dar. Aussagen darüber, ob etwas einen Schaden darstellt, stellen Werturteile dar, die stets auf normativen Vorentscheidungen beruhen. (vgl. dazu auch Skorupinski 184 f.).

Das Beispiel der Schadensbestimmung bei Koexistenz transgener und gentechnikfreier Landwirtschaft verdeutlicht ferner, dass stets menschliches Interesse an „Naturstücken" die Schutzgüter bestimmt. Interessanterweise wird der ökologische Schadensbegriff häufig bei gentechnischen Fragestellungen genannt, obwohl – oder weil – es hier besonders unklar zu sein scheint, welche Kriterien für Schäden zu Grunde zu legen sind. Die entscheidende *ökologische* Besonderheit von GVO gegenüber chemischen Noxen liegt in ihrer Selbstvermehrung. Diese ist bei der Antizipation möglicher Schäden zu berücksichtigen, wobei daher nicht nur die genetische Ebene (Auskreuzung von Transgenen etc.), sondern alle Ebenen ökologischer Interaktionen zu berücksichtigen sind. Mit Blick auf Schutzgutfestlegungen ist zudem von großer Bedeutung, was beispielsweise der Nutzen der Gentechnik bzw. einer gentechnikfreien Landwirtschaft und derer Produkte ist. Hier greift eine Diskussion über Grenzwerte von Transgenen letztlich zu kurz. In diesem Sinne wirft die Frage nach ökologischen Schäden und Gentechnik zwei Debatten auf, die seit langem diskutiert werden und immer noch bedeutsam sind (vgl. Bartsch sowie Skorupinski, dieser Band):

- die *biologische und ökologische Spezifität von GVO* und deren Implikationen für ökologische Risikoabschätzungen, -bewertungen und Monitoring;
- die *gesellschaftspolitische Frage* nach dem Nutzen (Realistik der „Schlüsseltechnologie") sowie dem Schaden („Gentechnikfreiheit" als hohes *Produzenten- und Konsumentengut*).

Nicht nur bei der Gentechnik geht es um Nutzen an „Naturstücken" in einem weiten Sinne, der auch ästhetische und symbolische Aspekte umfasst. Insofern erfordert – und ermöglicht – die Schutzgutbestimmung ökologischer Schäden die Berücksichtigung eines sehr breiten Spektrums „in Wert gesetzter" menschlicher Nutzungs-Interessen: Dies betrifft aktuelle Real-Werte und zukünftige Potenzial-Werte bzw. in einer anderen Einteilung *direct use values* und *indirect use values* (vgl. Breckling & Potthast, dieser Band, 8 f.; Bayer, dieser Band, 79 f.). Abwägungen und Prioritätensetzungen sind dabei gesellschaftlich auszuhandeln, nicht einseitig von Ökologinnen und Ökologen oder anderen Expertinnen und Experten festzulegen. In diesem Zusammenhang ist von großer Bedeutung, dass die Verursacher ökologischer Schäden in den meisten Fällen nicht die Geschädigten sind, was die politische Frage nach Gerechtigkeit, also hier der Haftungsverpflichtung und ihrer Verantwortlichkeiten, umso dringlicher macht.

Ein dritter grundsätzlicher Aspekt betrifft die Frage, wie (Nutzen)Interessen an „Naturstücken" kommunizierbar und abwägbar sind. Barkmann & Marggraf (dieser Band) plädieren auch aus pragmatischen Gründen der politischen und gesellschaftlichen Anschlussfähigkeit für eine möglichst weitgehende ökonomisch-monetäre Inwertsetzung ökologischer Güter. Strittig ist aber, ob wirklich alle Formen einer Nutzung im weiteren Sinne – und damit auch *mutatis mutandis* alle Formen ökologischer Schäden – in einem neoklassischen, letztlich monetarisierten Nutzenkalkül *angemessen* ausdrückbar sind. Der Streit betrifft zum einen die Marktfähigkeit und (damit) die Realistik konkreter Be- und Verrechnung *aller* Umweltgüter mittels Zahlungsbereitschaftsanalysen oder anderer sozialwissenschaftlicher Instrumente (Bayer, dieser Band). Zum anderen geht es grundsätzlich darum, ob die Neoklassik als dominierendes ökonomisches Paradigma nicht systematisch bestimmte Aspekte ausblendet, die konstitutiv bei der Diskussion ökologischer Schäden/Nutzen sind, z.B. die Berücksichtigung von „Besitz", der nicht dem Modell des Privateigentums entspricht („Allmende", Objekte völlig ohne Eigentumstitel) oder die normativen Dimensionen der Grundannahme eines „homo oeconomicus". Die hier anzuschließende diffizile begrifflich-ökonomietheoretische Debatte (Cummings & Harrison 1995; Weikard 2003; Barkmann & Marggraf sowie Bayer, dieser Band) leitet über zu politischen Fragen ungleicher Informationen, der Machtverhältnisse, der Gerechtigkeit und so weiter. Diese Aspekte sind für die konkrete umweltpolitische Praxis von entscheidender Bedeutung.

Trotz aller Differenzen um Schutzgüter im Allgemeinen und ökonomische Inwertsetzung im Besonderen besteht eine Konvergenz anthropozentrischer und ökozentrischer Begründungen, wenn es um die Ausweisung konkreter Schutzgüter geht. Ob nun biologische Vielfalt oder Lebensgemeinschaften sowie bestimmte ökologische Systeme und Umweltmedien aufgrund ihres unmittelbaren Nutzens, ihrer ästhetischen und kulturgeschichtlichen Werte oder aber auch „um ihrer selbst" willen zu schützen sind: Das Ziel einer nachhaltigen Nutzung sowie der Erhaltung möglichst aller bestehenden ökologischen Systeme scheint – zumindest in dieser Allgemeinheit – konsensfähig (EU 2004, vgl. Anhang bei Bartsch, dieser Band, 164 f.). Keinesfalls sollen hier die konkreten Interessenkonflikte und notwendigen Güterabwägungen oder mögliche Vollzugsdefizite verschwiegen sein. Dennoch kann man mit Bezug auf die Gefahrenabwehr durchaus davon sprechen, dass das Vorsorgeprinzip (*precautionary principle*, Parker 2001; Carr 2002) einen übergreifenden normativen Rahmen darstellt, in dem die Festlegung ökologischer bzw. Umweltgüter zur Vermeidung und zur Identifikation von Schäden sinnvoll und möglich ist. Andorno (2004) hat jüngst darauf hingewiesen, dass das Vorsorgeprinzip und die Reflexion darüber gerade in der internationalen Rechts- und politischen Praxis hervorragend dazu dient, die beste Lösung bei Entscheidungen unter Risiko oder Ungewissheit zu finden, um zugleich optimale Technologie- und Entwicklungspfade einzuschlagen.

5.3 Interpretationsoffene „schwammige" Begriffe

Gegen das oft geäußerte Lamento, dass die Begrifflichkeit von Umweltschäden – oder auch beispielsweise dem Vorsorgeprinzip – viel zu „schwammig" sei, muss eingewandt werden, dass es stets notwendig der *Urteilskraft* bedarf, um in Rechtsprechung und Verwaltung Entscheidungen darüber zu fällen, wann und was „der Fall" ist. Ein Analogbeispiel wäre der sogar verfassungsmäßig sanktionierte Begriff der Menschenwürde: Will man ihn nur deshalb verwerfen, weil er nicht eindeutig „definiert" ist? Die unproduktive Klage über die Schwammigkeit bei der (nicht existenten, wohl auch nicht möglichen) exakten Definition von „ökologischem Schaden" sollte konstruktiv gewendet werden: Es ist jeweils auszuweisen, was ein Schaden ist – und warum. Dass diese Bestimmung auf mehreren und unterschiedlichen Schritten beruht, ist ein Grund dafür, warum es eine ein-eindeutige Definition von ökologischen Schäden nicht geben kann. Unbenommen von solchen Aspekten sind exakte Begriffsbestimmungen und einheitliche Begriffsverwendungen selbstredend dort, wo immer sie möglich sind, anzustreben. In der juridischen/exekutiven Praxis ist dies aber eben oft nicht möglich. Dies gilt auch für den vorgeschlagenen Ansatz von Hauhs & Lange (dieser Band), die das Problem der Objektivierung (und damit Vereindeutigung) betonen und es pragmatisch über die prozedurale Einbeziehung impliziten Wissens (*tacit knowledge*) zu lösen versuchen. Dabei ist aber ihre – gerade im Rechts- und Verwaltungskontext geläufige – Betonung des „Stands der Technik" ebenso pragmatisch verständlich wie selbst problematisch: Wenn jemand einigermaßen nachvollziehbar mit Bezug auf einen bestimmten Stand der Wissenschaft und Technik urteilt, sind die Folgen eines diesbezüglichen Irrtums deshalb jeder Verantwortlichkeit und vor allem Haftbarkeit entzogen (vgl. EU 2004). Aber wer definiert welchen Stand der Technik als angemessen oder strittig? Die Ökologie ist, wie mehrfach betont, bei „ökologischen" Schäden nicht allein zuständig, und selbst eine naturwissenschaftlich stringente Begriffsbasis kann die politische und rechtliche Notwendigkeit der Abwägung und Urteilskraft nicht vermeiden.

6 Fazit

Bei der kritischen Durchsicht der Begrifflichkeit zeigt sich, dass die Wortverwendung „ökologischer Schaden" inzwischen vor allem im Kontext des Umwelthaftungsrechts etabliert ist. Versteht man unter „ökologisch" allein naturwissenschaftlich Hervorgebrachtes, erscheint der Begriff missverständlich und sollte durch „Umweltschäden" ersetzt werden. Entscheidet man sich für eine Verwendung, sollte man sich sowohl der nur scheinbar vollständigen Objektkonstituierung durch die Ökologie als auch der Mehrfachbedeutung von „ökologisch" als Bezeichnung für den Gegenstand und seine wissenschaftliche Untersuchungsmethode bewusst sein. Dabei besteht die Gefahr, dass aufgrund der Dominanz der naturwissenschaftlichen Komponente die notwendige normative Dimension der Schutzgutausweisung mittels ethischer und politischer Begründungen aus dem Blick gerät.

Die Definitionen und Begriffe von Schäden mit Bezug auf „Naturstücke" sind jeweils sehr uneinheitlich. Begrifflich kann der Verzicht auf den Begriff „ökologischer Schaden" oder seine Gleichsetzung mit „Umweltschaden" Abhilfe schaffen – und Letzteres entspricht auch weitgehend der Praxis. Die inhaltliche Uneinheitlichkeit bei der *materialen* Bestimmung der Schutzgüter stellt jedoch ein erhebliches, nicht zuletzt umweltrechtliches, Problem dar.

Die Versuche, „Umweltschaden" und „ökologischen Schaden" definitorisch zu trennen, sind meines Erachtens problematisch. Allgemein bestärken sie eine starre Trennung normativer Interpretationen, die von der Sache her wenig angebracht erscheint. Ob zum Ersten ein Schaden entweder (nur) für die „Umwelt" von Menschen oder (allein) bereits unabhängig von ihrer Nutzung „ökologisch" existiert, kann weder empirisch noch moralisch eindeutig zugewiesen werden. Dies gilt zum Zweiten auch für einen rechtlichen Differenzierungsversuch zwischen Umweltindividualrechtsgütern und dem „Rest", selbst wenn dies rechtspragmatisch hilfreich wäre. Denn dabei droht komplette Verwirrung, weil und wenn die EU-Umwelthaftungsrichtlinie alle Individualrechtsgüter von ihrer Definition des Umweltschadens ausschließt und auch sonst weitgehend „ökologischer" und „Umweltschaden" identisch verwendet werden.

Grundsätzlich zeigt sich, dass ein Verständnis von Schutzgütern als „ökologisches Naturstück" sich erheblich von dem eines zu nutzenden Gutes, vor allem aber von einem rechtssystematisch und -pragmatisch konstituierten Rechtsgut, unterscheidet. Besonders die EU-Umwelthaftungsrichtlinie schließt aus rechtlichen Gründen bestimmte Schäden definitorisch aus, die aus ökologischer, umweltpolitischer und auch aus Nutzenperspektive eindeutig zu „Umweltschäden" zu zählen sind. Ökologische oder Umweltschäden im Sinne des Umweltrechts, vor allem des *Haftungs*rechts, schließen zentrale Güter systematisch aus. Dies ist letztlich auf der politischen legislativen Ebene zu erläutern, zu diskutieren und ggf. zu ändern.

Abschließend sei auf drei Kernpunkte als Grundlage jeder weiteren Debatte um die Theorie und Praxis des ökologischen bzw. Umweltschadenbegriffs verwiesen (verändert nach Breckling & Potthast, dieser Band, 12):

- **Ökologische Perspektive:**
  Schäden können auf Ebenen-übergreifenden Wirkungszusammenhängen basieren.

  Ökologische bzw. Umweltschäden müssen sich nicht notwendig auf einfache Zielgrößen beziehen. Schädliche Entwicklungen, Beeinträchtigungen von Schutzgütern können auf Ebenen-übergreifenden Wirkungszusammenhängen basieren und verschiedene Ebenen des ökologischen Gefüges gleichzeitig bzw. in unterschiedlicher, aber zusammenhängender Weise betreffen.

- **Schutzgutspektrum:**
  Der Verantwortungsbereich für Handlungsfolgen umschließt einen weiten Gegenstands-, Zeit- und Raumbezug; dieses Spektrum wird nicht hinreichend im Umweltrecht, insbesondere im Umwelthaftungsrecht, abgedeckt.

  Da ökologische Systeme auch bei anthropogener Beeinflussung noch zu einem großen Teil selbstorganisiert sind, besitzen auch Ereignisse wie ökologische bzw. Umweltschäden einen potenziell weiten Ausbreitungshorizont. Insbesondere dort, wo Schäden mit der Fortpflanzungs- und Selbstorganisationsfähigkeit in direktem Zusammenhang stehen, erstreckt sich die zu berücksichtigende zeitliche und räumliche Verantwortung auf große Skalenbereiche. Soweit die Folgen von Eingriffen reichen, reicht auch prinzipiell die Verantwortung für die implizierten Wirkungsketten. Das Umweltrecht fasst Schäden dagegen sehr viel restriktiver. Insbesondere das Umwelthaftungsrecht definiert die Schäden aus rechtssystematischen Gründen eng und schließt unter anderem Individualrechtsgüter aus. Ungeachtet dessen sollte der umweltpolitische Verantwortungsbereich für Schäden im oben beachteten umfassenden Sinne des Schutzgutspektrums verstanden werden.

- **Begründungen der Schutzgüter:**
  Anthropozentrische und ökozentrische Begründungen für Schutzgutbestimmungen sind vor dem Hintergrund des Vorsorgeprinzips weitgehend konvergent.

  Eine anthropozentrische Sichtweise, die den Menschen in den Mittelpunkt stellt und nur Beeinträchtigungen von für den Menschen relevanten Schutzgütern als Schäden akzeptiert, steht in weitem Umfang in praktischer Hinsicht nicht im Widerspruch zu einer ökozentrischen Sichtweise. Die ökozentrische Perspektive, die aufgrund von Selbstwerten der Natur Schutzgüter definiert, führt in weiten Bereichen nicht zu abweichenden Schlussfolgerungen. Dies wird insbesondere durch das (anthropozentrisch begründete) Vorsorgeprinzip vermittelt: Da Nutzungsinteressen an ökologischen Gütern für die Zukunft unabsehbar variabel sind, da schon die Grenzen des Erkenntnisvermögens eine prinzipielle Reduktion von Ungewissheiten unmöglich machen, ist auch aus *anthropozentrischer* Perspektive die Wahrung einer selbstorganisierten (*ökozentrisch betrachtbaren*) Erhaltung ökologischer Systeme (nachhaltig genutzter ebenso wie wenig anthropogen beeinflusster „natürlicher") einschließlich aller Bestandteile konstitutiv.

Danksagung: Jan Barkmann, Broder Breckling und Michael Hauhs danke ich für kritische Hinweise zu meiner Zusammenfassung des Workshops „Ökologische Schäden" im März 2002 in Blaubeuren. Stefan Gammel und Katharina Eckstein gebührt Dank für die redaktionelle Durchsicht dieses Beitrags.

7 Literatur

Andorno, Roberto 2004: The precautionary principle – a new legal standard for a technological age. Journal of International Biotechnology Law 1, 11-19.

Barkmann, Jan & Rainer Marggraf 2004: Ökologische Schäden durch Vernachlässigung des Vorsorgeprinzips in nachhaltigen Landschaftsmanagement – eine umweltökonomische Perspektive. Dieser Band, 57-76.

Bayer, Stefan 2004: Possibilities and limitations of economically valuating ecological damages. Dieser Band, 77-93.

Berg, Marco, Georg Erdmann, Markus Hofmann, Michael Jaggy, Martin Scheringer, Hansjörg Seiler (Hrsg.) 1994: Was ist ein Schaden? Zur normativen Dimension des Schadensbegriffs in der Risikowissenschaft. vdf-Verlag der Fachvereine, Zürich.

Bierhals, Erich 1984: Die falschen Argumente? Naturschutzargumente und Naturbeziehung. Landschaft & Stadt 16, 117-126.

Bocking, Stephen 1997: Ecologists and environmental politics – a history of contemporary ecology. Yale University Press, New Haven & London.

Brand, Verena 2004: Der „Schaden für die Umwelt" und seine Definitionen in verschiedenen nationalen Umweltgesetzen – Implikationen für das Gentechnikrecht. Dieser Band, 143-156.

Breckling, Broder & Thomas Potthast 2004: der ökologische Risikobegriff – eine Einführung. Dieser Band, 1-15.

Breckling, Broder & Wiebke Züghart 2003: Konzeptionelle Entwicklung eines Monitoring von Umweltwirkungen transgener Kulturpflanzen. UBA Texte 50/03, Berlin.

Carr, Susan 2002: Ethical and value-based aspects of the european commission's precautionary principle. Journal of Agricultural and Environmental Ethics 15/1, 31-38.

Carson, Rachel L 1962: Der stumme Frühling. Biederstein, München.

Cummings, Ronald G. & Glenn W. Harrison 1995: The Measurement and Decomposition of Nonuse Values – A Critical Review. Environmental and Resource Economics 5, 225-247 (http://dmsweb.moore.sc.edu/glenn/papers/The Measurement and Decomposition of Nonuse Values - - A Critical Review.pdf).

Douglas, Heather 2000: Inductive risk and values in science. Philosophy of Science 67, 559-579.

Eser, Uta & Thomas Potthast 1997: Bewertungsproblem und Normbegriff in Ökologie und Naturschutz aus wissenschaftsethischer Perspektive. Zeitschrift für Ökologie und Naturschutz 6, 163-171.

EU – Das Europäisches Parlament und der Rat der Europäischen Union 2004: Richtlinie 2004/35/EG des Europäischen Parlaments und des Rates vom 21. April 2004 über Umwelthaftung zur Vermeidung und Sanierung von Umweltschäden. Amtsblatt der Europäischen Union v. 30.4.2002, L 143/56-75.

Hesse, Heidrun (Hrsg.) 1985: Natur und Wissenschaft. Konkursbuchverlag Claudia Gehrke, Tübingen.

Hesse, Heidrun 2004: Umweltschäden und ökologisches Wissen – kleine Zwischenbetrachtung aus philosophischer Sicht. Dieser Band, 51-56.

Jax, Kurt, Thomas Potthast & Gerhard Wiegleb 1996: Skalierung und Prognoseunsicherheit bei ökologischen Systemen. Verhandlungen der Gesellschaft für Ökologie 26, 527-535.

Kokott, Juliane, Axel Klaphake & Simon Marr 2003: Ökologische Schäden und ihre Bewertung in internationalen, europäischen und nationalen Haftungssystemen – Eine juristische und ökonomische Analyse. Umweltbundesamt Berichte 03/03, E. Schmidt, Berlin.

Odum, Eugene P. 1953. Fundamentals of ecology. W. B. Saunders, Philadelphia & London.

Plachter, Harald 1994: Methodische Rahmenbedingungen für synoptische Bewertungsverfahren im Naturschutz. Zeitschrift für Ökologie und Naturschutz 3, 87-106.

Parker, Jenneth 2001: Precautionary Principle. In: Ruth Chadwick (Hrsg.), The Concise Encyclopaedia of the Ethics of New Technologies. Academic Press, San Diego, 341-349.

Potthast, Thomas 1999: Die Evolution und der Naturschutz – Zum Verhältnis von Evolutionsbiologie, Ökologie und Naturethik. Campus, Frankfurt am Main.

Potthast, Thomas 2001: Gefährliche Ganzheitsbetrachtung oder geeinte Wissenschaft von Leben und Umwelt? Epistemisch-moralische Hybride in der deutschen Ökologie 1925-1955. Verhandlungen zur Geschichte und Theorie der Biologie 7, Berlin, 91-114.

Skorupinski, Barbara 2004: Gentechnik und ökologische Schäden als Gegenstand von Risikoforschung und partizipativer Technikfolgenabschätzung – Stand und Perspektiven. In diesem Band, 169-188.

Usher, Michael B. & Wolfgang Erz (Hrsg.): Erfassen und Bewerten im Naturschutz. Veränderte und erweiterte Fassung der engl. Ausg. von 1986, UTB (Quelle & Meyer), Wiesbaden.

SRU [Der Rat von Sachverständigen für Umweltfragen] 1987: Umweltgutachten 1987. Bundestags-Drucksache 11/1568, Kohlhammer, Stuttgart und Mainz.

SRU [Der Rat von Sachverständigen für Umweltfragen] 2002: Umweltgutachten 2002 – Für eine neue Vorreiterrolle. Bundestagsdrucksache 14/8792, Metzler-Poeschel, Stuttgart.

SRU [Der Rat von Sachverständigen für Umweltfragen] 2004: Umweltgutachten 2004 – Umweltpolitische Handlungsfähigkeit sichern (Mai 2004). Baden-Baden, Nomos (im Druck; pdf-Version unter: http://www.umweltrat.de/).

Radkau, Joachim 2000: Natur und Macht – eine Weltgeschichte der Umwelt. Beck, München.

Trepl, Ludwig 1987: Geschichte der Ökologie – Vom 17. Jahrhundert bis zur Gegenwart. 10 Vorlesungen. Athenäum, Frankfurt am Main.

Weikard, Hans-Peter 2002: The existence value does not exist and non-use values are useless. Paper prepared for the annual meeting of the European Public Choice Society 2002, Belgirate/Lago Maggiore, Italy; http://polis.unipmn.it/epcs/papers/weikard.pdf.

Wiegleb, Gerhard 1997: Leitbildmethode und naturschutzfachliche Bewertung. Zeitschrift für Ökologie und Naturschutz 6, 43-62.

Zirnstein, Gottfried 1994: Ökologie und Umwelt in der Geschichte. Metroplis, Marburg.

Theorie in der Ökologie

Herausgegeben von Broder Breckling

Band 1 Broder Breckling / Felix Müller (Hrsg.): Der Ökologische Risikobegriff. Beiträge zu einer Tagung des Arbeitskreises »Theorie" in der Gesellschaft für Ökologie vom 4.-6. März 1998 im Landeskulturzentrum Salzau. 2000.

Band 2 Kurt Jax (Hrsg.): Funktionsbegriff und Unsicherheit in der Ökologie. Beiträge zu einer Tagung des Arbeitskreises »Theorie" in der Gesellschaft für Ökologie vom 10. bis 12. März 1999 im Heinrich-Fabri-Institut der Universität Tübingen in Blaubeuren. 2000.

Band 3 Hauke Reuter: Individuum und Umwelt. Wechselwirkungen und Rückkopplungsprozesse in individuenbasierten tierökologischen Modellen. 2001.

Band 4 Fred Jopp / Gerd Weigmann (Hrsg.): Rolle und Bedeutung von Modellen für den ökologischen Erkenntnisprozeß. 2001.

Band 5 Kurt Jax: Die Einheiten der Ökologie. Analyse, Methodenentwicklung und Anwendung in Ökologie und Naturschutz. 2002.

Band 6 Franz Hölker (ed.): Scales, Hierarchies and Emergent Properties in Ecological Models. 2002.

Band 7 Achim Lotz / Johannes Gnädinger (Hrsg.): Wie kommt die Ökologie zu ihren Gegenständen? Gegenstandskonstitution und Modellierung in den ökologischen Wissenschaften. Beiträge zur Jahrestagung des Arbeitskreises Theorie in der Gesellschaft für Ökologie vom 21.-23. Februar 2001 im Kardinal-Döpfner-Haus Freising (Bayern). 2002.

Band 8 Katrin S. Romahn: Rationalität von Werturteilen im Naturschutz. 2003.

Band 9 Hauke Reuter / Broder Breckling / Arend Mittwollen (Hrsg.): Gene, Bits und Ökosysteme. Implikationen neuer Technologien für die ökologische Theorie. 2003.

Band 10 Thomas Potthast (Hrsg.): Ökologische Schäden. Begriffliche, methodologische und ethische Aspekte. 2004.

Kolibri 360 GmbH
Ferdinand-Jühlke-Straße 7
99095 Erfurt, Deutschland
produktsicherheit@kolibri360.de

Druck:
CPI Druckdienstleistungen GmbH
im Auftrag der
Kolibri 360 GmbH
Ferdinand-Jühlke-Str. 7
99095 Erfurt